ABÉCÉDAIRE
AGACÉ
DE
L'ENVIRONNEMENT

Les impliqués
Éditeur

Fondée en 2014, notre maison d'édition se consacre à la publication d'ouvrages relevant de divers domaines : littérature, récits personnels, premiers romans et nouvelles, essais en sciences humaines, religion, économie, etc.

Les impliqués ont pour vocation de publier, après sélection, les manuscrits qui leur sont confiés. Ils proposent ainsi aux auteurs de faire de leur projet d'écriture une réalité et d'éditer, après une réelle collaboration avec eux, leur ouvrage issu de leurs souvenirs, de leur imagination, de leurs rêves, de leur recherche ou encore de leur travail.

Jean Bonnier

ABÉCÉDAIRE
AGACÉ
DE
L'ENVIRONNEMENT

Les impliqués
Éditeur

Du même auteur :

A la rencontre des forêts méditerranénnes, 2021.
Les impliqués, Paris.

5-7, rue de l'École-Polytechnique – 75005 Paris
www.lesimpliques.fr
contact@lesimpliques.fr
ISBN : 979-10-428-0032-1
EAN : 9791042800321
Pour l'envoi de vos manuscrits : voir à la fin de cet ouvrage

Merci une fois de plus à Jacques Blondel sans qui ce livre n'aurait pu être proposé à la lecture. Il l'a lu, relu et corrigé, m'aidant à préciser et compléter les points où j'étais approximatif. Cela n'engage pas pour autant sa responsabilité dans mes prises de position et mes agacements.

Je remercie également mes amis, Louis Amandier, Denis Danset, Jacques et Geneviève Degenève, Dominique Jouve et Bertrand Schmitt qui m'ont aidé à corriger les épreuves.

Et merci, enfin et surtout, à Denise Afxantidis, directrice de l'association Forêt Méditerranéenne et éditrice de la revue éponyme, qui a conçu la maquette de l'abécédaire.

A

Abécédaire

L'ordre alphabétique met le mot abécédaire au début et me donne ainsi l'occasion de m'expliquer sur ce texte.

Je suis un agronome ayant vécu l'essentiel de sa carrière en régions méditerranéennes, en France mais aussi en Italie, en Algérie et en relation avec plus de la moitié des autres pays méditerranéens, du Portugal à la Turquie, du Maroc à la Grèce. J'ai principalement travaillé dans l'aménagement* du territoire* et de l'espace rural et dans la forêt méditerranéenne. Appartenant à la génération de la décolonisation j'ai été confronté au développement* plus qu'à la croissance* dès le temps de mes études, marqué par René Dumont (1904-2001) (*L'Afrique noire est mal partie*), Louis-J. Lebret (1897-1966) (*Économie et humanisme*), Louis Emberger (1897-1969) écologue, et bien d'autres.

Dix ans avant la création du premier ministère de l'Environnement* de Robert Poujade (1971-1974) qu'il qualifiait lui-même de ministère de l'Impossible, nous étions quelques-uns à nous préoccuper de ne pas gaspiller les terroirs* campagnards et nous avons vu venir ce qui maintenant n'est manifestement plus supportable, comme l'étalement urbain*, les pollutions* industrielles et urbaines, les débauches d'énergie*, la surconsommation et... les inégalités entre les pays que l'on disait alors sous-développés et les pays riches. Ces dernières devenaient alors évidentes à l'échelle globale mais les inégalités existent toujours aujourd'hui à l'intérieur même de notre propre Pays*.

Voilà pourquoi j'ai à la fois le plaisir de constater que de plus en plus de nos contemporains prennent conscience de nos dérives, aidés qu'ils sont par le surgissement du danger climatique, et la peine de constater combien manque la connaissance nécessaire à l'appréhension des dégâts et des solutions. Il s'agit, bien entendu, d'une carence dans la formation* que nous avons reçue et que reçoivent nos successeurs mais aussi, et peut-être surtout, de la tendance à ce que l'opinion* et l'invective négligent, voire supplantent, la connaissance et le débat. Cela m'agace*.

Pourquoi un abécédaire et pas un dictionnaire ? Un abécédaire énumère et expose des termes et des thèmes par ordre alphabétique, sans autre logique que de les trouver. Un dictionnaire, en revanche, revêt une dimension pédagogique par laquelle son auteur informe le lecteur sur le sens des mots. Or je ne cherche à informer mon lecteur que de ce qui me dérange, ou même m'agace, dans les discours que j'entends aussi bien aux plus hauts niveaux de la vie publique

que dans mon entourage proche, familial, amical ou militant* et dans bien des mesures que je vois prendre ou ne pas prendre.

L'époque s'avère de plus en plus cruciale. Alors même que nous savons ce qui nous menace depuis plus de cinquante ans et, alors que les savants nous en avaient informés, rien ne semble avoir changé dans les opinions* qui continuent de se substituer aux connaissances. D'innombrables associations*, ONG, groupes de pression et lobbys* se saisissent de telle ou telle question, quelquefois à juste titre, d'autres fois comme prétextes ou soucis de confort*, mais chacun demeure, comme on dit, « dans son couloir* » sans que cela n'atteigne le niveau politique qui implique la délibération* entre personnes nécessairement animées de motivations différentes. La période est propice à l'expression des spécialistes* qui, tour à tour, nous annoncent soit la catastrophe*, soit la solution, selon leur point de vue dont la légitimité n'est pas en cause. Toutes les initiatives, les innovations (plus ou moins nouvelles), sont instantanément rendues publiques sans même qu'on en ait vérifié la pertinence écologique, sans qu'on ait évalué leurs effets collatéraux, leur reproductibilité ou leur utilité sociale. Cela peut conduire au mieux à des illusions, au pire à des décisions sans intérêt, voire néfastes. Un exemple parmi tant d'autres est l'éloge d'un habitat* qui ne serait bâti que de matériaux rustiques, terre, paille, bois*, mais de manière isolée, installé en pleine campagne*, ce qui accroît l'étalement urbain*, l'artificialisation* des sols*, l'emprise des réseaux et nécessite des transports* individuels que seule l'automobile* peut procurer.

La démocratie* est devenue à la fois plus absente et plus exigeante et, si chacun ou presque a son idée, nous ne savons pas faire émerger un projet commun, qui ait été étudié, discuté, débattu, choisi et partagé par le plus grand nombre. Les moments et les sujets que j'ai affrontés au cours de ma vie et où j'ai rencontré ces problématiques sont tellement variés que je n'ai pas la capacité de présenter les choses d'une manière ordonnée suivant le fil d'un raisonnement logique. J'ai donc choisi de les énumérer alphabétiquement.

Au long de cet abécédaire on trouvera les nombreux articles que j'ai pu retenir mais qui sont loin de couvrir tous les champs de l'environnement et donc de notre vie commune. Ils sont liés à mon expérience nécessairement limitée. Le lecteur trouvera à son rythme les différents sujets et pourra les ordonnancer, les critiquer ou les compléter à sa guise.

Quant à leur liste, elle peut être enrichie d'autres articles relevant de nombreux autres domaines, chacun pouvant s'arrêter sur un sujet, un objet de chaque jour qui, au lieu d'être regardé selon le seul angle de son engagement ou de sa spécialité propre, selon le courant dominant, le mainstream proposé par l'opinion, les réseaux sociaux ou la presse, pourra être examiné à la lumière des autres éléments de l'environnement concernés.

Les mots munis d'un astérisque* renvoient à un article de l'abécédaire.

Acceptabilité

J'ai été choqué pour la première fois par ce terme à propos des coupes* de bois* quand il fut utilisé par mes amis sylviculteurs*. Ces derniers sont souvent sommés de justifier les actes de sylviculture* que prévoit leur aménagement*. Cela indique que si quelqu'un veut faire quelque chose de son bien, ou de ce qu'il est chargé de gérer, il est censé, même s'il en a le droit, le faire admettre par les autres. Autrement dit celui qui veut réaliser quelque chose devrait l'expliquer et le faire accepter, non seulement par ses voisins, ce qui relève d'ailleurs des bonnes manières, mais aussi par ceux qui avaient leurs habitudes et qui pourraient s'en trouver dérangés. Cela rappelle la scène, sans doute inventée, de celui qui veut peindre sa maison et va demander à ses voisins la couleur qu'ils préfèrent, car ils la voient davantage que lui-même.

Curieux paradoxe alors même que le droit de propriété est constitutionnel comme les Codes qui en régissent l'usage et en interdisent l'abus. Mais peut-être faut-il prendre en compte les changements qui se sont produits dans le fonctionnement de notre société ? La mobilité des gens s'est accrue comme celle des propriétés. En certains lieux les mutations foncières se sont multipliées et les propriétaires qui connaissaient leurs voisins ont laissé place à de nouveaux venus qui ne les connaissent pas, et peut-être même ne cherchent pas à les connaître. En même temps les voisins eux-mêmes et leurs rapports au territoire* ont changé, d'acteurs du paysage* ils sont devenus consommateurs du décor*, comme les promeneurs qui se multiplient.

Aussi en matière environnementale, comme plus généralement en politique, un projet, une décision, une réalisation, aussi légaux soient-ils, trouveront probablement une personne ou un groupe pour en contester la logique, l'utilité et la légitimité que l'on substituera quelquefois à la légalité.

Cela vaut pour des projets privés mais aussi pour des objectifs publics. En pareil cas le projet a été proposé et adopté vraisemblablement en des lieux adéquats, conseil municipal, départemental ou autre, où tous n'ont pas eu accès car la représentation citoyenne et la participation à la délibération* sont de moins en moins de mise. Dans un système démocratique à taille humaine, sinon idéal mais au moins efficace, même si tous ne sont pas membres de l'assemblée délibérante chacun connaît au moins quelqu'un qui peut contribuer à l'information dans les deux sens : on sait ce qui est « dans l'air » et on en discute, au marché ou au café, l'assemblée est informée de ce que pensent les gens et ses membres s'efforcent de comprendre ce qui est en jeu, la raison du projet, sa nature et les modalités de sa mise en œuvre. Dans les nouvelles institutions où les décisions se prennent à la chaîne, préparées par des techniciens compétents mais spécialisés, par des élus de moins en moins proches des habitants du fait de la taille des territoires, il ne reste souvent que la pédagogie* pour rendre acceptable tel ou tel objet. On en vient même à ce que des concepteurs, ingénieurs*, techniciens ou administrateurs s'interdisent d'engager une recherche ou une expérimentation par crainte qu'elle ne soit pas acceptée ! C'est par exemple le cas des réticences de certains forestiers* et hydrologues qui hésitent à tout simplement étudier la possibilité d'épandre des eaux usées* traitées dans des bassins versants forestiers, ce qui pourrait avoir le multiple effet d'améliorer leur dynamisme biologique et de mieux les défendre contre l'incendie*, de recharger les nappes et collatéralement l'intérêt de ne pas les déverser massivement à l'aval de la rivière ou dans la mer.

Il sera toujours préférable à un acteur du territoire*, particulier ou collectivité, de partager son projet le plus tôt et avec le plus de personnes possibles, et pour cela de les informer le plus honnêtement possible, avant d'enclencher une procédure de décision. Si le projet est raisonnable il sera alors naturellement accepté.

Agacé

Pourquoi agacé ? Parce que je suis convaincu de la nécessité de limiter la proportion de gaz à effets de serre dans l'air et de remettre vigoureusement en mouvement les dynamiques écologiques de nos territoires*, et je crains que nous n'en prenions pas le meilleur chemin.

Je n'ai pas le sentiment que chaque personne qui prend une position relative à l'environnement* la prenne de manière informée, prudente, attentive aux autres et soucieuse de la dimension systémique de ce qu'elle réfute, critique ou propose. Je crois plutôt que les objets, les projets sont évalués non pas en fonction de leurs effets sur le milieu économique, écologique, social ou culturel, donc environnemental, dans lequel ils doivent s'insérer mais plutôt selon des habitudes, des soucis de confort* ou des partis-pris idéologiques.

Que ce soit dans des « dîners en ville », des « conversations de bistrot » ou même dans des réunions plus officielles, combien de fois ai-je eu à me résigner à ne pas insister dans mes explications, tant étaient modestes la volonté ou les capacités de mes interlocuteurs d'échanger nos arguments en faveur d'un développement* de nos pays* et de nos régions tenant compte à la fois des structures sociales et de l'état de leur environnement ? Il n'y a aucun mépris dans ce sentiment, seulement la constatation parfois amère que les questions environnementales sont toujours complexes et que la plupart d'entre nous en avons une vue partielle, souvent en raison d'une information elle-même partielle, voire partiale, et incomplète.

En même temps l'information nous arrive, nous agresse même, par les médias et les réseaux sociaux, avec des affirmations conjoncturelles liées à tel ou tel événement (canicule, inondation*, feu de forêts*...), adossées à des dires de spécialistes* ou d'opinions* militantes*, présentés comme des « *punch lines* », mais qui sont partiels et n'apportent pas grand chose au fait concerné, sans qu'en soient évaluées les conséquences dans le domaine social et économique. La presse abonde de reportages où tel ou telle semble avoir trouvé la solution à la dégradation de notre environnement en stockant son eau* de pluie, en cultivant son jardin* de manière quasi spontanée, en bâtissant sa maison en bois* tout en ayant préalablement manifesté contre une coupe* chez un voisin, où tel maire se vante de planter des arbres* dans l'avenue d'un lotissement* dont l'autorisation a conduit à artificialiser d'anciennes terres agricoles. Quelquefois même ces informations peuvent s'accompagner d'une disqualification de propos scientifiques ou techniques, sérieux et étayés, qui seraient soupçonnés de participer d'un complot de tel ou tel lobby*. La réflexion environnementale, écologique même, nous invite à élargir notre champ de vision et à situer chaque cas à la bonne échelle* et à ne pas s'en tenir qu'à un seul aspect.

Tout aussi grave est le fait qu'aux plus hauts niveaux de notre société, y compris dans les institutions politiques, les idées ou les opinions* remplacent souvent les faits et les données objectives que la science nous propose. Et chacun sait qu'il faut cinq fois plus d'énergie pour corriger une infox que pour la divulguer !

Tout est catastrophe* et, comme le disait Chirac (1932-2019), « La maison brûle et nous regardons ailleurs ». En effet c'est bien ailleurs que nous regardons lorsque nous confondons la forêt de Rambouillet avec celle d'Amazonie, le désastre de Fukushima avec un accident nucléaire, alors que les milliers de morts ont été tués par le tsunami à cause de l'urbanisation inconsidérée de cette côte. Qu'entend-on sur les émissions de CO_2 alors que nous conduisons nos enfants à l'école en voiture à quelques centaines de mètres de la maison, sur les ressources naturelles alors que nous gaspillons l'eau pour laver la terrasse au lieu de la balayer, sur l'économie circulaire quand nous jetons un mixeur ébréché ou un yaourt périmé d'un jour… ?

L'exemple de l'incendie de Sainte Victoire (Bouches-du-Rhône) en 1989 est significatif : ce sinistre a bouleversé le monde entier, la presse, y compris internationale, s'en était faite écho, de nombreuses personnalités mondaines s'y sont investies et on a planté quelques milliers d'arbres (ce qui ne représente jamais que quelques hectares !) alors même que la reprise naturelle de la végétation s'est avérée plus efficace que les reboisements*. Mais ni la presse ni les administrations n'ont rappelé qu'un incendie de même intensité avait déjà frappé le même territoire* dix ans auparavant en 1979... Les incendies de forêt émeuvent parce qu'ils détruisent des banlieues habitées plutôt que pour la destruction des écosystèmes* forestiers, les éoliennes déplaisent parce qu'elles sont « à côté de chez moi » et pas parce qu'elles demandent beaucoup d'énergie* pour être construites, raccordées, entretenues puis démontées et recyclées.

Pour nombre d'entre nous l'environnement est trop souvent pris comme notre propre voisinage*, notre décor*, vu sous l'angle des usages que nous en faisons, de notre délectation* et de notre confort*. D'ailleurs cette attitude est largement diffusée par les médias, d'où l'on reçoit le message classique : « En quoi cela concerne-t-il les gens ? », « Qu'est-ce que cela rapporte à l'électeur ? » alors même que l'environnement est un objet collectif et social concernant bien d'autres que nous-même.

On constate d'ailleurs qu'aux différents niveaux de la vie publique, local, régional, national et européen, des décisions sont prises non pas à la suite de larges et sages délibérations* mais à l'issue de rapports de force dans lesquels les questions d'environnement ne sont que rarement centrales. Ou encore après qu'une idée, bonne ou moins bonne, ait jailli du bruit médiatique comme la situation géniale à laquelle nul n'aurait alors pensé.

Tout cela est agaçant au point que les politiques dites environnementales risquent de n'être que des politiques de confort au profit des uns plutôt que destinées au bien commun.

J'aimerais que chaque choix* soit fait non pas en fonction des souhaits des uns ou des autres mais en considération de ses conséquences sur le fonctionnement et le devenir des écosystèmes* locaux, proches et plus lointains.

En même temps des positions militantes et des pratiques politiques s'abritant derrière des fragments d'éléments scientifiques conduisent à des discours hypocrites* où les opinions se prennent pour des arguments et où les décisions sont « maquillées en vert* ».

Mais même lorsque, comme aujourd'hui, la presse, quelques élus politiques, quelquefois l'opinion* se saisit d'un fait, d'une innovation, d'une mesure législative ou réglementaire allant dans le sens d'une meilleure prise en compte de l'environnement cela est souvent présenté comme radical* et définitif, sans que soient évalués les effets écologiques, économiques et sociaux de l'amont et de l'aval. Par exemple, peut-on sans réserve se féliciter du développement forcené de l'automobile* électrique sans se demander où cela conduit le Monde ?

Enfin je ne saurais passer sous silence mon agacement devant le maximalisme de certains écologistes* pour qui, quelle que soit la décision prise qui aille dans le sens d'une meilleure prise en compte de l'environnement, elle n'est jamais suffisante ou adéquate. Par exemple les agriculteurs* sont nombreux à changer leurs pratiques, peut-être plus que bien d'autres acteurs économiques, et sont cependant critiqués alors même que leurs techniques évoluent vers plus de précautions*, mais à un rythme ne devant pas mettre en cause la survie de leurs entreprises. Ce maximalisme peut même produire l'inverse de l'effet escompté.

Par exemple, au cours des dernières décennies, on a négligé l'entretien du parc nucléaire français dans une perspective plus ou moins implicite de l'abandon de cette sorte d'énergie*. Lorsque les fournitures d'hydrocarbures* ont faibli on a dû avoir recours à l'électricité produite avec du charbon dans un pays voisin. Cela a mobilisé l'attention du public et du personnel politique et détourné des nécessités de l'isolation thermique des bâtiments. Dans de nombreux autres domaines les questions environnementales se posent dans des cercles restreints entre militants* et groupes de pression et, même si les médias et le milieu politique en rendent bruyamment compte, le débat ne se produit pas au cœur de la société. Cela fait de l'environnement un objet lointain voire élitiste.

En fin de compte nous devons admettre que nous sommes, tous et chacun, dans des écosystèmes* emboîtés les uns dans les autres et que chacun de nos actes individuels et collectifs les modifie d'une manière ou d'une autre. A nous de savoir si ces modifications sont compréhensibles et supportables par tous les partenaires de l'écosystème et toutes ses composantes, y compris les Hommes*, quelle que soit l'échelle* à laquelle elles se situent, et si on peut les retoucher le cas échéant.

C'est la raison de cet abécédaire* dans lequel je m'efforce de passer en revue, et d'en montrer quelques aspects souvent oubliés par trop de gens, les sujets que j'ai rencontrés dans mes diverses activités d'agronome*, d'aménagiste du territoire, de forestier* ou de militant*. Je le fais pour que notre vie puisse être belle et que celle des autres, présents et à venir, proches ou lointains, demeure possible et belle également.

Agriculteur

C'est une personne dont l'activité a pour objet la culture du sol* et en principe de tout ce qui y vit, micro-organismes, champignons, plantes et animaux. Généralement l'agriculteur est un professionnel mais certains amateurs, jardiniers ou éleveurs, jouent quelquefois un rôle du même genre dans la gestion des terres. Les agriculteurs exercent de manière soit spécialisée, soit mêlée d'activités diverses allant de l'horticulture maraîchère ou florale jusqu'à la monoculture dite industrielle*, en passant par l'élevage*, lui aussi variant entre le pastoralisme* et l'élevage* intensif.

L'appellation d'agriculteur a connu des époques où on lui en préférait d'autres, comme cultivateur, exploitant agricole*. De nos jours le mot de paysan* retrouve de l'attrait.

Les agriculteurs, comme les sylviculteurs*, sont devenus minoritaires en Europe mais cela ne doit en aucun cas nous conduire à négliger leur rôle majeur dans notre approvisionnement alimentaire et industriel et dans le ménagement* des territoires* locaux comme nationaux. Les agriculteurs sont peu à peu devenus des entrepreneurs tenus de maîtriser une large gamme de pratiques et de techniques. Cette gamme s'élargit à la mesure des évolutions qui caractérisent tous les domaines de l'activité humaine. En particulier les récents apports des techniques numériques prennent une place croissante permettant notamment une meilleure prise en compte des données environnementales, physiologiques, chimiques et écologiques.

Si bien des outils ont évolué il n'est pas certain que les pratiques foncières demeurent toujours adaptées aux besoins des jeunes agriculteurs qui souhaitent s'installer et se trouvent pénalisés par des évolutions de prix sans référence à la réalité économique agricole.

Nous devrions aussi nous préoccuper davantage de leur formation* et surtout de leur recrutement ainsi que de leur statut économique et social car nous pourrions bientôt en manquer, compte tenu des surfaces qui se libèrent souvent sans repreneurs. Pour cela il ne faudrait pas qu'une part non négligeable de nos sociétés considère les agriculteurs comme des délinquants alors même que la plupart d'entre eux perpétuent les pratiques qui ont permis à notre agriculture d'être une des plus sages et des plus productives du Monde.

Agriculture

L'agriculture consiste à cultiver la terre. Elle est apparue il y a des millénaires, lorsque les Hommes ont trouvé la cueillette et la chasse insuffisamment sûres et se sont sédentarisés. Ils ont été conduits à se libérer progressivement des aléas des systèmes végétaux et animaux spontanés au sein desquels ils se mouvaient et ont entrepris d'y intervenir pour rendre plus sûre la disponibilité des denrées qu'ils souhaitaient récolter. Ainsi l'agriculture revient à choisir des espèces que l'on souhaite consommer, à faciliter leur développement* et à minimiser la concurrence des autres espèces indésirables ou hostiles. Ce qui a conduit certains à considérer que la notion de valeur ajoutée ne correspond pas à l'acte agricole, leur préférant l'idée « d'entraves supprimées ». Mais les agriculteurs* ont progressivement rejoint les modèles économiques des autres activités humaines où la notion de valeur ajoutée prend toute sa place mais où les actes techniques s'éloignent de la seule logique du vivant (bio-logique). L'agriculture est donc un acte économique intervenant dans le fonctionnement des écosystèmes* naturels de manière provisoire dans le temps et dans l'espace, ou permanente à l'échelle historique, et qui est généralement réversible, les écosystèmes* affectés conservant le plus souvent leur résilience*.

Dès avant la première mise en route de la Politique agricole européenne commune (1962) l'agriculture dite productiviste* a été l'objet d'appuis publics nationaux puis européens et d'efforts industriels et commerciaux considérables : politiques, syndicalistes et industriels se sont liés en lobbys* et sont parvenus à ce que les productions agricoles, ainsi que les firmes agro-alimentaires, connaissent une croissance* étonnante durant les soixante dernières années. L'appareil de formation* des agriculteurs et des cadres de toute la branche y a largement contribué.

Les circonstances nouvelles où le contrôle de l'énergie* et du gaz carbonique prend enfin une place majeure dans les choix techniques, nous invitent à transformer nos évaluations et à considérer plutôt l'énergie que la monnaie comme outil de mesure. C'est ainsi, par exemple, que devrait être mesurée l'énergie consacrée à la culture, depuis le semis jusqu'à la récolte, par l'agriculteur* et ses aides, Hommes, éventuellement animaux (chevaux, bœufs), outils mécaniques et intrants chimiques à celle obtenue par la récolte.

L'agriculture peut être pratiquée de nombreuses manières selon les lieux et la sophistication de ses promoteurs, qu'il s'agisse de cultures sans sol (hydroponie*) ou sur des sols artificiels (culture pariétale, permaculture*, etc.). En pareil cas elle concerne plutôt les milieux urbains ou industriels dont la dimension environnementale est plus complexe à piloter car ces pratiques nécessitent une extrême artificialisation* des milieux et demandent de forts apports d'énergie et ne peuvent pas assurer de recyclage par leur dynamique propre.

Agriculture biologique

Ce terme, largement utilisé, en particulier dans le commerce, qualifie un mode de production agricole excluant autant que possible l'emploi de substances de synthèse, telles que les engrais*, les pesticides* (fongicides, insecticides, herbicides et autres bactéricides…), les médicaments*, ainsi que tout organisme génétiquement modifié*. Selon l'Institut national de l'information statistique et des études économiques (INSEE) cette activité est d'ores et déjà largement encadrée :

« Les produits agricoles, transformés ou non, qui satisfont aux exigences de la réglementation de l'Union européenne relative à la production biologique et à l'étiquetage des produits biologiques ou, le cas échéant, aux conditions définies par les cahiers des charges homologués par arrêté du ou des ministres intéressés sur proposition de l'Institut national de l'origine et de la qualité (article L641-13 du code rural) peuvent bénéficier de la mention "agriculture biologique" ».

Les tenants de l'agriculture biologique s'opposent souvent, quelquefois même jusqu'au conflit, à l'agriculture dite conventionnelle pratiquée par les agriculteurs inscrits dans les politiques promues au sortir de la Guerre où l'on tirait parti à la fois de la mécanisation et des avancées de la chimie*.

Dès les années 1960, l'Institut national de la recherche agronomique (devenu INRAE) avait déjà des programmes de lutte biologique contre les insectes et agronomes*, botanistes et entomologistes se préoccupaient déjà de solutions alternatives à la chimie. Puis, la prise de conscience des défis environnementaux s'est accrue, notamment avec le Rapport Meadows (1972), le Rapport Brundtland (1987), le Sommet de Rio (1992), où a été adoptée la Convention sur la diversité biologique (CDB), l'Accord de Paris sur le climat (2015), etc.

La conjonction de cette prise de conscience croissante et de la constatation des défauts agronomiques majeurs liés la monoculture, à des remembrements* exagérés, à l'abandon des assolements*, à la chimio-dépendance, à des labours* récurrents et trop profonds, etc. a conduit à une contestation des consommateurs, alliée à celle de certains agriculteurs dont les perspectives foncières et économiques modestes se sont trouvées inadaptées à une culture largement mécanisée.

Conscients de ce que la transition de l'agriculture vers des pratiques plus soucieuses de l'environnement* ne peut se réaliser brutalement, selon les trois piliers du développement* durable (économique, social et environnemental), les pouvoirs publics et une majorité des professionnels de l'agriculture s'organisent en vue de mettre en œuvre progressivement des techniques dites « raisonnées » en attendant que la recherche leur procure de nouveaux modèles économiquement tenables.

En dépit de certains affrontements j'espère que les uns vont peu à peu pouvoir adapter leurs pratiques grâce aux progrès des nouvelles techniques, que les autres vont se montrer plus patients, et que les gens accepteront d'adopter de nouveaux modes de consommation et enfin de payer les aliments à leur juste prix.

Alors peut-être l'expression d'agriculture biologique deviendra-t-elle aussi sotte que celle d'eau humide ?

Agroforesterie

L'agroforesterie, de l'anglais *agroforestry*, est un mode de gestion associant des cultures ou de l'élevage* aux arbres. Les pratiques de ce genre ont existé dès les débuts de l'agriculture* et ont peu à peu été remplacées par des usages des sols* plus spécialisés. Il en demeure encore des témoins dans nos campagnes* mais de manière soit résiduelle, comme les pommiers des pâtures normandes, soit de façon plus systématique comme dans les régions méditerranéennes avec les *dehesas**, *montados* et autres arganeraies au Maroc.

Les anciennes pratiques de champs clos, bordés et limités par des haies, des fossés ou des banquettes ont en quelque sorte consacré cette association entre arbres et cultures. Le développement des champs ouverts, associés à des remembrements* facilitant la mécanisation mais quelquefois exagérément vigoureux, ont fait basculer le décor* champêtre et le paysage* rural vers un aspect industriel.

Il est vrai que des arbres dominant certaines cultures peuvent y intercepter la lumière et priver les plantes du sol de l'énergie solaire. Il est vrai aussi que les arbres peuvent ralentir et gêner le travail mécanisé du tracteur ou de la machine de récolte. Il n'est pas certain que l'apport des feuilles dans le sol suffise à compenser la matière que la récolte exporte et il se peut que les racines des arbres concurrencent de manière non négligeable celles des plantes cultivées. Mais il est quasi certain que la variété biologique qu'apportent les arbres et les arbustes des haies et autres limites soit bénéfique au fonctionnement général du milieu, notamment à la vie du sol*, comme il est imaginable que cohabitent certaines cultures d'arbres fruitiers avec des cultures annuelles, en permettant la mécanisation des unes et des autres, tout en rentabilisant l'activité de l'agriculteur* ou de l'éleveur. Enfin il se peut aussi que la présence de plantes vivaces ou annuelles soit bénéfique aux végétaux ligneux, comme la vigne ou d'autres vergers, sans entraîner ni trop de concurrence pour l'eau*, ni aggravation des risques d'insectes nuisibles ou de maladies ou encore de risques de propagation des incendies* par la continuité des combustibles.

L'arbre peut être un compagnon de l'agriculteur et l'agroforesterie est une des pratiques agricoles traditionnelles qui se modernise comme les autres.

Agrologie

L'agrologie est une branche de l'agronomie* et de l'agriculture* dont le but est d'améliorer les relations entre le sol*, les cultures et les pratiques culturales.

Cette expression, aujourd'hui un peu oubliée, est réduite à l'expression technique de l'édaphologie (du grec *edaphos*, le sol) qui est l'étude des sols en tant qu'habitat naturel des végétaux. L'agrologie s'appuie sur les approches scientifiques de la pédologie et de l'édaphologie ; elle considère que le sol n'est pas une donnée intangible et que des interventions soigneuses peuvent y être souhaitées, comme dans tout autre écosystème*, en vue d'organiser une production agricole ou sylvicole systématique plutôt que de s'en tenir à la cueillette et à la chasse*.

Pour l'agriculteur* ou le sylviculteur*, dont l'objectif est « d'imiter la nature en hâtant son œuvre », la connaissance du sol dans ses dimensions biologiques comme minérales et physiques est indispensable. On a souvent tenté de l'en affranchir en lui proposant de plus en plus de moyens artificiels établissant une liaison directe entre la plante cultivée et les minéraux dont elle a besoin pour se développer ; cela a conduit jusqu'à l'hydroponie*, issue ultime de cette tendance.

De nouvelles voies s'ouvrent actuellement à travers des pratiques comme l'agriculture biologique* ou la permaculture* : la « construction des sols » est parfaitement conforme à l'esprit de la permaculture, qui considère qu'agir sur les conditions initiales du système « humains-nature » est la condition sine qua non pour engager ce dernier dans une voie « d'aggradation écologique » garante de sa durabilité et sa résilience*.

Agronome

Les agronomes ne sont plus aujourd'hui uniquement les seuls titulaires du titre d'ingénieur* du même nom. Ce sont les personnes qui mettent techniquement et pratiquement en œuvre les savoirs scientifiques nécessaires à la gestion des systèmes intégrant le terroir*, le sol*, les plantes et les animaux ; les zootechniciens en font partie. Mais outre les ingénieurs on peut aujourd'hui considérer que bien d'autres diplômés des sciences de la vie et de la terre, pédologues, généticiens, physiologistes, écologues*, forestiers*, vétérinaires, cynégéticiens, paysagistes, etc. exercent l'agronomie dès lors que leurs activités ne se limitent pas à leur seule spécialité et embrassent les pratiques agraires. Il en va de même des techniciens agricoles et de certains agriculteurs* qui, eux aussi, se réfèrent aux sciences aidant à la culture des espaces dans lesquels s'exprime une dynamique biologique. La gestion d'espaces plus ou moins naturels, dont les forêts*, les landes et les déserts* nécessite également des connaissances et des pratiques de l'agronome. Le tout est que ce dernier prenne en considération non pas seulement sa spécialité sociale ou technique mais l'ensemble des systèmes dans lesquels s'inscrit son activité.

Notre organisation sociale et professionnelle a longtemps poussé vers une classification des spécialités qui a pu avoir son utilité dans l'histoire* aux moments de l'émergence et du développement* des nouvelles techniques. Mais ces distinctions ne sont plus de mise aujourd'hui : on ne peut plus cantonner les agronomes au seul encadrement de l'agriculture pas plus que l'on ne peut considérer les forestiers* comme les seuls gestionnaires des milieux boisés et les paysagistes comme les ordonnateurs des décors*. Les agronomes ont certes historiquement été les pionniers de l'injection des connaissances scientifiques dans la pratique et la gestion des terroirs*, mais aujourd'hui bien d'autres acteurs font ou devraient faire de même. En ce sens une part de la formation de l'ingénieur ou du technicien agronome devrait venir enrichir celle que reçoivent les acteurs de la gestion des territoires*, les naturalistes, les gens des sciences humaines et sociales, les administrateurs, les cadres des associations*, etc.

Si les médecins valorisent depuis longtemps les nouvelles découvertes permettant de soigner leurs patients (même si quelquefois cela ne se fait pas sans heurts), les agronomes n'ont pas su créer leurs « Entretiens de Bichat », là où se publient les avancées de la recherche, de la science et de la pratique médicale. Sur les grands sujets qui font débat comme les organismes génétiquement modifiés*, l'usage des intrants, les rapports productivité/qualité, la résilience* des sols, la diversité biologique ou le dérèglement climatique*, etc. nous n'avons pas vu ni entendu débattre les agronomes pris au sens large comme je le propose.

Nous nous sommes comme volontairement enfermés dans nos familles et nos catégories comme si nous étions réticents à l'échange et au débat. Cela nous a conduits, au travers de nos préjugés et de nos institutions, non seulement à ne pas échanger, discuter ou débattre mais encore quelquefois à nous opposer. Or l'environnement* étant systémique, notre société se doit de l'être également et doit permettre à ses conflits de se résoudre plutôt que de provoquer des blocages dans l'évolution des rapports entre les Hommes* comme entre les éléments des écosystèmes*.

Agronomie

L'agronomie est l'ensemble des sciences exactes, naturelles, économiques et sociales, et des techniques auxquelles il est fait appel dans la pratique et la compréhension de l'agriculture*.

Stéphane Hénin (1910-2003) l'avait définie comme une « écologie* du champ cultivé », se rapprochant ainsi de l'agrologie* qu'il enseignait. Aujourd'hui on utilise généralement la définition proposée ultérieurement par Michel Sébillotte (1934-2010) : « L'étude, menée simultanément dans le temps et dans l'espace, des relations au sein de l'ensemble constitué par le peuplement végétal et le milieu physique, chimique et biologique, et sur lequel l'Homme* agit pour en obtenir une production ».

Cette définition confirme que les sciences et les techniques s'appliquant à la gestion des systèmes vivants liés au sol* se situent dans une approche qui regarde l'ensemble de la société. Comme les autres activités économiques, l'agriculture a connu une formidable évolution au cours du siècle passé : la production a souvent décuplé, passant par exemple de 8 à 80 quintaux de blé par hectare, tandis que la production par Homme au travail, sa productivité, s'est accrue davantage encore. L'évolution a été due aux sciences et aux techniques agronomiques qui ont pu conduire à ce que l'on privilégie les résultats quantitatifs au détriment de certaines conséquences biologiques sur l'écologie* des milieux cultivés comme de la qualité des produits. C'est qu'il fallait nourrir le Pays* au sortir de la Deuxième guerre mondiale car le rationnement* pesait sur les plus pauvres. Il fallait aussi que la dépense pour la nourriture n'entraîne pas une trop grande pression sur les salaires de l'industrie (!).

Naguère les personnes intéressées par la question de l'agriculture et de l'alimentation, les paysans*, les bergers, les forestiers*, leurs fournisseurs et leurs clients proches pouvaient se cantonner dans les campagnes* et les sociétés rurales. Au cours des colonisations, de la mondialisation, et avec la citadinisation* et le développement des techniques, le réseau de ces personnes n'a cessé de s'élargir aux plans géographique et social. Maintenant c'est l'ensemble de la société qui prend conscience à la fois de la nature de l'alimentation et de la manière dont elle est produite et commercialisée.

Aujourd'hui l'agronomie est devenue un objet universel qui oblige les agronomes* et les producteurs à prendre en compte de manière plus éclairée des besoins sociaux et demande parallèlement aux citoyens une connaissance accrue des mécanismes écologiques et techniques des diverses filières des produits végétaux, y compris ligneux, ou animaux qui leur sont proposés.

Aménagement du territoire

Parmi les manières de définir l'aménagement du territoire deux me paraissent majeures :

– l'une serait plutôt officielle et technique et concernerait un ensemble de mesures destinées à assurer un développement équilibré des régions par une meilleure répartition des populations et des activités. Dit autrement, il s'agirait de rechercher une meilleure répartition des gens en fonction des ressources naturelles et de l'activité économique en vue de la compétitivité du territoire* ;

– l'autre viserait une meilleure répartition dans l'espace de ce qui constitue les éléments de fonctionnement d'une société. Meilleure par rapport aux objectifs communs, c'est-à-dire non seulement à des fins économiques, mais davantage encore pour le bien-être et l'épanouissement de la population. En d'autres termes il s'agirait de permettre le plus possible aux gens de vivre, et donc de travailler, là où ils le souhaitent. C'est ma définition préférée.

A l'origine l'aménagement du territoire relevait implicitement de l'action de l'État, le Souverain décidant des équipements nécessaires à l'administration puis au fonctionnement de son territoire. Aux grands moments de ce genre, illustrés par Colbert (1609-1683) ou par Napoléon III (1808-1873), ont succédé des politiques d'intervention centralisatrices de l'État qui ont conduit au « désert français » (Gravier, 1947), l'essentiel de la richesse et des gens tendant à se rassembler autour de Paris au détriment du reste du Pays, jusqu'à ce que soit créée, en 1963, la Délégation à l'aménagement du territoire et à l'action régionale, la DATAR*. Celle-ci après deux ou trois décennies de réflexions, d'études et de (grands) travaux a vu progressivement son action diluée à la faveur des déconcentrations et du désengagement de l'État au profit des collectivités territoriales. A dater de ce moment l'aménagement du territoire a évolué jusqu'à, par endroits, n'être considéré que comme un outil d'assistance aux territoires en difficulté.

Le jeu des différents acteurs a également concouru, sans doute en raison de l'importance des grands ouvrages réalisés durant les années dites glorieuses, à ce que l'on confonde l'aménagement et les équipements comme les réseaux d'autoroutes, les grands barrages*, les aménagements hydrauliques agricoles et urbains, les canaux, les ports, les stations de loisirs balnéaires et montagnardes, les métropoles* d'équilibre, etc.

Il a paru plus rapide et facile d'investir, d'équiper et même de bétonner*, plutôt que de s'attacher au bien vivre des gens, la logique de l'objet créé primant sur son utilité et son usage. Par exemple l'installation du canal de Provence, destiné à l'approvisionnement en eau de l'agriculture, des entreprises et des ménages a permis l'accélération de l'éparpillement urbain et, du coup, a créé des difficultés foncières redoutables pour les jeunes agriculteurs, et cela grâce à des financements du ministère de l'Agriculture (!). L'apogée de cette façon de faire a été sans doute l'installation du réseau des trains à grande vitesse (TGV). Au début les tracés conçus par les ingénieurs* cheminots s'apparentaient à des voies aériennes : ils proposaient des itinéraires aboutissant à des gares situées à l'extérieur des villes, comme des aéroports, dont l'approche coûte souvent aussi cher que le billet de train lui-même comme c'est le cas à Aix-en-Provence, à Valence et ailleurs. Ce fut, du moins je l'espère, une acmé de la primauté de l'objet sur l'usage, mais les Montpelliérains et les Nîmois auront encore à payer cette fantaisie ! Bien entendu ces réalisations ont été plus faciles que si l'objectif de desservir les centres-villes avait été prioritaire. Il en a été de même à Marseille où la conception de la gare TGV a ignoré l'hypothèse de La Blancarde, une gare en ligne qui ne nécessitait pas de manœuvre et pouvant être reliée à la ville par le métro, ce qui oblige aujourd'hui à creuser, à Saint-Charles, une gare souterraine de plusieurs milliards d'euros. Ces quelques exemples pourraient-ils suffire à expliquer que construire des ouvrages n'est pas nécessairement aménager le territoire ?

La déconcentration et les essais de décentralisation* ont conduit à une certaine régionalisation et à la mise en place des SRADDET, schémas régionaux d'aménagement, de développement durable et d'égalité des territoires. Ils s'inscrivent eux aussi davantage dans la ligne technicienne que dans une approche démocratique de l'aménagement du territoire. La Région est considérée comme le lieu ad hoc de cet exercice alors même que sa définition géographique n'a jamais été l'objet ni d'une réflexion sérieuse ni d'un débat démocratique. La DATAR aurait pu conduire une réflexion sur les bassins de développement réellement pertinents de notre Pays, mais elle ne s'y est pas engagée, obsédée qu'elle a été de respecter les pouvoirs strictement locaux, en particulier des maires de grandes villes (Bordeaux, Lille, Toulouse, Marseille, Montpellier, p.ex.), lesquels étaient d'ailleurs souvent présidents des Régions correspondantes. Elle y a renoncé et ainsi on a négligé de prendre acte de ce que l'INSEE (Institut national de la statistique et des études économiques) et les différents observateurs, universitaires, entrepreneurs ou même fonctionnaires, observaient en matière de vie et de fonctionnement des territoires.

La tendance est aujourd'hui de remettre en avant l'idée d'un aménagement du territoire où prime l'environnement*, ce qui me paraît très utile et intéressant à condition que la réflexion soit précédée d'un premier débat sur sa signification puis sur sa conception aux différents niveaux territoriaux. Il y a tout lieu de penser que ce débat, éminemment politique, est un de ceux dont nous avons impérativement besoin pour remettre la démocratie* en marche, en particulier par la délibération*.

Aménagement forestier

L'aménagement forestier peut désigner à la fois une démarche et un document de gestion durable d'une forêt publique*.

C'est d'abord un ensemble d'études scientifiques, techniques, historiques, environnementales et sociales nécessaires pour définir les objectifs spatiaux et temporels de la sylviculture* d'un peuplement ou d'un massif forestier.

C'est aussi un document prévu par la loi incluant les analyses et fixant les objectifs évoqués ci-dessus et prescrivant les opérations à réaliser durant une période déterminée, pas inférieure à 20 ans, avec pour nécessité de favoriser le meilleur état écologique possible du milieu à l'issue des interventions. L'auteur de l'aménagement est qualifié d'aménagiste.

Dans les forêts privées*, l'aménagement prend la forme d'un plan simple de gestion également encadré par des textes législatifs et réglementaires et s'impose au propriétaire lorsqu'il s'agit d'une surface supérieure à 25 ha.

L'exécution de l'aménagement inclut, entre autres et selon un calendrier, des coupes de bois* périodiques ou définitives ainsi que des interventions comme des ouvertures de layons, des élagages ou d'éventuelles plantations.

Contrairement à une idée répandue, l'aménagement ne concerne que très accessoirement l'équipement du terrain (ouverture de pistes, mise en place de coupures de combustibles, installations d'ouvrages d'accueil...).

Amendement

Passant de cueilleur à cultivateur, l'Homme* a porté un nouveau regard sur les plantes et a entrepris d'intervenir pour que les milieux produisent davantage, plus régulièrement et sûrement que ce qu'ils produisent spontanément. On peut comprendre qu'il soit logique de compenser cette exportation en apportant au milieu, au sol*, l'équivalent au moins de ce qu'on lui a prélevé. On l'apporte par des amendements ou des engrais pour améliorer les qualités agricoles du sol : minéraux ou organiques ils peuvent être utilisées en mélanges.

Les amendements ont été utilisés dès la plus haute Antiquité sous forme de limons transportés naturellement par les crues (du Nil par exemple) ou dirigés vers les champs (en Crau verte dans les Bouches-du-Rhône). On peut aussi utiliser des minéraux destinés à modifier la structure physique des sols (sable) ou leur composition chimique (chaux, azote, potassium, phosphate, oligo-éléments...), des fumures humaines ou animales (fumier, lisier, guano...), des engrais verts* cultivés à des fins d'amendement ou encore des composts* issus de déchets* agricoles, urbains ou industriels.

Certaines techniques culturales mettent en œuvre des amendements tels qu'un apport d'azote dans la maturation d'un compost* aux fins d'y améliorer le rendement des bactéries dans la minéralisation de la matière organique. Des mélanges sont généralement réalisés dans le but de rendre l'amendement à la fois plus complet et plus assimilable dans le complexe agrologique* sol-culture. La fabrication des sols en permaculture* relève également de cette écotechnique*.

On a eu tendance, dans la seconde moitié du XXe siècle, et encore aujourd'hui, à ne considérer le sol que comme un support physique des cultures et d'en négliger la biodynamique. De telles pratiques ont conduit à des accroissements considérables de rendement et de productivité du travail mais à une minéralisation des sols pouvant aller jusqu'à leur stérilisation biologique et à leur compactage nuisible à la circulation de l'eau*, de l'air, des racines*, des êtres vivants et donc à la vie des sols. On est en train d'évoluer vers une agronomie* plus soucieuse des lois écologiques intégrant de manière plus intelligente, et finalement plus productive à terme, les amendements toujours nécessaires aux sols.

N'oublions pas enfin les coûts en énergie* et en carbone* d'un amendement organique, qu'il s'agisse de produire un engrais vert*, d'immobilisation d'une jachère* ou simplement de produire du compost ou du fumier quand ceux-ci ne sont pas le sous-produit d'une autre activité.

Aménité

Voir Confort

Aquaculture

Comme l'élevage* a largement remplacé la chasse* pour la subsistance, l'aquaculture a, en partie, remplacé la pêche. Cela dit la pisciculture en eaux douces est très ancienne ainsi d'ailleurs que la conchyliculture et prend une place croissante dans notre approvisionnement. Mais contrairement à la conchyliculture, la pisciculture, quasiment dès le début, a développé des modes de production où le souci du voisinage, et donc de l'environnement, n'est malheureusement pas dominant tant pour ce qui est de la nourriture des poissons et des conditions d'élevage que pour la qualité des produits. On sait que l'essentiel des aliments fournis aux animaux élevés, poissons et crustacés, provient d'un excès de prélèvements dans les écosystèmes marins. On sait aussi que les concentrations des poissons élevés dans les « fermes* » aquacoles sont telles que les alentours doivent en subir les déchets* non seulement biologiques mais aussi chimiques dus aux traitements. On peut même quelquefois déplorer que des poissons d'élevage, s'échappant de leurs bassins en viennent à coloniser les populations sauvages comme ce fut le cas des saumons de l'Atlantique-nord. Pourtant rien n'empêche les aquaculteurs d'améliorer les modes d'élevage pour aboutir à des produits d'excellence, comme cela a été fait dans les élevages terrestres ou dans la conchyliculture, notamment en utilisant des aliments choisis et cultivés, sur terre comme dans l'eau, et non plus extraits massivement du milieu naturel.

Notons enfin que les coquillages, et dans une moindre mesure les crustacés, stockent dans leurs coquilles ou leurs carapaces des quantités de carbone assez considérables pour que l'on puisse (pourquoi pas ?) envisager d'élever ces animaux dans le seul but de créer des pièges à carbone*.

Arbre

« Auprès de mon arbre... » chantait Brassens (1921-1981). Dans la tradition, le chanteur-poète a pris la place de Louis IX (1214-1270) qui rendait la justice au pied d'un chêne et a contribué ainsi parmi bien d'autres à la célébration de l'arbre en tant que symbole de la permanence de la nature. Qui ne célébrerait pas tel ou tel arbre, monument vivant, actuel et témoin de temps révolus ?

Rappelons que les arbres sont les éléments primaires des forêts* qui occupaient l'essentiel des territoires* et que les Hommes* ont défrichées au cours de l'histoire*. Ils l'ont fait notamment sur les terres les plus fertiles et faciles à cultiver, constituant ainsi les terroirs*, les paysages* et les décors* que l'on voit aujourd'hui. En cela l'agriculture est débitrice de la qualité des sols* que les forêts ont contribué à fabriquer. Tous les territoires continuent d'évoluer laissant aux arbres des places et des fonctions différentes, et quelquefois congrues comme c'est encore malheureusement le cas en bien des lieux.

Mais qui n'a pas été déjà piégé par une communication mettant l'arbre en avant ? Le lotissement* périurbain, consommateur de sols et d'énergie* avec ses allées « les acacias », « les chênes », « les cèdres », l'ensemble immobilier « au cœur d'un parc arboré », les plantations désinvoltes de « manches à balais » le long des voiries de telle zone industrielle. L'arbre peut être aussi le prétexte « écolomorphe » pour s'opposer à un équipement public utile, décidé démocratiquement par la collectivité mais qui dérange certains.

En fait l'arbre peut revêtir de multiples aspects et rendre de nombreux services : dans les champs et les jardins* il donne des fruits, il fait de l'ombre là où il en faut et il est un outil majeur du confort* de nos villes*; il agrémente les itinéraires routiers lorsque, grâce aux souhaits de Pompidou (1911-1974), on ne les a plus abattus ; il prend part à la constitution des haies qui délimitent les champs et les jardins*, les abritent des vents et accueillent ne nombreux hôtes. Les arbres constituent l'essentiel de la masse végétale des forêts ; ils participent de manière décisive à la reconstitution des sols, à la régulation des flux hydriques, à la qualité des eaux*, au stockage du carbone* et à la lutte contre l'érosion*, etc.

N'oublions jamais que l'arbre en tant qu'individu a des racines* dont les dimensions sont, en gros, les mêmes que celles de sa partie aérienne, que celles-ci sont la source de son approvisionnement en eau et en minéraux, qu'elles sont fragiles et nécessitent autant de soins que la partie aérienne. Cela signifie que partout où l'on souhaite conserver ou implanter des arbres, il faut s'assurer que leurs racines auront la place et le temps nécessaire pour se développer et ne devront être dérangées qu'en cas d'extrême nécessité : affouillements, terrassements, constructions, travaux divers devront être évités sinon prescrits. A moins que l'arbre ne soit que décoratif et provisoire, ce qui est malheureusement souvent le cas.

Mais il arrive que l'arbre fasse trop d'ombre aux habitations et aux cultures, qu'il dérange dans l'organisation d'un espace public, stade, avenue, station de traitement des eaux..., qu'il consomme l'eau du sol au détriment des autres usages. Par ailleurs les arbres peuvent envahir des friches au point d'en gêner la remise en culture ou le pâturage ; ils s'installent autour des maisons isolées les rendant vulnérables aux incendies*, etc. Le fait qu'on ait découvert que les plantes d'un écosystème*, et pas uniquement les arbres, sont reliées par des réseaux souterrains mycorhiziens et échangent dans l'atmosphère des composés volatiles ne signifie pas pour autant que les arbres se parlent ; un écosystème forestier n'est tout de même pas une société humaine. L'arbre est un élément constitutif majeur de nos écosystèmes*, de nos décors et de nos territoires.

Il arrive aussi que certains arbres puissent être considérés comme des monuments naturels. En pareil cas cela justifie individuellement des mesures de protection ou de mise en valeur exceptionnelles, mais il demeure un être vivant qui peut tomber malade et mourir.

Enfin l'arbre est parfois un prétexte au *greenwashing*, ou maquillage en vert*, pratiques commerciales auxquelles nous devrions éviter de souscrire.

L'arbre, comme un ami, doit être considéré, aimé, associé mais demeurer à sa place.

Architecte

Quel beau métier que celui d'architecte ! C'est la personne qui, en principe, sait le mieux comment organiser l'espace de la vie quotidienne de notre groupe familial en relation avec le reste du monde, les gens et les choses. Et bien souvent l'avis d'un architecte m'a été utile lorsque j'ai eu à choisir et améliorer ma maison au sein de mon village.

Certains architectes ont été de grands artistes, de grands créateurs, que nous admirons mais avant tout pour leurs œuvres singulières et remarquables. Pourtant jamais je ne construirai la « maison sur la cascade » de Frank Lloyd Wright (1867-1959) et encore moins le château de Vaux-le-Vicomte bien que ces exemples aient influencé bien des constructeurs et leurs clients. De nos jours encore la tendance est lourde qui incite chacun à s'inspirer de « gestes » architecturaux les plus variés comme des musées, des stades ou des villas célèbres. Cela a malheureusement produit plus souvent les collections de pavillons qui parsèment nos banlieues et nos campagnes que le Cours Mirabeau à Aix où les architectes ont ordonnancé les maisons le long de la voie.

Certains architectes ont conçu ou adopté des théories comme celle du mouvement hygiéniste, apparu au XIXe siècle selon lequel les pratiques politiques, sociales, architecturales et urbanistiques doivent suivre les règles de préservation de l'hygiène et de la prévention en santé publique, suivant les prescriptions médicales, et éventuellement diététiques. Il fallait en effet supprimer les taudis, la concentration des gens dans de minuscules surfaces dépourvues d'aération et de chauffage et privées d'adduction et d'évacuation des eaux et autres effluents. Ce qui fut heureusement fait en assez grande partie. Mais ce qui se justifiait en de nombreuses cités fut généralisé et standardisé partout. C'est ainsi par exemple qu'est apparue la mode des grandes baies ouvertes en plein midi, notamment en région méditerranéenne*, là où de tout temps on avait cherché à se préserver du soleil et à rechercher la fraîcheur. Malgré les études soigneuses réalisées en 1969 à Marseille par les architectes du GAMU (devenu Architecture bioclimatique et construction-ABC) qui avaient mis en évidence des pratiques efficaces d'adaptation au climat que les anciens avaient mises au point et, sous l'influence redoutable de Le Corbusier (1897-1965) et de sa « Cité radieuse », la région méditerranéenne tout entière a vu construire des immeubles exposés est-ouest, dotés de baies démesurées dans lesquels on ne peut se protéger ni du mistral l'hiver ni, l'été, du soleil de l'après-midi...

De nombreux architectes ont par la suite poursuivi dans cette voie en multipliant les façades entièrement vitrées derrière lesquelles on ne peut survivre qu'au prix d'un conditionnement d'air insoutenable. La plantation d'espaces verts, quand il y en a, ne corrige cela d'aucune manière, la hauteur et le volume des arbres n'étant pas suffisants.

Alors que s'impose aujourd'hui la nécessité d'une économie d'espace et d'une neutralité-carbone, nos architectes doivent retrouver leur rôle éminent en nous proposant des habitats* plus confortables, plus économes en énergie*, voire qui en produisent eux-mêmes, dans des quartiers* à la fois plus denses et mieux végétalisés. C'est alors que l'on aura à nouveau plaisir à vivre en ville*, c'est-à-dire y habiter, y travailler, s'y divertir et rencontrer d'autres gens.

Artificialisation des sols

Voir Espaces non bâtis.

Artisan

L'artisan est une personne qui pratique un métier manuel selon des normes traditionnelles. C'est surtout ce dernier aspect qui le distinguait de l'ingénieur*, l'artisan reproduisant ce que lui a appris la tradition par la transmission directe de la part de ses anciens et de ses pairs ou par l'école. L'évolution des techniques, leur sophistication, leur complexité ainsi que celle des modes de production ont conduit à améliorer considérablement les performances des produits ainsi que les pratiques commerciales et financières. Alors que la fabrication locale disparaît, qu'on ne répare plus, qu'on ne rénove plus, qu'on réforme et remplace, quel est l'avenir de l'artisan ? Cette évolution atteindra peut-être ses limites notamment depuis qu'on s'est rendu compte que l'obsolescence pouvait être programmée dans le but d'accélérer les flux de production et de commercialisation. Mais les objets que nous utilisons sont de plus en plus complexes et mettent en œuvre des techniques de plus en plus variées, ce qui impressionne l'utilisateur qui ne sait pas « comment ça marche » et peut même dépasser les connaissances techniques de l'artisan. Il existe d'ailleurs un discours contradictoire selon lequel chacun devrait savoir comment l'agriculteur* ou l'éleveur produit un aliment alors que nul ne se sent obligé de savoir comment est fait et fonctionne son téléphone mobile ou son réfrigérateur. Le lien entre l'artisan et l'utilisateur se trouve rompu car, si le premier est encore quelquefois capable d'entretenir et de réparer un objet, l'autre ne se préoccupe pas de ce qu'il en advient. Il y a quelques décennies l'obtention du permis de conduire une automobile* nécessitait un minimum de connaissance de la mécanique alors qu'aujourd'hui la compagnie d'assurance* vient nous chercher au bord de la route quand l'automobile tombe en panne. On commence tout de même à prendre conscience de la rareté prévisible des matières premières et du coût de l'élimination ou de la récupération des matériaux en vue de leur recyclage. Mais saura-t-on revenir à une économie de proximité et circulaire ? On va se remettre à vendre des objets réparables ce qui va ouvrir de nouvelles perspectives pour les artisans, leurs quartiers et leurs voisins. Mais leur formation* va, de ce fait, nécessiter de sérieuses réformes compte tenu de la variété et la complexité des objets dont nous disposons.

Prenons l'exemple du chauffage domestique : on peut choisir d'isoler son logement, de mieux orienter sa maison ou son appartement, d'améliorer la qualité des maçonneries, des toits et des menuiseries puis le mode de production de chaleur (et éventuellement de fraîcheur). Comment choisir entre le chauffage au bois*, la chaleur solaire (alternative), la géothermie, l'électricité ou une pompe à chaleur ? Choisira-t-on une combinaison de plusieurs systèmes pour s'adapter aux conjonctures du temps qu'il fait ou du prix du kWh ? Faudra-t-il un ingénieur* pour aider à ce choix ? Quel artisan faudra-t-il pour installer le système ? Actuellement les services proposés relèvent plutôt d'installateurs spécialisés dans telle ou telle technique, voire telle ou telle marque, mais ne permettent guère à l'habitant de disposer de l'ensemble des outils lui permettant de choisir la maîtrise de son confort* au fil de l'année et des années. Bien d'autres exemples pourraient être évoqués dans l'électroménager, l'ameublement, l'automobile ou la bicyclette* et tant d'autres domaines. La prise en compte des exigences environnementales nécessite dans quasiment tous les domaines de notre vie que les objets et les outils dont nous disposons puissent être entretenus, réparés, aménagés et recyclés plutôt que systématiquement remplacés. L'artisan devra rapidement voir confirmé, développé et entretenu le niveau technique de sa formation ainsi que l'appareil de cette formation, initiale et continue, qui devra en permanence rester à jour des progrès techniques

Associations

La loi du 1er juillet 1901 est une des plus importantes de nos Codes. Elle définit l'association comme une convention par laquelle quelques personnes mettent en commun, d'une façon permanente, leurs connaissances ou leur activité dans un but autre que de partager des bénéfices. Nous en avons des millions en France et celles qui sont en lien avec l'environnement* ont connu une progression extraordinaire au cours des dernières décennies.

Les associations ont de nombreuses vertus, à commencer par celle de mettre en avant des questions que les individus isolés ne sauraient ou ne pourraient exprimer, de réaliser des projets partagés dont les institutions n'ont pas pu, ou pas voulu, s'occuper, de proposer des mesures utiles aux acteurs publics ou privés de la société, d'engager des réflexions et des actions dans tous les domaines possibles. Les associations recouvrent absolument tous les champs de la vie sociale depuis la solidarité et les sports jusqu'au développement de la connaissance scientifique, la production artistique, la protection du patrimoine, de la nature et de l'environnement, etc.

Mais si le rôle des associations est de concevoir et de suggérer des innovations ou des options alternatives à tel ou tel projet proposé par une personne, une collectivité publique ou une entreprise, voire même à en contester l'utilité, celles-ci ne doivent intervenir dans le débat public que dans le cadre de la loi au risque de disqualifier les institutions politiques. La notion même de société civile* me paraît d'ailleurs discutable en ce sens qu'il y aurait une part d'incivilité dans notre organisation politique et administrative.

Les objectifs des associations et leur mode de fonctionnement, ainsi que leur recrutement par adhésion ou par cooptation* de manière parfaitement démocratique, conduit naturellement leurs militants* à se perfectionner et à se spécialiser au point de s'éloigner quelquefois de l'intérêt général comme le font bien souvent les techniciens : aux technocrates s'ajoutent les « assocrates ». Elles peuvent être, pour certains de leurs membres, l'antichambre de la vie politique mais elles s'en distinguent par leur objet même qui les limite à leur domaine. Elles contribuent mais ne peuvent pas participer à l'arbitrage politique qui doit embrasser le plus large champ d'objectifs, d'opinions* et de choix* possible. C'est pourquoi je pense que si on multiplie les lieux et les occasions de délibérer, au plus près de la vie des gens, le dire des associations sera plus facilement entendu et mis au débat par ceux, élus de tous, dont c'est la fonction et qui ont à décider.

On peut par ailleurs s'inquiéter de la multiplication des lobbys* qui ont été jusqu'à présent plutôt le fait d'entreprises privées, et font pression dans la discussion, le débat voire la délibération*. Certaines associations tendent à adopter des postures et des manières d'agir identiques à celles des groupes privés. Les choix* politiques résultent alors davantage des moyens financiers dont disposent les lobbyistes que des échanges et des débats fondés sur des données scientifiques, écologiques, économiques ou sociales.

Malgré tout, les associations sont et demeureront des partenaires indispensables à l'innovation, à la diffusion des savoirs et des idées et à la concertation.

La loi permet aux citoyens et aux entreprises de contribuer financièrement à l'activité des associations en permettant, par des déductions d'impôts, de leur affecter directement de l'argent public sans passer par l'arbitrage du budget de la collectivité. C'est ainsi que l'État peut en venir à se décharger de ses tâches, dans les programmes de recherche médicale ou dans la solidarité sociale par exemple, en les abandonnant au financement associatif. Mais même si cette disposition est discutable elle laisse quand-même une place appréciable à la liberté de chacun. Alors, on comprend mal pourquoi, alors que des millions de citoyens consacrent un temps et des compétences considérables aux associations, leur contribution ne peut être comptabilisée au titre de l'autofinancement, comme c'est le cas pour les entreprises avec l'apport en industrie, quand il en est exigé pour obtenir une subvention ou toute autre participation financière publique ou privée.

Assurance

Après chaque incendie de forêt*, chaque inondation* ou tout autre accident revient la nécessité de la solidarité avec les sinistrés. Les assurances sont là qui, bon an mal an, les indemnisent… jamais assez ! Mais avec l'accroissement des sinistres, la dépense s'accroît et avec elle les cotisations des assurés. Pour les voitures on a inventé, et accepté, le principe du bonus-malus qui est une manière hardie de moduler la solidarité. On l'a justifié par l'idée que cela rendrait les conducteurs plus prudents, et je crois que ce fut le cas.

Mais lorsque l'on sait la désinvolture, voire l'acharnement de certains à construire en dépit des précautions élémentaires vis-à-vis des risques d'incendie, d'inondation, d'avalanche, de glissement de terrain ou d'autres dangers, lorsque l'on connaît les pressions qui sont parfois exercées sur les élus locaux et les pouvoirs publics pour délimiter des zones constructibles au-delà des périmètres de protection proposés par les spécialistes* (Plans de prévention des risques naturels) on peut s'interroger sur la validité d'un recours à la solidarité lorsque le sinistré a construit sa maison ou installé son entreprise, entrepôt et parking inclus, en connaissance du risque. Lorsque certains, encore trop nombreux, s'obstinent à ne pas appliquer les consignes de mise en défense de leurs biens (feux de forêts, inondations, etc.) ils obligent les pompiers à des efforts accrus pour leur défense, au risque d'être parfois moins disponibles pour d'autres interventions.

Il paraît logique et honnête que les installations dans une zone reconnue comme étant à risque à la suite de l'établissement d'un plan de prévention ne puissent bénéficier de la même solidarité que celles qui sont établies dans les règles et qu'un surcroît de prime d'assurance leur soit appliqué.

Bien entendu une telle mesure ne saurait être rétroactive et appliquée pour une installation datant d'avant la promulgation d'un texte, mais cela ne dispense pas les intéressés de se réorganiser en conséquence et d'améliorer leur sécurité.

Autobligée

L'étalement urbain*, s'il va ralentir, ne va pas s'effacer d'un coup, pas plus que la dispersion des lieux de travail, de formation et de loisirs. Les gens ne peuvent attendre ni une généralisation de transports en commun* lorsqu'ils ont un coût excessif en milieux trop peu denses, ni « l'ascenseur horizontal » numérique que nous évoquons à propos de l'automobile*.

Et si nous revenons à la récente crise des « Gilets jaunes » qui serait due en partie à une augmentation de l'impôt* sur le carburant (qui a agi comme déclencheur), il apparaît qu'elle a été emblématique de la problématique « fin du mois - fin du monde ». Manière d'exprimer la collision frontale entre un avenir jugé souhaitable et les difficultés financières rencontrée par un grand nombre de gens pour y accéder. On voulait, disait-on, limiter la consommation de pétrole ; or, dans notre société d'aujourd'hui, certains ont encore absolument besoin d'une voiture pour vivre là où ils sont, travailler, s'approvisionner, se former, rencontrer des gens, se cultiver… Mais avons-nous besoin pour cela d'une grosse cylindrée et de nous en servir pour conduire nos enfants à l'école, soit tout près de chez nous, soit au prétexte que le bus scolaire passe trop tôt le matin, ou encore pour traverser le Pays ou la frontière à la moindre occasion ?

Une solution transitoire pourrait être un double tarif pour le carburant, avec des bons d'achat pour l'usage indispensable de la voiture, alloués sur présentation d'une déclaration individuelle ou familiale, basés sur la consommation d'un véhicule de puissance raisonnable. Le prix du carburant dépensé en supplément serait laissé libre, quels que soient l'usage et la dimension du véhicule. Ce rationnement* explicite s'ajouterait à bien d'autres plus ou moins avoués.

Automobile

Objet emblématique du XXe siècle, l'automobile telle que nous la pratiquons ne passera vraisemblablement pas le XXIe. Comme tant d'autres produits de consommation elle a, jusqu'ici, été conçue sans aucun souci de la disponibilité de l'ensemble des ressources nécessaires à sa fabrication comme à son fonctionnement : les matériaux pour sa construction, l'énergie* pour sa mobilité et l'espace qu'elle nécessite pour stationner et circuler.

L'attention se porte aujourd'hui plutôt sur la quantité d'énergie liée encore étroitement aux hydrocarbures* que consomment tant de voitures et aux gaz à effets de serre qu'elles rejettent dans l'atmosphère. La recherche puis la mise au point de nouveaux pourvoyeurs d'énergie comme l'électricité ou l'hydrogène n'effaceront pas avant longtemps la difficulté d'en produire en quantité suffisante pour approvisionner le parc qui se constituerait si chaque être humain adulte (plus de 5 milliards) possédait une automobile. Cela ne résoudrait d'ailleurs pas les questions posées par le camionnage dont on n'entrevoit pas encore la disparition.

On néglige presque toujours la quantité des ressources qui sont nécessaires pour produire tous ces véhicules : fer, aluminium, cuivre, métaux plus précieux, caoutchouc, matière plastique*, textiles, etc, et la rareté de certaines d'entre elles comme les métaux rares. Sans compter les coûts énergétiques de transport des véhicules neufs dans un sens et des épaves dans l'autre et ceux de leur démolition/recyclage. Sans oublier le temps et l'énergie perdus dans les embouteillages des voies périurbaines : imagine-t-on, lorsque chaque adulte aurait acquis son véhicule personnel, le spectacle des quatre milliards de voitures du monde qui, heure après heure suivant les faisceaux horaires successifs, s'agglutineraient autour des villes* matin et soir ?

Jusqu'ici la dimension économique a dominé l'approche de cet objet, accompagnée d'une dimension sociale déterminante. On a privilégié la production de véhicules neufs au détriment de l'entretien et de la modernisation des voitures existantes. Deux types d'arguments ont orienté vers ce choix : les emplois dans les grandes manufactures qui justifient que l'on privilégie une production massive, continue et ininterrompue, et l'innovation technique encouragée par la concurrence et le flux des ventes. On excipe également de l'intérêt de produire des automobiles nouvelles plus économes en énergie et moins émettrices de gaz nocifs. Mais si l'on vend deux fois plus de voitures plus « propres » qui produisent un quart de gaz en moins, on y perd tout de même ! L'importance des emplois industriels compte aussi énormément dans l'opinion* et le milieu politique. En ce domaine a-t-on déjà calculé combien il faudrait d'emplois pour qu'au sein des bourgs et des quartiers*, des artisans* garagistes entretiennent et réaménagent les voitures au lieu d'en vendre de nouvelles ? A-t-on évalué les qualifications nécessaires de ces travailleurs et, partant, la richesse culturelle que cela induirait à travers tout le Pays ?

En matière d'innovation l'aide publique à la production et à la diffusion abondante ne serait-elle pas mieux utilisée par la recherche de nouveaux modes de déplacement ?

Rappelons Yvan Illich (1926-2002) qui démontrait déjà en 1960 qu'on va plus vite en 2CV Citroën qu'en Mercedes, si l'on admet que les heures de travail nécessaires pour gagner de quoi acheter l'automobile soient comptées dans le temps du déplacement.

Quant à l'aménagement du territoire* ne vaudrait-il pas mieux avoir quelques mécaniciens dans chaque bourg plutôt que de grosses concessions dans quelques villes et des usines disséminées ici ou là dans le Monde ?

Enfin nous savons tous que notre voiture nécessite, du fait même qu'elle existe, une surface de terrain au moins égale au triple de sa projection au sol, une fois pour stationner en son lieu fixe, une fois pour stationner à sa destination et une troisième fois pour la surface nécessaire pour y accéder (portes et hayons ouverts). Pour la France cela représente au moins 2 000 km^2. Les voiries consacrées aux réseaux routiers (autoroutes, routes nationales, départementales et communales) et aux voies privées des ensembles immobiliers, pour une circulation commode et sûre, occupent près de 20 000 km^2, soit la superficie de quatre ou cinq départements français, alors que les 60 000 écoles de France offrent à la végétalisation moins de 300 km^2 ! Nous savons enfin combien jusqu'à ces temps-ci l'automobile a dessiné la ville. Deux exemples parmi bien d'autres l'illustrent :

– de nombreux alignements d'arbres ont été supprimés pour élargir les voies de circulation,

– en ville les voies privilégient les voitures qui franchissent les croisements directement alors que les piétons doivent systématiquement les contourner : les trottoirs devraient plutôt être continus et ininterrompus et les automobiles auraient à les traverser précautionneusement.

Ces considérations, ainsi que celles relatives à l'imperméabilisation des surfaces de stationnement et de circulation sont généralement exclues du débat public bien qu'elles renvoient à une question environnementale de taille : devons-nous nous résigner à vivre dans les espaces laissés libres par l'automobile ? La végétalisation souhaitable des cours d'école suffirait-elle à compenser l'artificialisation des routes, de leurs abords et des aires de stationnement à domicile et partout ailleurs ? On constate tout de même une évolution de l'opinion à propos de la voiture : un nombre croissant de citadins n'en a plus. On se tourne vers les transports en commun, la location ou le covoiturage. Je suis convaincu que les nouvelles techniques numériques, comme nous l'indiquent les expérimentations en cours, vont bientôt permettre des véhicules autonomes. Il sera alors souhaitable que ces véhicules ne soient pas privatifs et soient tenus à la disposition des utilisateurs par des mécanismes de partage, libéraux, associatifs, coopératifs, voire publics. Ces « ascenseurs horizontaux » pourront être commandés, programmés et guidés automatiquement. Leur nombre sera bien moindre que celui des voitures personnelles du fait de leur caractère collectif et dispenseront chacun d'avoir un garage ou une place de parking*. Il suffira de les commander pour qu'ils arrivent. De plus il est probable que la consommation d'énergie par un tel réseau sera de beaucoup inférieure à celles des voitures individuelles actuelles. Cela aura pour effet de limiter l'importance et la surface des voiries dont les poids lourds seront exclus car remplacés par le transport ferroviaire, fluvial ou aérostatique et complétés par des « ascenseurs horizontaux » pour les derniers kilomètres. Ce rêve n'en est qu'un bien entendu. Je sais que de nombreux chercheurs, entreprises et ingénieurs* s'affairent sur des idées de ce genre et il faut les aider massivement. Mais pourquoi s'obstiner à vouloir défendre et promouvoir l'industrie automobile, même électrique ou hydrogénique, et ne pas commencer à annoncer la fin souhaitable de la voiture individuelle alors même que l'on n'a pas craint la fin de la bougie lors de l'arrivée de l'électricité ? Je crois plutôt qu'il nous faut admettre que les jours (les années) de l'automobile individuelle sont comptés et redéployer, progressivement certes mais résolument, nos activités industrielles dans ce sens.

B

Barrage

Les plus grands des barrages français, qui occupent près de 450 km^2, sont essentiellement dédiés à la production d'électricité. Ils sont situés dans les trois grand massifs montagneux, Alpes, Pyrénées et Massif central, avec une prédominance alpine, et procurent 13% de l'électricité du Pays (26 000 MWh). Nombre d'entre eux fournissent en même temps de l'eau* à l'agriculture*, à l'industrie* et aux communes auxquelles ils restituent les eaux dont elles disposaient avant l'établissement du barrage et souvent leur permettent d'accroître leur approvisionnement. De très nombreux petits barrages alimentent des canaux qui fournissent également de l'eau d'irrigation* et de l'énergie*, comme c'est le cas depuis la haute Antiquité. L'hydraulique est donc une des écotechniques* majeures de notre histoire*.

Avec le développement de l'agriculture se sont multipliées les techniques d'irrigation qui, elles aussi, ont eu pour but d'accroître la productivité du travail paysan*. À l'arrosage pied par pied encore pratiqué par les jardiniers amateurs, ont succédé l'arrosage par gravité, à la raie ou par submersion, puis les arrosages par aspersion ou au goutte-à-goutte, etc. La demande de plus en plus exigeante et capricieuse des consommateurs a conduit à cultiver des plantes plus gourmandes en eau et les agriculteurs ont du s'en procurer soit de manière collective par des grands barrages et des ouvrages de retenue de taille moyenne, soit par des bassins personnels. À l'origine d'ailleurs, on nommait retenue collinaire un ouvrage qui pouvait être construit par l'agriculteur* lui-même sur son exploitation à l'aide de son propre matériel.

Dans bien des cas les grands barrages ont été exécutés sans grande attention aux territoires inondés et aux personnes chassées de leurs terroirs*. Progressivement l'action publique s'est tout de même amendée et le dédommagement des personnes déguerpies (disait-on) a été financièrement amélioré, mais n'a jamais pallié ni douleur ni émotion. On retrouvera facilement les images du curé de Savines (Hautes-Alpes) allant récupérer la croix du clocher de son église avant la submersion de son village vers 1960 par les eaux de Serre-Ponçon et on reverra toujours avec émotion le film « L'eau vive » avec son scénario de Jean Giono (1895-1970). À la perte patrimoniale causée par les barrages, rarement réparée à grand frais comme ce fut le cas du célèbre temple d'Abou Simbel en Egypte, s'ajoute la perte environnementale, certains habitats* inondés uniques et remarquables ayant été détruits. Oserait-on, aujourd'hui en France, entreprendre de nouveaux chantiers de ce genre pour produire de l'électricité non carbonée, même une fois faite la balance entre l'énergie* investie pour la construction et les MWh attendus ?

Les barrages de taille moyenne ou petite relèvent, quant à eux, de décisions prises à des niveaux de territoire* plus modestes où, en principe, la décision peut être plus démocratiquement discutée. Le maître d'ouvrage en est soit une collectivité territoriale, commune ou département, soit un groupement d'acteurs locaux, agriculteurs*, coopératives* ou artisans* et industriels. Mais l'ouvrage nécessite une autorisation et la délibération* est alors publique et accessible. Là aussi en principe, les habitants du territoire* peuvent faire connaître leurs avis, voire leurs réticences. Il demeure cependant des cas où une certaine désinvolture du maître d'ouvrage et du maître d'œuvre peut conduire à négliger, voire ignorer, des aspects que l'on doit considérer comme majeurs en matière d'environnement*, comme par exemple la biologie du cours d'eau barré si la retenue devait à en diminuer l'étiage saisonnier.

L'irruption des dérèglements climatiques* nous invite, nous oblige même, à considérer le stockage des eaux excédentaires des « nouveaux » orages* comme une occasion de pallier les « nouvelles » sécheresses. Il est en effet probable que les anomalies de pluviométrie vont se multiplier et que la saisonnalité des apports d'eau sera durablement modifiée. La gestion des eaux, y compris celles des nappes aquifères, ne pourra vraisemblablement pas, elle non plus, être conçue sans adaptations ni modifications. De ce fait, contrairement au discours qui se faisait jour selon lequel il faudrait ne rien changer aux systèmes hydrologiques, il paraît utile de ranimer les écotechniques* que les anciens avaient mises en œuvre de longue date et de les enrichir de nos outils modernes de mesure, de réalisation et de gestion qu'il s'agisse de retenues de crues, dans lesquelles on s'efforce au moins d'amoindrir les débits en aval, ou de réservoirs de stockage ne retenant que les eaux qui, de toutes façons iraient à la mer.

Mais si les ruisseaux devaient se transformer en oueds du fait du nouveau régime des eaux, il serait vain de chercher à y conserver un écoulement permanent et, en même temps, d'y proscrire des retenues qui pourraient pourtant leur procurer un meilleur approvisionnement. D'ailleurs des retenues d'eau sont parfois réalisées, comme des mares en certains milieux naturels et forestiers, aux seules fins de créer ou de maintenir des écosystèmes riches d'espèces amphibies requérant plus d'humidité, ou encore pour abreuver des troupeaux comme les lavognes sur les grands Causses calcaires comme le Larzac.

Dans le cas d'ouvrages modestes la conception et la réalisation peuvent satisfaire les différentes parties prenantes, promoteurs, amis de la nature, pêcheurs et chasseurs. On peut cependant craindre que la moindre inadvertance dans la conception, la délibération et dans la mise en œuvre du projet n'entraîne des réactions hors de proportion avec d'éventuels dégâts. Il est donc non seulement nécessaire que les procédures soient scrupuleusement respectées mais que tous les effets de l'ouvrage soient étudiés.

Observons aussi que bien des retenues des grands et petits barrages ont reçu le nom de lacs, comme le Salagou dans l'Hérault, et sont tenus pour d'appréciables lieux de villégiature et de loisirs nautiques, les baigneurs, les pêcheurs et les navigateurs n'ayant pas le sentiment qu'ils s'amusent sur les lieux d'un désastre écologique.

Il nous faut veiller à ce que le mot barrage ne devienne pas un vilain mot* surtout au moment où s'aggravent les bilans hydriques du fait des dérèglements climatiques.

Bétonnage

Encore un vilain mot*. Pourtant, à y regarder de près il est porteur de significations diverses.

L'une décrit un processus d'artificialisation des sols* même lorsque cela n'est pas utile, pour « faire propre », ne pas avoir à piétiner dans la boue, ne pas avoir de « mauvaises herbes » à arracher. On devrait pouvoir limiter ces pratiques.

L'autre fait référence à des constructions qui ne nous plaisent pas : bétonner le littoral, les banlieues, les montagnes, etc. Or vaut-il mieux bétonner le littoral comme à la Grande Motte (Hérault) et préserver des espaces plus ouverts alentour, ou déverser des pavillons individuels sur des surfaces considérables comme à Palavas (Hérault) ou à Audierne (Finistère) ? Est-il préférable d'étaler des chalets sur d'anciennes terres agricoles comme à Morzine (Haute-Savoie) ou de créer, à côté, des stations de ski comme à Avoriaz où la voiture est bannie ? Vaut-il mieux artificialiser 50 000 ha par an dans les périphéries des villages et des villes avec des pavillons, des centres commerciaux, des lycées et des facultés, des hôtels, des hôpitaux, des gares, des cinémas ou des bureaux, avec leurs parcs à voitures, ou concentrer nos activités urbaines en des lieux plus denses mais bien aménagés ?

Le bétonnage est un de ces thèmes dont l'ambiguïté est redoutable et peut conduire à l'inverse de ce que l'on cherche à promouvoir.

Besoin

Voir Envie.

Bicyclette

Il n'est guère d'outils aussi économes d'énergie que la bicyclette : valoriser à ce point la force musculaire est prodigieux et fait de cet objet l'un des plus doux pour l'environnement*. Mais, la bicyclette est aussi, et paradoxalement, un exemple de ce qu'un bon objet peut devenir détestable selon son usage.

Deux situations l'illustrent :

– récemment, des défenseurs de la nature dans les Vosges se sont manifestés pour qu'on y limite l'usage du vélo tout-terrain (VTT) car la pratique de ce sport peut porter atteinte aux écosystèmes, plantes et animaux, nuisant à leur croissance, à leurs semis ou à leurs nids et provoquer ravinement et érosion ;

– dans les villes on a cru bien faire en favorisant le déplacement à bicyclette mais, faute de précautions sécuritaires, on peut malheureusement assister, au nom d'une liberté justement revendiquée, à un usage débridé de ce mode de locomotion au point de devenir un danger pour les piétons sur les trottoirs et les passages réservés.

La bicyclette comme presque tous les outils nous montre que l'environnement, la vie qu'on y mène, sont un ensemble de systèmes où chaque élément, chaque acteur demande sa place ; elle est un fait social et collectif qui justifie pratiquement toujours une régulation. C'est donc un sujet politique.

Bidet

Je ne comprends pas bien pourquoi il faut prendre une douche (ou un bain) pour se laver les pieds ou rafraîchir son hamster, et gaspiller tant d'eau. Serait-ce pour économiser un m^2 dans la salle de bain qu'on a démodé le bidet, alors qu'on y prévoit sagement de larges surfaces pour les personnes à mobilité réduite ? Ou bien s'agirait-il d'un tabou pudibond ?

Biodiversité

Ce terme est la compression des mots diversité et biologique. Il désigne l'ensemble des êtres animaux (dont les humains), végétaux, fonges (champignons) et microbes qui vivent en un lieu donné, constituant un système. Globalement la biodiversité s'apprécie en considérant le nombre et la diversité des écosystèmes*, des espèces et des gènes dans l'espace et dans le temps, ainsi que les interactions au sein de ces niveaux d'organisation.

La conscience de cette diversité est vraisemblablement apparue dès que les Hommes* ont eu à faire avec la nature. Cela irait-il donc de soi ? L'histoire* nous apprend que non. Les périodes ayant précédé la sédentarisation des Hommes, et donc les civilisations agraires, ont été d'une certaine manière celles où la diversité justifiait des déplacements et des migrations lorsque le milieu se dégradait. Les gens allaient chercher ailleurs ce qu'ils ne trouvaient plus sur place. En fait il est probable que plutôt qu'un souci de biodiversité nos prédécesseurs sédentaires avaient une puissance technique et énergétique tellement limitée que les écosystèmes qu'ils utilisaient conservaient leur résilience* : la taille des territoires* affectés, les techniques et les durées d'intervention ne devaient généralement pas trop affecter la structure des milieux et les Hommes pouvaient y revenir après quelques temps. Ce sont les innovations techniques et principalement énergétiques qui ont enclenché les mécanismes de dégradation de la biodiversité dont nous prenons peu à peu la mesure bien après que les savants nous en aient alertés.

N'oublions pas que les écosystèmes peuvent se trouver en état d'équilibre* relatif, même lorsqu'ils ne sont soumis qu'à leur fonctionnement interne et à des événements extérieurs, biotiques, géologiques ou météoriques (ce serait le cas d'une forêt primaire* s'il en existe encore aujourd'hui) et être le théâtre de l'évolution des territoires* au sein desquels ils se trouvent. Certains éléments de cette évolution sont par exemple l'expansion urbaine, la mésexploitation minière ou agricole ou les incendies* de forêts.

Selon de nombreux auteurs, avant la révolution industrielle, qui marqua une envolée démographique, et l'usage intensif des énergies* fossiles, la diversité biologique se trouvait comme stimulée par la variété même des interventions humaines, techniques de cueillette, de culture et d'élevage et les échanges commerciaux et humains. Les aléas de l'apport, plus ou moins consenti, de populations nouvelles et de leurs pratiques, de l'introduction de nouvelles plantes cultivées, d'animaux d'élevage, de leur sélection, des modifications des couverts végétaux auraient accru les occasions de changements au sein des écosystèmes. Certains de ces changements ont été positifs, d'autres ont été simplement adaptés et adoptés, quelques-uns enfin ont été rejetés.

Mais les bouleversements démographiques et techniques de l'époque moderne, dès après le XVIe siècle, ont changé la donne. Les Hommes se sont progressivement éloignés de la nature, géographiquement en gagnant les villes et leur industrie. Ils se sont techniquement emparés des découvertes de la chimie* et de la mécanique qui, un temps, ont transformé l'agrologie* tout en négligeant l'écologie*. Nous savons aussi que les changements techniques n'ont pu se réaliser qu'à travers une utilisation croissante d'énergies, dont celles d'origine fossile ont conduit à une émission massive de gaz à effets de serre responsables des dérèglements climatiques*, eux-mêmes générateurs de dérèglements de la biodiversité. Et nous avons pris peu à peu conscience, dans la deuxième moitié du XXe siècle, de ce que la diversité biologique ouvrait une nouvelle dimension de la protection de la nature prenant en compte non plus seulement les espèces mais la dynamique des phénomènes de la vie, leur durée et les fonctions des différents systèmes en présence. Elle est devenue aujourd'hui un objet de communication* médiatique et politique qui fait craindre le pire en matière de procrastination, facilitée par l'absence de dialogue et de débat (sérieux) entre les tenants d'un immobilisme se prétendant réalistes et les catastrophistes, voire les collapsologues. Certains scientifiques ont proposé le terme d'Anthropocène comme pour indiquer que l'action de l'Homme* sur la Terre avait enclenché, probablement avec la révolution industrielle, une nouvelle époque qui succéderait à l'Holocène. Cela est quelquefois discuté car on ne peut être sûr que cette période funeste dont nous prenons conscience (un peu tard) n'est pas un accident dans le déroulé du temps géologique distinct des précédents même s'il est causé par l'action de l'Homme. Peut-être cet accident est-il sujet à réparation si nous le voulons avec suffisamment de rigueur ? Si celle-ci était positive, la résilience* du biome planétaire redonnerait son cours naturel à notre planète. Sinon gare !

Mais, ce nouveau mot plaît et semble bien s'insérer dans l'emphase* environnementale. L'ampleur des changements avérés, et qui vont de toute façon avoir lieu, montre tout de même bien que la Terre est entrée dans une nouvelle phase de son évolution. Le problème est que les conséquences de cette évolution sont largement imprévisibles. Mais la catastrophe* est si vigoureusement annoncée que cela pourrait décourager ceux qui chercheraient à éviter de commettre des erreurs funestes et d'adopter des manières nouvelles de se comporter.

La science rencontre une fois de plus la politique avec ses pièges de l'urgence*, de la précipitation ou de l'immobilisme, de l'instrumentalisation et de la démagogie. Et la convergence des problématiques de la biodiversité et des dérèglements climatiques ne fait qu'aggraver ces dangers.

Le débat démocratique et l'ensemble des citoyens est aujourd'hui nourri d'idéologies ou de croyances plus que de savoirs. C'est bien pourquoi un appel à la science et aux techniques est plus que jamais nécessaire. Le premier pas essentiel est la formation de savants et de techniciens ainsi que la transmission de leurs savoirs à nous tous et notamment à nos représentants élus : c'est urgent !

Bois

Le bois connaît un regain d'intérêt parce qu'il est un produit naturel, issu de l'énergie* solaire, donc renouvelable. Mais pour s'en procurer il faut le récolter et même le cultiver ! Or bien de nos contemporains n'entendent pas que l'on coupe* des arbres* dans les forêts* qu'ils pensent naturelles. Le fait que l'on cultive des forêts les rendraient-elles gravement artificielles ? Faudrait-il alors aller chercher du bois ailleurs ? En Amazonie ou dans le bassin du Congo par exemple ? Ou développer la ligniculture* sur des terres ayant été autrefois forestières et qu'on reprendrait à l'agriculture* ?

Si nous voulons du bois pour construire nos maisons, nous chauffer ou nous meubler et si nous ne voulons pas nous limiter à cueillir les arbres qui conviennent et en priver les peuplements, comme c'est encore le cas dans les forêts intertropicales, il nous faut donc cultiver la forêt et pratiquer la sylviculture* qui nous permettra d'obtenir du bois d'œuvre, du bois d'industrie ou du bois de chauffage.

Le bois d'œuvre, ou de sciage, est utilisé dans la sculpture, la menuiserie, la charpente, la construction et l'emballage (caisses, palettes…).

Le bois d'industrie sert à fabriquer les bois ronds, à faire du papier, des matériaux composés (contre-plaqués, particules) ou des produits de distillation.

Le bois de chauffage s'utilise en bûches, en plaquettes (ou chips) de bois déchiqueté ou en granulés.

D'autres produits plus ou moins ligneux viennent de la forêt comme par exemple des branchages pour la nourriture des animaux ou aux litières des étables, ou d'autres rameaux pour la vannerie ou la décoration...

Il va sans dire que ces produits nécessitent d'être au moins récoltés et au mieux cultivés. C'est cela que l'on nomme la sylviculture qui fait partie des écotechniques* dont nous disposons et que nous devrions développer, sachant que, étant passés de chasseurs-cueilleurs à cultivateurs, nous pouvons améliorer les bénéfices que nous procure l'énergie solaire à travers la synthèse chlorophyllienne. Il nous faut seulement prendre soin des milieux concernés, tenant compte de leur résilience* et les cultiver de manière durable, voire de sorte que cette culture améliore les qualités du milieu, comme l'a fait la restauration* des terrains en montagne.

Boycott

Le nom de cet Irlandais, Lord Boycott (1832-1897), est devenu un mot dont l'usage se développe, en particulier dans le domaine environnemental. Il se manifeste par la discrimination que des militants* exercent sur des produits et des pratiques qu'ils jugent regrettables ou nuisibles. On peut boycotter tous les produits provenant d'un pays dont on réprouve des politiques comme on peut boycotter une marque dont les produits sont jugés fabriqués de manière condamnable (qualité des approvisionnements, traitement des travailleurs, pollution* des milieux…). Le boycott s'inscrit dans la logique de la désobéissance civile qui qualifie des actions collectives ou individuelles destinées, dans les meilleurs des cas, à en accentuer la prise de conscience par la société. Légalement, au niveau national comme international, le boycott est interdit car discriminatoire et contraire au libre-échange, mais a cependant été jugé acceptable par la Cour européenne des droits de l'Homme.

S'il peut être utile lorsqu'il se cantonne à des actions individuelles ou de communication* de la part de groupes ou d'associations*, il ne rencontre pas toujours des succès suffisamment durables pour changer le cours des choses. Ses excès ou son décalage avec la vie de nombreuses personnes peut même desservir ses promoteurs et leur cause. Par exemple l'appel au boycott des voyages aériens n'est pas de nature à modifier les pratiques de ceux, nombreux, qui n'ont pas les moyens de voyager et ne rencontrera pas l'adhésion des privilégiés qui se déplacent en avion à tout bout de champ. Recommander de ne pas acheter de la viande à bas prix issue d'élevages intensifs est peu audible pour ceux qui n'ont les moyens de s'offrir que rarement un peu de viande. En pareils cas là le boycott apparaît comme une mise en demeure insupportable, voire indécente.

Comme le colibri* le boycott ne peut être qu'un moyen d'orienter la société vers le changement de certaines manières de faire. Mais les effets attendus ne seront réellement sensibles qu'à travers la loi ou d'autres normes réglementaires.

C

Campagne

Ce mot peut être un piège dans nos approches de l'environnement*.

Il peut désigner le milieu rural à savoir l'ensemble des espaces cultivés, naturels ou semi-naturels habités. Dans ce cas la campagne s'oppose au milieu urbain. Elle est alors occupée majoritairement par des agriculteurs*, des éleveurs ou des sylviculteurs* et ceux qui les entourent, artisans*, négociants, et pourvoyeurs des services administratifs économiques, sociaux, culturels et sanitaires. Cette acception suppose une distinction nette entre milieux rural et urbain.

Mais de longue date la campagne a accueilli des habitants n'ayant guère à voir avec l'espace rural, qu'il s'agisse de personnes ayant quitté leur milieu d'origine et y ayant conservé des attaches familiales ou foncières ou de privilégiés possédant une « maison de campagne » où ils se rendent périodiquement, y compris avec quelquefois une double résidence (été-hiver).

Depuis le siècle dernier, l'étalement urbain*, la métropolisation* et le développement des résidences secondaires* ont multiplié le nombre des résidents dont l'activité n'a aucun rapport avec l'activité rurale que ce soit loin ou à proximité des villes. Certains sont venus « à la campagne » en raison d'un choix de vie et d'un type de confort*, d'autres, très nombreux, ont fait leur choix tout simplement en raison du coût des terrains. Ni les uns ni les autres ne peuvent être considérés comme des campagnards. Mais notre administration a continué de séparer les milieux ruraux et urbains à travers la seule donnée démographique ce qui en limite l'interprétation : une commune de moins de 2 000 habitants est considérée comme rurale, même si elle appartient à la périphérie d'une ville* ou même à une métropole*. L'Institut national de la statistique et des études économiques (INSEE) s'attache à lever cette ambiguïté mais celle-ci perdure encore dans la plupart des esprits et des normes. Dans ces situations l'appréhension des territoires*, des modes de vie, des nouvelles relations sociales et leur administration y est bien plus complexe que dans un milieu où ne s'exerceraient que des activités liées à la production agricole. Les nouveaux venus souhaitent trouver un niveau de services auquel ils étaient habitués auparavant et il leur est parfois difficile de comprendre les pratiques professionnelles des agriculteurs* et des éleveurs et leurs habitudes de vie, comme la chasse* par exemple, surtout lorsque tous ceux-ci deviennent minoritaires dans les collectivités territoriales et parmi leurs élus. Ces néoruraux dénaturent d'une certaine façon le décor* qu'ils avaient choisi.

Camping

C'était une belle pratique que le camping, promu par le Front populaire (1936) et les mouvements de jeunesse de l'après-guerre. Elle portait avec elle une vision nouvelle du rapport à la nature : s'y poser, la connaître, la respecter, la protéger…

Le camping est peu à peu devenu l'hôtellerie de plein air avec ses délimitations, ses équipements (tant de robinets, tant d'espaces communs), ses catégories (une, deux ou trois étoiles), ses interdits, etc.

En même temps apparaissaient les caravanes que l'on n'appelait plus roulottes, puis les camping-cars, enfin les mobil-homes ... immobiles. Dans de nombreuses régions, proches du littoral ou à la montagne, il a fallu contrôler le développement des lotissements* déguisés de bungalows destinés à se transformer progressivement en cabanons voire en villas. Fini le rapport avec le paysan* à qui l'on demande la permission de se poser une nuit ou deux au bord de son champ, finie même la possibilité de bivouaquer ici ou là, à la belle étoile. Il a vite fallu réglementer tout cela pour, dit-on, éviter la dégradation de la nature et de la campagne que le développement massif du tourisme pouvait provoquer, assurer la sécurité des campeurs « sauvages » mais en même temps rendre profitables les activités que cela pouvait procurer.

Il est dommage que cette réglementation ait rendu quasiment impossible, et même illégal, de se balader librement et de se poser poliment, avec sa petite guitoune ou à la belle étoile ici ou là, découvrant la campagne*, ses habitants, où et comment ils vivent, et leurs productions en leur laissant un bon souvenir plutôt que des détritus.

Le camping est maintenant devenu une activité hôtelière commerciale participant de l'économie du tourisme* tout en apportant quand-même des bienfaits culturels à ses pratiquants et des bénéfices aux acteurs qui le promeuvent ainsi qu'aux territoires* où il se développe. Comme toute activité humaine il doit donc s'inscrire dans un projet de développement* durable qui s'impose en termes de préservation des espaces et des milieux et surtout en évitant une artificialisation irréversible des sols*.

Carbone

Sans carbone que serions-nous ? D'abord, comme tout être vivant, nous en sommes constitués puisqu'une personne de 70 kg comporte 13 kg de carbone. Ensuite nous le respirons, l'expirons mais surtout le consommons car tous nos aliments en sont constitués puisqu'ils proviennent de l'assimilation du gaz carbonique, le dioxyde de carbone, par les plantes à travers l'assimilation chlorophyllienne. Nous consommons le carbone soit directement avec les végétaux, soit à travers les chairs des animaux terrestres ou aquatiques, eux-mêmes nourris de plantes. Nous le consommons davantage encore à travers nos habitations, nos outils, nos meubles, nos modes de chauffage et de cuisson, de transport* et de loisirs. Ces objets et ces services sont presque totalement dépendants de la combustion du bois*, du charbon, du gaz ou du pétrole, et d'êtres actuels ou fossilisés, donc des plantes dont tous sont issus. N'oublions pas les énormes quantités de matières vivantes qui ont été stockées sous terre durant des millénaires, qui se sont transformées en pétrole, en gaz et en charbon et que nous avons presque toutes consommées en deux siècles...

Si les activités humaines sont pour la plupart des manipulations du carbone et si nous en maîtrisons assez bien l'utilisation, nous avons jusqu'ici ignoré la question de l'évacuation des gaz qu'il produit, le dioxyde de carbone (CO_2), le dioxyde d'azote (NO_2) et bien d'autres gaz. Le CO_2 revêt des formes diverses, depuis les fumées de nos cheminées (à ne pas confondre avec la vapeur d'eau), les gaz d'échappement de nos moteurs, jusqu'à celui produit par l'abandon plus ou moins bien géré et par la dégradation de nos déchets personnels, domestiques ou économiques et de nos biens de consommation après usage. Dans certains domaines, une sorte d'économie circulaire régule l'évacuation du carbone usagé, c'est le cas des océans et de l'agriculture* ou de la sylviculture*. Dans ces cas le gaz carbonique rejeté par le système est repris par l'activité elle-même. Nous avons tous en mémoire nos leçons scolaires sur le cycle du carbone. Mais dès que l'on passe à des systèmes industriels d'une certaine importance, l'équilibre entre la consommation de produits chimiques, de matériels et d'énergies mécaniques et la récupération du carbone par le milieu est rompu. Cela peut même concerner certains types d'élevage* ou d'agriculture.

On peut, sans crainte de grave erreur, corréler l'émission de gaz carbonique à la consommation d'énergie* et, si nous pouvons compter sur les découvertes à venir dans le domaine de la captation de ce gaz, il est sage surtout de mettre en place, et vite, des mesures drastiques d'économie d'énergie, quelle qu'en soit l'origine.

Carrière

De tous temps les Hommes* ont modifié leur environnement* et les terrains où ils vivaient et, en particulier, ils en ont extrait des matériaux pour la construction de bâtiments et d'ouvrages divers de voirie ou de soutènement. Au-delà des prélèvements domestiques ou quotidiens comme les travaux agricoles sont vite apparues des carrières, lieux d'exploitation entrepreneuriale. On peut ainsi visiter les carrières de Haute Égypte d'où ont été extraits, il y a quatre mille ans, les obélisques érigés au Nord du pays. Mais il y a lieu de déplorer des carrières qui ont été ouvertes sans vergogne dans des collines où elles ont créé des décors* très laids invitant à y décharger des déchets de tous ordres ou encore des « emprunts » de matériaux de construction ou destinés aux ouvrages routiers qui, abandonnés, ont donné lieu à d'innommables cloaques.

Mais on peut par ailleurs découvrir des lieux merveilleux comme les carrières de Bibémus à Aix que Cézanne (1839-1906) a adoubées en décor impressionniste, celles des Baux, promues par Cocteau (1889-1963) au rang de théâtre, celles de Boulbon où le Festival d'Avignon propose de merveilleux spectacles ou celles de Junas, dans le Gard, avec son Festival de jazz... On peut aussi profiter des plans d'eau qui ont été créés dans les zones d'emprunt voisines des villes et des nouveaux quartiers qui sont devenus de beaux lieux de loisirs aquatiques.

Il s'en déduit que carrière n'est pas qu'un vilain mot*, synonyme de dégradation de l'environnement, pour peu que dès l'ouverture on ait conçu le projet de sa réhabilitation au terme de son exploitation, avec le souci constant des impacts environnementaux majeurs, comme par exemple l'état des nappes d'eau* souterraines, des usages que les terrains concernés pourront proposer (construction d'habitations, de locaux industriels, d'installations sportives, décharges de matériaux inertes...) ou de leurs destinations culturelles et sociales.

Catastrophe écologique

Depuis le naufrage de l'Erika, le 12 décembre 1999, et de la marée noire qui s'en suivit l'expression « catastrophe écologique » a connu malheureusement une belle carrière. À l'époque la ministre Dominique Voynet avait été conspuée pour avoir relativisé l'importance de l'événement, le qualifiant de grave accident économique plutôt qu'écologique. Elle avait alors raison : en effet, peu de temps avant avait été publiée une étude montrant comment les eaux de Portsal (Finistère), qui avaient connu en 1978 le naufrage de l'Amoco Cadiz, avaient vu se recréer progressivement une vie marine allant jusqu'à une production accrue de coquilles Saint-Jacques grâce à la digestion, lente mais efficace, des hydrocarbures* par les organismes marins. On a même pu regretter que l'on ait nettoyé les rochers souillés de mazout où la pression d'outils très violents aurait contrarié la reprise de la vie.

En Méditerranée, nous n'avons pas d'année sans catastrophe, qu'il s'agisse d'incendies* de forêts ou d'inondations*. Mais un accident, si terrible soit-il, n'est pas nécessairement une catastrophe écologique. Si catastrophe il y a, elle peut être humaine, économique, sociale et territoriale ou environnementale et il convient de l'anticiper et de s'en prémunir autant que possible, d'y réagir le cas échéant et d'en réparer les effets. Comment peut-on dire qu'elle est écologique ? C'est faire fi à la fois de l'histoire et des connaissances écologiques elles-mêmes car les écosystèmes* sont plus ou moins résilients* et se reconstituent s'adaptant si nécessaire à de nouvelles conditions du milieu. On sait combien les perturbations peuvent même quelquefois contribuer à leur richesse et à leur diversité. Rappelons à ce propos les réactions successives à l'immense incendie du parc de Yellowstone (USA) en 1988 : un tiers de la surface fut affectée, le monde entier fut affligé, le directeur limogé mais les scientifiques découvrirent que cet incendie avait été un moteur de la régénération des écosystèmes...

Cela ne veut pas dire que l'on doive accepter sans réaction de graves accidents, comme celui de La Roya (Alpes-Maritimes) en 2020, les inondations allemandes ou les incendies grecs d'Eubée de 2021, de Rhodes (2023) et tant d'autres. Mais de telles catastrophes ne justifient aucunement l'emploi automatique du terme écologique. Aussi, l'expression « plus jamais ça ! »* appartient-elle à cette collection de réactions emphatiques* qui ne veulent pas dire grand-chose.

En revanche il n'est que temps de préparer les gens à ce genre d'accidents qui vont vraisemblablement se multiplier et s'aggraver à cause des dérèglements climatiques* dont nous avons maintenant la certitude. S'en prémunir requiert des choix politiques sans doute plus importants que les réalisations techniques qu'ils vont prescrire, car les dérèglements en cours sont bel et bien, dans leur ensemble, une source de catastrophes.

Changement climatique

Voir Dérèglement climatique

Charte d'Athènes

On ne regrettera jamais assez que de si beaux esprits réunis sur un bateau entre Marseille et Athènes en 1933 par Charles-Edouard Jeannenet (1887-1965), connu sous le nom de Le Corbusier, au sein du 4e Congrès mondial d'architecture* moderne, ait permis la rédaction de la charte d'Athènes dont on a surtout retenu le principe de la séparation des fonctions dans la conception de la ville* fonctionnelle. Les participants de ce congrès étaient, certes, des architectes de talent et de renom mais on leur doit aujourd'hui l'urbanisme* de la fin du siècle dernier, et encore de l'actuel, conçu selon le principe de cette séparation des fonctions que sont : habiter, travailler, circuler et se recréer (et se divertir). La maison a été qualifiée de « machine à habiter ».

Cela nous a donné des banlieues sans ordre ni logique juxtaposant :

– des ensembles plus ou moins importants d'immeubles et de pavillons bâtis à la hâte selon les parcelles disponibles,

– des zones où se réfugient aussi bien les industries* « lourdes » réclamant espace et produisant, qu'on le veuille ou non, des nuisances fastidieuses, que les ateliers d'artisans*, des bureaux d'études, des laboratoires, des commerces de toutes tailles et même des établissements d'enseignement supérieur (!),

– des densités assez lâches justifiées par la facilité offerte par un marché foncier presque totalement libre et par des achats de précaution soit spéculatifs, soit en vue de constituer des réserves d'extension,

– des modes de transport individuels et collectifs de moins en moins adaptés aux itinéraires, aux densités et aux horaires des déplacements,

– le tout baignant dans des espaces prétendument verts, des champs encore consacrés à l'agriculture* parmi des friches* qui se développent jusqu'à atteindre quelquefois un stade forestier*.

Ce qui a conduit à de nouvelles formes urbaines dont le maître mot semble avoir été l'oubli de la rue. L'habitat* s'est trouvé séparé de la plupart des commerces, des artisans et des lieux de culture qu'offre généralement la rue, l'avenue ou la place.

Le mouvement de la « ville du quart d'heure » nous sauvera-t-il de cette redoutable erreur ?

Chasse

De chasseurs-cueilleurs nous sommes devenus éleveurs-agriculteurs*.

Certains d'entre nous sont demeurés chasseurs mais avec des motivations et des pratiques assez radicalement différentes. La pratique va de la chasse à courre, chasse ou rite qui n'a plus guère d'autre justification que la distinction sociale, aux chasses populaires elles aussi nombreuses et variées où se mélangent des traditions, tout autant sociales mais d'un autre genre que la précédente, et des pratiques destinées à se procurer de la nourriture. Se souvient-on que durant la dernière Guerre mondiale les plus âgés d'entre nous avons été heureux de manger le lapin ou le lièvre qu'avait tué notre papa ou notre oncle ?

Certes des images demeurent, paraissant aujourd'hui assez pathétiques comme les tableaux de chasse ou plastronnaient nos présidents de la République dans les forêts du Bassin parisien, les tirs aux oiseaux d'élevage lâchés par centaines, les safaris où s'exhibaient le Maréchal Tito, Valéry Giscard d'Estaing ou Juan Carlos d'Espagne. De tels spectacles-exemples sont pain-béni pour les opposants à la chasse qui ne peuvent rêver de meilleurs arguments !

Faut-il jeter le bébé avec l'eau du bain et condamner radicalement la chasse et l'interdire ? Cela n'est pas si simple compte tenu de son importance dans la vie sociale de nos campagnes* et des questions nouvelles que pose l'évolution des territoires, et pas seulement ruraux mais aussi péri-urbains et urbains.

Chacun peut citer des faits qui illustrent l'évolution de la faune sauvage, depuis les accidents de circulation causés par les sangliers ou les grands ruminants jusqu'aux prédations des troupeaux, ici par les loups, là par les vautours fauves qui peuvent s'attaquer à un veau nouveau-né et pas uniquement aux animaux malades ou morts, aux saccages des récoltes de raisins ou de céréales ou aux dégâts causés par les sangliers ou les chevreuils dans les banlieues périphériques.

Depuis l'accélération de l'exode rural la prise en compte de la campagne* et de la nature par notre société peut se résumer caricaturalement en deux tendances : espaces réservés à une production agricole ou animale moderne de type intensif d'un côté, de l'autre une nature décorative et précieuse. Aujourd'hui ce schéma évolue lui aussi ; l'agriculture* moderne connaît deux tendances, l'une, dite productiviste, a du mal à s'éloigner des pratiques chimio-dépendantes, l'autre, dite biologique, tend à se rapprocher des mécanismes spontanés des biosystèmes, prenant davantage en compte les interactions des êtres qui vivent sur et dans le sol*.

Il en va de même pour les milieux naturels et forestiers* : on passera d'une sylviculture* lignicole intensive, où seule compte l'essence cultivée, à une sylviculture proche de la nature dans laquelle la production de bois* devient sinon secondaire du moins relative. Ce qui était quasiment implicite dans la pratique des forestiers d'autrefois, production, protection, accueil, devient la règle qui est quelquefois transgressée lorsque l'un des trois usages domine.

La chasse se pratique dans ces paysages* sociaux non encore trop artificialisés, les campagnes*, espaces ruraux, agricoles, forestiers ou autres, mais aussi dans des espaces péri-urbains. Et elle s'y pratique comme l'un de ces usages qui doivent trouver comment conserver leur place.

Alors que le nombre des chasseurs ne cesse de diminuer en liaison avec notre citadinisation*, les populations de certains animaux sauvages, notamment les ongulés, ruminants et sangliers et leurs prédateurs, s'accroissent. Cette évolution convient aux amoureux d'une nature quelquefois assez idéalisée, ainsi qu'à des personnes plus nettement engagées dans la connaissance et la préservation d'une nature sauvage*, chercheurs ou militants* associatifs. Mais elle dérange bien d'autres catégories parmi lesquelles les agriculteurs*, les éleveurs et les sylviculteurs* chez qui des surpopulations d'animaux sauvages provoquent des dégâts qui peuvent affecter la croissance des plantes cultivées, la vie des cheptels, les récoltes, voire la survie des exploitations. Des personnes n'ayant rien à voir avec le monde rural se trouvent maintenant concernées par les animaux sauvages car ils participent des intrications qu'a créées l'étalement urbain*. Ici des sangliers ou des chevreuils s'introduisent dans les banlieues où ils provoquent des dégâts aux clôtures et aux jardins* et des accidents de la circulation ; ailleurs on peut voir les ours* fouiller dans les poubelles. Quelles solutions imaginer pour favoriser l'évolution naturelle des populations d'animaux sauvages tout en préservant la sécurité et l'intégrité des activités humaines ?

Sans doute peut-on adapter certaines pratiques agricoles, forestières ou pastorales et prendre des mesures de protection appropriées, mais peut-on en même temps s'opposer aux clôtures ?

Sans doute peut-on freiner voir interdire l'étalement urbain* mais doit-on détruire les maisons déjà bâties de manière plus ou moins « sauvage » ?

Doit-on interdire la circulation la nuit sur les routes forestières ou en grillager les bas-côtés ?

Actuellement les battues administratives se développent et l'administration y mobilise les chasseurs. Elles ont pour objectif de limiter les inconvénients d'une cohabitation homme-animal qui peuvent devenir problématiques ; mais les chasseurs commencent à trouver ennuyeux de devenir des « fonctionnaires » devant aller tuer sur ordre des « lieutenants de louveterie » lors des battues administratives au lieu de pratiquer un loisir. Ne vaudrait-il pas mieux donner à certains chasseurs professionnels des concessions de chasse qui permettraient à la fois de réguler les populations d'animaux sauvages et d'animer dans les campagnes une activité alimentaire et gastronomique, contrôlée par un vétérinaire ?

J'ajoute qu'en région méditerranéenne bien des chasseurs, parmi les meilleurs connaisseurs des territoires forestiers de leurs communes, participent aux comités communaux feux de forêts qui informent élus, forestiers* et pompiers de l'état des pistes et autres équipements et patrouillent durant l'été.

Je doute qu'une simple interdiction de la chasse puisse résoudre tant de problèmes qui me paraissent plus systémiques, et donc environnementaux, que ce que l'on croit.

Chemin de fer

Nous ne sommes ni au Far West, ni au XIXe siècle où les scrupules ne gênaient guère les constructeurs des lignes de chemin de fer. Notre Pays a été couvert de voies ferrées jusqu'à la Seconde Guerre mondiale, puis la plupart d'entre elles ont été négligées, abandonnées ou même effacées. Il est maintenant devenu très difficile de tracer de nouvelles voies, ferrées ou non. Il est même délicat d'intervenir sur des voies anciennes pour les remettre en service ou les redimensionner. C'est ainsi que lors de la mise en chantier du programme de la grande vitesse, au début de la décennie 1970 il a été décidé de construire des lignes nouvelles plutôt que d'aménager les lignes existantes ce qui aurait été intéressant. Les ingénieurs*, parmi les raisons de leur choix*, voulaient éviter les difficultés foncières, sociales et urbanistiques en créant des voies nouvelles chaque fois que cela était possible, quitte à ce que les trains ne desservent pas mieux les villes* que les avions : souvent le prix du taxi ou de la navette pour aller de la gare à la ville est plus élevé que le prix du billet de train !

Aujourd'hui le train jouit d'une popularité croissante. Il arrive même que l'on néglige le coût de sa maintenance et de son fonctionnement en réclamant le maintien ou la remise en route d'une ligne sans être assuré que les passagers soient suffisamment nombreux. S'il est souhaitable que l'on puisse faciliter les déplacements des personnes et des objets sans encombrer ni polluer les territoires* par les véhicules routiers il faut donc que la collectivité s'apprête à supporter les coûts d'un certain renouveau du train quitte à penser que les déficits d'un redémarrage seront provisoires. Mais au cours des revendications on oublie souvent de prendre en compte, dans l'évaluation économique et même écologique, les travaux et les énergies* nécessaires à la requalification des ouvrages (voies proprement dites, viaducs remplaçant les passages à niveau, ponts, tunnels et drains, etc.), à l'acquisition de terrains et, quelquefois même, à l'accroissement des désagréments causés à des riverains nouveaux venus durant la disgrâce cinquantenaire des chemins de fer. Ce genre d'oubli risque de conduire à l'abandon de certains projets et à la disqualification de leurs promoteurs que l'on considérera comme venant troubler le confort des nouveaux habitants.

S'il est de bonne politique de redécouvrir et de réhabiliter le train, il me paraît dangereux d'en négliger l'ensemble des dimensions environnementales en matière d'aménagement* et de fonctionnement des territoires*, urbanisme*, accès, horaires et fréquences, etc. Il serait bon que l'on prenne en compte le fait que, l'automobile* et ses voiries ayant été longtemps privilégiées, les lignes modernisables n'ont plus les tracés et les accès correspondant aux besoins des personnes que l'on imaginerait desservir aujourd'hui car celles-ci se sont massivement installées le long des routes plutôt qu'en fonction des voies ferrées durant les dernières décennies. Il me paraît tout aussi contestable de transformer sans précautions les emprises des voies ferrées abandonnées comme cela est souvent le cas : telle ligne a été transformée en rocade routière, telle autre en piste cyclable ou en voie « verte », telle gare est vendue, transformée en local culturel... Il se pourrait que l'on regrette un jour d'avoir abandonné ces emprises ou de les avoir réaffectées, même à des fins sympathiques, alors que l'on aura besoin de sites propres de transport collectif. L'examen de la carte des Bouches-du-Rhône est à cet égard significative : les emprises ferroviaires de 1938 permettaient de desservir près de 80% des agglomérations du département alors qu'aujourd'hui, cela se limite à moins d'un tiers !

Et pourrait-on retrouver les lignes Montpellier-Palavas, Arles- Les Saintes Maries de la Mer, Toulon-Saint Raphaël et tant d'autres ?

Chimie

Que ferions-nous sans les chimistes ? Ils nous à aident à comprendre la matière et à piloter ses transformations. La plupart des procédés industriels utilisent des mécanismes chimiques entre matières strictement minérales comme, par exemple, les alliages de métaux ou la production de solutions, mais ils se développent surtout au sein de systèmes vivants, comme dans la pétrochimie, l'origine du pétrole étant organique, ou dans l'industrie pharmaceutique qui utilise abondamment les mécanismes biochimiques. On ne pourrait fabriquer de l'acier sans charbon, également d'origine biologique, nécessaire pour ses apports autant chimiques qu'énergétiques.

Mais lorsque le mot « chimique » devient un vilain mot*, synonyme de toxique, il y a lieu de s'inquiéter. Dans les débats et polémiques tout ce que l'on juge détestable serait chimique, la nourriture, les boissons, les médicaments*, les produits d'entretien, les colles*, les peintures, les insecticides*, les fongicides, les engrais*. En revanche, le vin, la nourriture « biologique », les produits « naturels » comme la cire ou le miel, etc. ne le seraient pas et ne devraient rien à la chimie.

On voit bien que la question, dans ce domaine comme dans bien d'autres qui ont trait à l'environnement*, est celle du bon usage des mots et des idées. Nous aurions intérêt à laisser à la chimie son rôle de science et à veiller à ce que les techniques qui en découlent soient utilisées à bon escient. Elles doivent permettre d'améliorer le fonctionnement des écosystèmes* et des milieux, favoriser leur résilience* et même l'enrichir, qu'il s'agisse de notre propre organisme ou de de notre environnement. Si la facilité a, au siècle passé, entraîné l'industrie chimique vers une domination de la pétrochimie dans d'innombrables domaines : carburants, médicaments*, agriculture*, matière plastique*, colles, vernis, etc., il nous faut nous en libérer chaque fois que c'est possible. Pour cela nous aurons grand besoin des chimistes pour développer les industries qui devraient plutôt valoriser des matières premières recyclables et renouvelables qu'il s'agisse de minéraux ou de produits organiques.

Choisir

Agir en faveur de l'environnement* dans notre société artificialisée implique de nombreux choix qui ne doivent être faits qu'à travers la délibération*.

– Élargir une avenue pour y faciliter la circulation cycliste ou pour y installer une ligne de tramway va peut-être conduire à y limiter des alignements d'arbres*.

– Favoriser de grands arbres dans un square ou sur les Champs-Élysées pour bénéficier de leur ombre et de leur fraîcheur va peut-être nous priver de belles perspectives que les jardiniers façonnent depuis des décennies.

– Installer des ombrières voltaïques sur des parkings* de supermarchés va interdire d'y installer de grands arbres, les premières produisant de l'électricité, les seconds du confort* thermique.

– Recouvrir les toits des maisons de panneaux voltaïques va poser des problèmes d'esthétique en des lieux considérés comme précieux, alors même que personne ne s'offusque de ce que bien des toits de Paris soient en tôle de zinc.

– Transformer une ligne de chemin de fer* délaissée en piste cyclable ou en promenade interdira qu'un jour, un transport* en site propre y revienne.

– Etc.

Il y a malheureusement de nombreux cas où telle solution est présentée comme la seule possible, prônée qu'elle est par des spécialistes* qui s'efforcent de convaincre le public par une communication* se piquant de pédagogie*. On n'admettra de moins en moins facilement que les choix puissent être laissés aux élus ou aux techniciens sans avoir été précédés de débats éclairant les délibérations* au meilleur niveau possible.

Citadinisation

Pour moi ce néologisme s'impose car lorsqu'on demande aux participants d'une assemblée s'ils aiment la campagne* une majorité dira oui, mais si on demande qui a un parent ou un grand parent agriculteur* la plupart ne répondra pas. Cela ne justifie ni un diplôme pour les uns, ni une relégation pour les autres mais justifie de grandes précautions lorsqu'on aborde une question d'environnement* relative aux espaces non bâtis*, qu'ils soient agricoles, pastoraux ou forestiers*.

C'est que trois, voire quatre générations après la dernière Guerre mondiale, nos concitoyens ont radicalement changé de lieux et de mode de vie. La déprise rurale* a commencé bien avant la dernière Guerre mais s'est confirmée et accélérée, la concentration urbaine s'est accentuée avec les migrations multiples, elles aussi commencées dès la Guerre de 1914-1918. Par la suite s'est manifestée ce que l'on a nommé la « rurbanisation », l'épandage de l'habitat* et des activités sur de larges surfaces, sans aucun souci d'épargne de l'espace. C'est le « mitage* » et la métropolisation*.

Au-delà de ces mouvements de population purement quantitatifs et de la dilapidation de l'espace que cette histoire* récente nous lègue, nous nous trouvons définitivement en présence d'une société qui n'a presque plus de contact direct, professionnel ou culturel, avec les lieux où s'expriment les mécanismes vitaux de la nature, qu'elle soit cultivée de manière intensive comme dans l'horticulture florale, le maraîchage et les grandes cultures, ou de façon moins prégnante comme la polyculture, le pâturage ou la sylviculture*.

Le caractère diffus et lâche des installations humaines, habitat, bureaux, entrepôts ou industrie*, même au sein des métropoles*, n'est d'aucune manière le signe que leurs pratiquants aient une culture campagnarde. Ce qui ne veut pas dire que nos contemporains soient indifférents à ce qu'il advient des espaces non bâtis qui les environnent, qu'ils apprécient, qu'ils traversent ou qu'ils visitent mais, insensibles ou ignorants, ils en méconnaissent les mécanismes. Plus grave encore ils négligent les contraintes que doivent assumer les acteurs qui en ont la charge et les désagréments que peut causer momentanément telle ou telle pratique. On peut citer des exemples caricaturaux – et drôles – comme celui du nouveau résident qui souhaite que l'on fasse taire les coqs ou les cloches du village. On rapporte quelquefois des manifestations s'opposant à telle pratique agricole (labour*, épandage de fumier, machines de récolte...), pastorale (déjections du troupeau sur le chemin communal) ou forestière (coupe de bois*, plantation...). Pourtant de telles pratiques font partie du fonctionnement de la vie rurale mais comme nous nous sommes, volontairement ou non, éloignés de la réalité il est des choses que l'on ne souhaite pas avoir près de chez soi, comme par exemple des hangars, des serres, une station d'épuration des eaux* ou autre. Comme dans tous les domaines certaines pratiques peuvent être coupables et répréhensibles. Mais ce n'est pas parce que des pratiques funestes ont pu, et peuvent malheureusement encore, avoir lieu ici ou là qu'il faut proscrire toutes les autres qui nous dérangent, dès lors qu'elles sont utiles à la collectivité et ne mettent pas en cause un fonctionnement vertueux des écosystèmes* concernés.

La citadinisation est souvent accompagnée d'ignorance ou d'abandon d'une vision systémique de notre cadre et de notre mode de vie. Ce n'est pas une raison pour négliger de sauvegarder les espaces non bâtis et d'en promouvoir la gestion durable. Il n'est pas, non plus, raisonnable de copier, sans référence au milieu concerné et à ses écosystèmes*, des réactions rapportées d'autres pays où les conditions peuvent être radicalement différentes : la forêt de Rambouillet n'est pas celle du bassin du Congo, les banlieues de San Francisco ne sont pas celles de Nantes.

Classes nouvelles (ou pilotes)

Cet abécédaire est le témoignage d'un octogénaire qui a eu la chance d'être admis dans les classes nouvelles (devenues pilotes) au cours de la décennie 1950. Il s'agissait d'une innovation pédagogique qui a malheureusement été abandonnée peu de temps après qu'elle ait montré son extraordinaire efficacité.

De la 6e à la 3e, dans l'enseignement public, des classes de 25 élèves suivaient le programme « classique » de l'époque, comprenant le latin, voire le grec, auquel s'ajoutaient des heures d'atelier, bois, métal, etc. Les professeurs, volontaires, travaillaient en équipe à l'occasion de ce que l'on appelait des « études du milieu » qui s'appliquaient à des objets ou des lieux correspondant au programme : en 6e le programme sur l'Antiquité conduisait à visiter les cités romaines (Glanum, Arles) en compagnie des professeurs de latin, d'histoire, de dessin et de mathématiques. Après les visites, les équipes de quatre ou cinq élèves devaient rédiger et éditer chacune un rapport illustré de plans, de photographies et de dessins sur la visite. En 5e c'était le Moyen Âge, les abbayes et les églises romanes et gothiques, en 4e les Temps modernes et les hôtels particuliers des vieilles cités, puis en 3e l'époque actuelle, visite et analyse de la Cité radieuse de Le Corbusier, d'une coopérative* vinicole ou de la gare de marchandises d'Arenc à Marseille…

Après quatre années d'une telle formation, où le travail en équipe des professeurs et des élèves était au cœur de l'agenda, comment ne pas constater que la pluridisciplinarité* peut exister et s'apprendre ? Comment ne pas admettre qu'il y a soixante-dix ans Gustave Monod (1885-1968), directeur de l'Enseignement du second degré de 1945 à 1949, avait inventé l'école qui nous fait défaut aujourd'hui ? Il est vrai que l'expérience n'a pas été développée car cela coûtait cher, mais ne pourrait-on pas y revenir au moment où nous voulons à la fois réformer l'école et former nos enfants à l'environnement* (au milieu) ?

Au fait, pourquoi un professeur des écoles, des collèges ou des lycées, qui « fabrique » des petits Français est-il moins bien payé qu'un ingénieur* qui fabrique des logiciels ou des objets manufacturés ?

Climat

Le climat est la distribution statistique des conditions de l'atmosphère dans une région donnée. La climatologie qui est la science du climat se distingue de la météorologie qui désigne l'étude du temps qu'il va faire à court terme en des lieux plus réduits.

Le climat est le facteur majeur de l'organisation de la vie sur terre car les êtres vivants ont besoin d'eau*, de chaleur et de lumière. Chaque espèce est adaptée à une situation thermique et hydrique qui correspond à sa distribution. Ainsi avons-nous des plantes et des animaux différents selon les climats des régions où ils se sont installés et adaptés.

C'est pourquoi la question des dérèglements climatiques* (on dit quelquefois aussi changements climatiques) est grave car ils induisent immanquablement des dérèglements biologiques et environnementaux. L'implication du public le plus large possible dans ce domaine nécessite donc une information approfondie car il est nécessaire de ne pas s'en tenir à seulement quelques aspects importants mais factuels du problème comme par exemple les canicules, l'aggravation des crues* ou l'érosion* du littoral sans se préoccuper de l'évolution des écosystèmes* terrestres ou marins, des nouvelles mesures à prendre dans la pêche, l'agriculture*, l'élevage*, l'urbanisme ou la gestion des espaces naturels que l'on entend conserver. Il faudra se résoudre à en accepter les mutations mais aussi et surtout s'attacher à en corriger les causes en vue des temps à venir.

Catastrophiques ou non, les dérèglements climatiques nous donnent une occasion unique de développer une culture environnementale au sein de nos sociétés, c'est à dire en particulier la connaissance des systèmes plutôt que la réaction aux événements. Avec pour corollaire la prise en compte des éléments du lieu concerné plutôt que la décalque de modèles globaux ou adaptés à d'autres lieux : la déforestation* de l'Amazonie n'a guère à voir avec les incendies des forêts canadiennes.

Climax

Il y a quelques temps les phytosociologues utilisaient le mot de « climax » pour désigner l'état final d'une succession écologique et l'état le plus stable d'un écosystème* dans les conditions de terrain et de climat*. De nos jours, ce terme n'a plus cours dans les milieux scientifiques qui abordent la nature et ses mécanismes de manière dynamique et évolutive. Il demeure cependant en usage quand on imagine une nature « parfaite », qu'il ne faudrait pas toucher au risque d'en détruire le fameux équilibre*. Pour certains cette notion se confond assez implicitement avec celle d'une forêt redevenue primaire*, c'est-à-dire où l'Homme* n'interviendrait plus depuis des temps très anciens. Les forestiers* utilisent le terme de « dryade » pour désigner un groupe fonctionnel d'espèces possédant une grande longévité et se renouvelant sur lui-même. Ils considèrent que, dans les cycles au cours desquels se constituent les milieux forestiers, les dryades à maturité donnent des peuplements climaciques. Il n'est donc pas illégitime d'utiliser un terme qui qualifie, même de manière approximative, un certain équilibre que l'on se proposerait de voir atteindre pour un territoire* auquel on conférerait un objectif de réserve naturelle, de « sanctuaire* ». Par ailleurs, certains acteurs de l'aménagement rural ont pu, comme Alexis Monjauze (1906-2001), théoriser des modes de gestion agraire visant une sorte d'équilibre Homme-nature en les qualifiant de climax agronomique en complément du climax « climacique » des naturalistes.

Colibri

La parabole du colibri est significative d'une certaine manière de voir notre environnement* :

« Lors d'un incendie de forêt, un des lutteurs contre le feu voit un colibri porter une goutte d'eau dans son bec et la laisser tomber sur la fournaise. – Que fais-tu là ? lui dit-il. – Je fais ma part, répond l'oiseau. »

Sympathique et touchante cette parabole s'apparente à ce que nous disaient les dames de bonne société, et que reprennent bien des tenants de l'écologisme, à savoir que l'environnement est essentiellement l'affaire de chacun, qu'il faudrait que nous fassions tous, individuellement, attention à chacun de nos gestes pour protéger notre milieu de vie. Voilà qui est bien et nécessaire ! Mais le paradoxe est que dans le même temps, nous prenons notre automobile* pour conduire nos enfants à l'école, nous jetons le yaourt dont la date de péremption est dépassée d'un jour, nous avons construit une maison isolée au milieu de la campagne*, nous buvons de l'eau* en bouteille, prenons plusieurs douches par jour, etc. Et les industriels vendent des produits pétroliers, des emballages* en matière plastique*, transportent des tonnes d'eau, rejettent les eaux usées* (même épurées) dans les rivières ou dans la mer et exportent les ordures dans les pays pauvres… Les uns tirent argument de ce que l'industrie ne prend guère de précautions pour justifier leurs négligences, les autres évoquent l'incivisme des précédents et de leurs pratiques de consommateurs pour ne pas se presser de changer leur manière de faire.

Ces exemples que l'on pourrait multiplier à l'envi montrent que la prise en considération de l'environnement, si elle nécessite absolument notre civisme personnel, relève essentiellement du choix collectif, politique, passant obligatoirement par la loi et le budget. Mais, en définitive, seuls le débat et la délibération* démocratiques peuvent fixer les normes dont nous avons besoin pour limiter les doses de gaz à effet de serre, interdire les objets et les produits toxiques, maintenir la diversité biologique* et humaine, orienter recherche et production d'objets et d'outils de nature à sauvegarder la vie humaine et ses milieux des temps à venir. Les associations* qui s'appuient sur les travaux scientifiques jouent un rôle majeur dans la prise en compte de ces questions et dans la proposition de conduites nouvelles. C'est aux institutions élues de s'en saisir, de les mettre en débat et d'en décider.

Collapsologie

La collapsologie est une théorisation de l'effondrement global et systémique de la civilisation industrielle, considéré comme inéluctable à plus ou moins brève échéance. C'est un terme dérivé de l'Anglais (*collapse* = effondrement) que l'on traduit aussi par « effondrisme ». Mais plutôt qu'une théorie il s'agit plutôt d'une alerte que certains voudraient lancer pour signifier que l'actuel mode de fonctionnement de notre Monde ne saurait perdurer si tous les habitants de la planète devaient adopter les mêmes standards que ceux des pays les plus riches et accentuer d'autant le réchauffement et les dérèglements climatiques*. Ce terme a été, comme bien d'autres dans notre tendance à l'emphase*, accaparé par les médias et certains militants*, comme l'annonce de la fin du monde à la manière de Philippulus le Prophète de *L'île noire* (Hergé, 1907-1983).

Il revêt un sens plus sérieux lorsqu'il sert d'hypothèse à des chercheurs ou des militants pour déceler le plus rationnellement possible des phases conduisant à la catastrophe* et d'envisager les mesures à prendre pour l'éviter. Au-delà de cette tâche utile, voire nécessaire, il revient aux spécialistes* de nous dire si ce mode de communication* est le plus approprié pour convaincre nos contemporains de changer leurs façons de vivre, les plus favorisés souhaitant préserver leur confort* et les plus pauvres souhaitant accéder à leur mode de vie. On peut toutefois être sceptique sur l'image de tels responsables, comme les « survivalistes » des États-Unis, et se demander si ceux-ci, s'isolant sur leurs terres et s'organisant pour survivre, ne contredisent pas ainsi les précautions élémentaires à prendre en privatisant des espaces et des moyens d'installation qui viendraient à manquer si les 8 milliards d'Hommes voulaient faire pareil.

Colles et vernis

L'industrie* chimique nous a donné depuis quelques décennies des colles et des vernis épatants. On peut maintenant à peu près tout coller (un tableau au mur du salon), tout assembler, tout protéger des corrosions ou de l'humidité...

De ce fait, même si nous croyons choisir des objets « naturels » comme le bois*, le carton, la vannerie, la céramique, il nous arrive souvent d'acheter leurs composants discutables quant à leur effet sur l'environnement*. Ainsi, la belle étagère faite de panneaux de particules mélaminés ne peut être incinérée sans précautions du fait que les colles, les additifs qui entrent dans sa composition ont été généralement conçus sans le souci des émissions des fumées et des gaz qu'ils peuvent émettre soit en brûlant, soit en se décomposant.

Autrefois, on utilisait la gomme arabique, la colle de poisson, des résines végétales mais la pétrochimie est maintenant à l'origine de la plupart des colles et des vernis. Il est indispensable que l'industrie s'oriente vers une fabrication qui fasse usage de matières vivantes, végétales ou animales, plutôt que fossiles, et propose en tous cas des matières biodégradables tout en offrant des produits tout aussi efficaces.

Colline, garrigue, maquis, jebel, matorral, *phrygana, bush*...

Chaque pays ou chaque région dispose de termes qualifiant des espaces occupés par des végétations spontanées généralement assez basses, avec peu ou pas d'arbres*, mais avec des plantes, des buissons ou des arbustes pérennes et ligneux. Les naturalistes les qualifient de fruticées. En Provence c'est la colline, en Corse, le maquis, en Languedoc, la garrigue. Ces espaces peuvent concerner de larges territoires et receler une importante diversité biologique, animale, végétale ou autre. Ces milieux peuvent revêtir une forme naturelle ou avoir été façonnés par d'anciennes pratiques humaines, agricoles ou pastorales où ont été cumulés des défrichements*, une certaine surexploitation et des accidents tels que l'incendie* et l'érosion*.

Il s'y est ensuite développé des modes originaux d'exploitation et de culture dont certains ont perduré jusqu'à nos jours. Parmi les anciennes productions de la garrigue on cite généralement la cochenille rouge *Kermes vermilio*, le kermès des teinturiers, parasite du chêne kermès (*Quercus coccifera*) qui a servi, entre autres, à colorer les pantalons des soldats de la Grande guerre. Mais bien d'autres pratiques sont liées à ces milieux au point que de nombreuses associations* s'attachent à les défendre en tant que tels, comme c'est le cas par exemple des garrigues du Languedoc oriental de l'Hérault et du Gard.

On admet que la situation de ces espaces est transitoire, leur sort étant de devenir progressivement des milieux forestiers si rien ne s'y oppose, comme par exemple l'incendie*, l'évolution du climat, l'installation de panneaux solaires ou autre. Dans notre pays, les forestiers* se sont efforcés de longue date à engager ces formations vers une remontée écologique, ne les considérant essentiellement que comme des formes forestières dégradées. Les tentatives de reboisement, même récentes, y ont quelquefois connu des succès étonnants. Il en a été de même dans les pays méditerranéens voisins, Italie, Espagne, Portugal, Grèce.

Notons que leurs couvertures végétales sont d'un précieux apport à la protection des sols* contre l'érosion*, ce qui justifie qu'on en prenne soin même tels qu'ils sont. C'est par exemple le cas du palmier nain (*Chamaerops humilis*) qui recouvre certains versants de l'Atlas dans le Maroc central et qui se présente comme une formation stable, peu susceptible d'évolution, mais qui protège parfaitement le sol.

Mais leur présence est aujourd'hui assez mal perçue par la plupart des gens pour qui ce n'est pas de la forêt* au sens officiel ou culturel du terme, ce ne sont pas, non plus, des terres cultivables à moins de les défricher et où il est de moins en moins possible d'établir des maisons. En outre, le danger d'incendie y est de plus en plus menaçant.

Ces espaces qui concernent en France méditerranéenne près d'un million d'hectares n'entrent pas dans les catégories habituelles qui distinguent les terres agricoles, parmi lesquelles les champs, les vergers, les vignes et les prairies*, des forêts, des landes, des alpages, etc. Ils ne peuvent cependant pas être qualifiés d'espaces naturels, façonnés qu'ils ont été par d'anciennes et nombreuses utilisations.

En français nous ne disposons pas d'un terme unique qui leur soit adapté et, en attendant qu'on ait dénommé les terrains non bâtis*, je propose de les faire entrer dans la définition que je donne de la forêt*, à savoir « les espaces soumis à une faible pression anthropique ».

Communication

La communication est l'ensemble des messages écrits, parlés ou filmés qui transmettent une information à autrui. Qu'il s'agisse de communication interpersonnelle, de communication de groupe ou de communication de masse, elle peut être univoque ou interactive. Dans les deux premiers cas, la communication est un outil de la démocratie* dans laquelle l'échange d'informations, d'opinions ou d'arguments est indispensable. Mais la communication de masse croit souvent remplacer la pédagogie*, qui serait pertinente si elle associait les administrés ou les clients à la prise de conscience de l'utilité d'un projet dès sa conception. Or les acteurs publics ou privés, convaincus qu'ils sont du bien fondé de leurs projets ou d'un objet, préfèrent les présenter au public une fois conçus et prêts à être réalisés ou utilisés. Ils ne font que de la communication et pas de la pédagogie ni de la concertation*.

Compost

Le compost est un produit riche en composés humiques et minéraux issu d'un processus biologique aérobie de conversion et de valorisation des matières organiques (sous-produits de l'élevage*, biomasse, de déchets* organiques, domestiques ou industriels, etc.). Comparable à la constitution de l'humus* le compostage peut se produire à même les parcelles de terres agricoles pour convertir les reliefs des cultures, les fumiers et les lisiers, ou en des lieux spécialisés. Le compostage est un des meilleurs moyens de tirer parti de tout ou partie des bio-déchets, y compris ceux des villes, végétaux, ordures et boues de stations d'épuration et des industries alimentaires. La confection d'un compost peut être réalisée dans des composteurs à l'échelle d'un ou de quelques foyers ou par simple stockage au sol*, son évolution se faisant au gré des conditions locales de température, d'humidité et d'eau*, ainsi que du développement des animaux et des autres organismes du sol*. Il peut être aussi réalisé sur des plates-formes, comme l'était autrefois le tas de fumier de l'exploitant* agricole, pour convertir en grande quantité les déchets ménagers et industriels (notamment les drêches de produits agricoles). Le compostage peut être conduit comme une culture par des aspersions d'eau appropriées, par une aération mécanique voire par un apport d'éléments fertilisants destinés à en favoriser le développement bactérien. Mais la propension qu'a notre société à réguler et réglementer n'a pas manqué de se manifester en indiquant, par exemple, que telle ou telle épluchure de légume serait nocive dans un compost sous prétexte qu'il aurait reçu un traitement chimique ou que les fermentations inhérentes au compostage pourraient être nocives, émettrices de gaz à effets de serre ou simplement désagréables au voisinage (la vue et les odeurs...). Le compost demeure un élément de fond d'une économie circulaire qui consiste à ne rien laisser perdre de la matière organique et à la réinjecter dans nos systèmes économique et écologique plutôt qu'à laisser le CO_2 se répandre dans l'atmosphère.

Concertation

Les pratiques actuelles de la concertation peuvent paradoxalement apparaître comme un piège.

Contrairement à la délibération*, dont l'issue est le compromis et la décision, la concertation est un moment des conflits et des affrontements entre des institutions officielles ou des groupes de fait.

Leurs tenants représentent soit une association*, un syndicat ou tout autre groupement dont l'objet, généralement légitime, est nécessairement limité à ses objectifs statutaires, soit un groupe créé à l'occasion en vue de réagir au projet soumis à la concertation.

Il est indispensable d'écouter et d'entendre chacun d'eux, ne serait-ce que pour la définition la plus complète possible de l'état des idées et des lieux et du diagnostic, mais aussi pour bénéficier de la créativité la plus large possible. Mais on ne peut pas échapper aux postures et aux prises de position de chacun des groupes représentés, dont une part quelquefois importante embrasse d'autres sujets que celui soumis à la concertation et sont liés à la stratégie propre de chaque groupe ou de chaque institution. Or pour se comprendre, il ne faut pas parler « la même langue ». Cela peut paraître absurde ou paradoxal mais pour commencer à écouter l'autre il faut admettre qu'on ne se comprend pas vraiment et qu'il existe un hiatus, un inévitable malentendu. La concertation ne peut aboutir si chacun ne cherche qu'à convaincre l'autre sans accepter d'être lui-même convaincu et n'est pas prêt à construire avec lui.

Contrairement à l'usage que l'on constate le plus souvent qui est de soumettre tel projet à la concertation une fois qu'il a été élaboré, et où prévalent souvent les critiques ou l'opposition dues aux logiques de chaque groupe concerné, il est préférable d'organiser consultation et concertation à l'origine même du choix, là où se précise la pertinence et la définition du projet. Cela en enrichirait le contenu et, une fois prises délibération et décision, n'empêcherait nullement sa mise en discussion ou son annulation selon les modalités légales.

Confort

Le confort est fait de l'ensemble des commodités et des agréments qui produisent le bien-être matériel et ce qui en résulte, en particulier la tranquillité psychologique, sanitaire, intellectuelle, morale, obtenue par le rejet de toute préoccupation. On utilise aussi le terme d'aménité en matière d'environnement*. Le confort inclut les agréments et les commodités d'une situation. Il peut être ressenti de manière individuelle. Son besoin peut alors être un frein considérable dans l'idée que le confort auquel nous, occidentaux riches, sommes habitués ne pourra pas être atteint par tous les habitants de la planète. Si nous avons le moindre souhait d'égalité, il nous faudra revoir nos attentes et ne pas croire que tout pourra demeurer comme avant, même si de nombreux personnages politiques voudraient nous le faire espérer. Parmi les éléments du confort peut figurer la délectation* d'une situation donnée qui peut conduire à s'opposer aux usages et à la gestion des milieux, que ceux-ci soient environnementaux, économiques et sociaux (sylviculture*, agriculture*, urbanisme*, industrie*, habitat*, transports*, tourisme*, etc.). Il arrive malheureusement que le souci de conserver son confort, posture légitime et individuelle, soit le moteur d'actions qui se parent de motifs écologiques, se maquillent en vert*, mais sans grande attention au bien et au futur communs. On peut (doit) aussi considérer le confort comme un bien collectif, dont la manifestation concrète relève en grande partie ce que nous appelons l'État providence qui va de la santé et de la sécurité publique jusqu'aux politiques culturelles ou de protection de la nature. Il arrive souvent que le souci du confort commun, un souci environnemental, vienne se heurter à la défense d'un confort individuel.

Consumérisme

On désigne par consumérisme un mode de vie, des normes et des standards de consommation envahissants, hédonistes, axés sur la nouveauté, soucieux du paraître et dépendant du marché, c'est-à-dire d'une offre croissant sans cesse et suscitant une demande sans bornes.

Le consumérisme a envahi notre comportement au point qu'aujourd'hui, des objets ou des services qui étaient naguère considérés comme luxueux ou superflus peuvent être revendiqués comme indispensables. Il est en effet impensable aujourd'hui de discuter le droit aux vacances et au tourisme*, mais cela est-il un droit à tous les séjours possibles, ici ou là dans le monde entier ? Tout foyer nécessite un minimum d'équipement mais est-il indispensable que chacun de ses membres ait son automobile* ? Certes il faut être bien vêtu mais doit-on nécessairement changer d'habits à tout bout de champ ?

Or le défi environnemental qui s'impose à tous invite à relativiser cette tendance mais dans une mesure difficile à définir. Le fameux « écran plat » que s'achèteraient les bénéficiaires d'une allocation sociale en serait le symbole, mais cela ne peut être évoqué sans gêne : qui peut décider de ce que j'ai à faire ou à ne pas faire ?

Le mot consumérisme est ainsi entré dans la classe des vilains mots* que l'on emploie à tout va mais ne saurait être éludé car il touche à l'un des points majeurs de la réflexion politique que nous devons conduire en matière d'environnement*.

Convention citoyenne

Ce genre de réunion de travail peut être très utile en matière environnementale, non pas en tant que stratagème politique comme cela a pu être évalué, mais comme moyen d'aborder librement des questions où, tout naturellement, s'affrontent des positions légitimes et des convictions honnêtes. C'est aussi, et surtout, une manière d'éviter les situations statutaires qui, s'exprimant d'un bloc, interdisent de fait tout changement novateur. Tel représentant légal et officiel d'un parti, d'un syndicat, d'une association* porte ès qualités l'ensemble des positions de ses mandants et ne peut librement en négliger telle ou telle pour entrer dans une réflexion commune, qui n'est pas du type des négociations auxquelles il est habitué. Le représentant d'une association* d'usagers d'une ligne de bus n'envisagera pas de manière sereine l'allongement d'un trajet pour desservir un quartier* de plus, ce qui accroîtrait le temps de déplacement des actuels utilisateurs, ses mandants. Le président d'un comité créé pour s'opposer à un parc éolien ou solaire ne pourra sereinement proposer une autre source d'énergie renouvelable proche de chez lui. Quant aux représentants légaux des citoyens, ils sont tout autant contraints dans leurs réflexions par les stratégies et les tactiques de leurs partis face à celles de leurs adversaires.

Une convention citoyenne ne peut donc pas rassembler des représentants d'institutions et cela pose d'ailleurs la question du mode de recrutement des conventionnels.

Parallèlement elle n'est en aucun cas censée proposer autre chose que des idées, des choix possibles, des directions de travail aux instances auxquelles il revient, par la loi commune, de débattre, de délibérer* puis de décider.

Cela dit il faut bien que les idées innovantes émergent et mieux vaut élargir le nombre des créateurs libres.

Coopérative

La coopérative est une société qui s'inscrit dans l'économie libérale où l'on produit, vend et achète dans le cadre du marché mais où l'individu est déterminant. Quel que soit le capital que le coopérateur a investi il ne dispose que d'une voix (un Homme*, une voix), contrairement à la société par actions où c'est le nombre d'actions, la part de capital (une action, une voix), qui détermine la décision. Les coopérateurs sont donc, du moins formellement, impliqués à tout moment dans le fonctionnement de la coopérative.

Il existe de nombreuses coopératives où producteurs et consommateurs sont associés mettant le besoin social à la base des choix plutôt que les dividendes. Certaines coopératives ont pu atteindre des dimensions économiques impressionnantes où le coopérateur peut s'éloigner des lieux de décision, mais cela ne justifie pas que certains fassent du mot coopérative un vilain mot*. La plupart d'entre elles conservent leur esprit initial et j'ai le sentiment que les sociétés coopératives sont bien plus adaptées aux défis environnementaux que les autres types de firmes.

Cooptation

La cooptation est un peu à la société humaine ce que l'agriculture* est à l'environnement*. Dans la pratique, l'agriculteur* s'efforce de sélectionner des plantes correspondant le mieux à ce que l'on veut produire et à éloigner ce qui pourrait nuire à leur développement. Il en est de même pour la cooptation qui s'impose lorsque certains cherchent à s'allier dans le but de réaliser un projet dont ils partagent le souhait ou à défendre une position commune. C'est le cas des associations* dont les statuts affichent les objectifs et dont l'activité vise à les atteindre. Leurs membres choisissent d'y adhérer et sont quelquefois eux-mêmes statutairement choisis. Cela est à la fois légal, légitime, utile et efficace, tant notre société a besoin des gens qui s'investissent sérieusement dans tous les domaines possibles afin de mettre en avant des idées, des besoins et des projets innovants. Mais la raison associative ne saurait pas prendre le pas sur la délibération* démocratique qui nécessite que d'autres personnes ou d'autres groupes aient aussi à faire connaître leurs points de vue et leurs choix*.

Au plan social la cooptation est tout aussi porteuse de limites, par exemple dans l'aménagement du territoire*, l'urbanisme* et l'habitat*. Là encore la référence à l'environnement est pertinente en ce sens que les choix fondés sur la cooptation entre acteurs, même si leur idée initiale peut paraître séduisante, ne peuvent s'exercer qu'en des lieux très limités à l'exclusion de larges territoires habités et fonctionnant de manière vivante, variée et inventive. Prenons quelques exemples :

– les ensembles immobiliers que l'on nomme résidences* sont des lieux de cooptation par le marketing ou, ce qui revient au même, par le prix. Ils s'avèrent très rarement propices à la mixité sociale à moins que la puissance publique ne les y oblige ;

– les lotissements*, même ceux qui affichent de bonnes qualités environnementale (construction en bois, services communs partagés, économie d'eau* et d'énergie*, etc.), demeurent des assemblages d'habitats* peu denses et s'ils minimisent leur impact écologique ils s'inscrivent tout de même dans la logique de la consommation d'espace et de l'étalement urbain*. Par ailleurs, comme dans l'exemple précédent, les modes de vie des acteurs de ces projets, cooptés d'une certaine manière, ne seraient pas nécessairement généralisables et partageables ;

– la zone à défendre* (ZAD) qui a précédé l'annulation de l'aéroport de Notre-Dame-des-Landes (Loire-Atlantique) a été présentée comme modèle de développement d'une communauté future, fondée sur un nouveau rapport à la terre... Un tel modèle, impliquant nécessairement que ses promoteurs se soient cooptés, sera peut-être unique, peut-être réplicable, mais pas généralisable ;

– les paysans du Larzac ont, par leurs luttes, établi un rapport particulier au domaine foncier original ayant connu le succès. Mais si ce modèle, vieux de 50 ans, demeure bien vivant il n'a pas connu de réplique.

Si de telles expériences sont porteuses d'enseignements précieux de nature à enrichir la réflexion et la décision collective, elles ne peuvent pas, à elles seules, devenir des modèles.

Couloir

Couloir est un mot à la mode. Il résume la polarisation de bien des gens dans une spécialité : c'est le « couloir » de nage à la piscine, le couloir du coureur à pied ou celui du généticien, de l'ornithologue ou de tout autre spécialiste* (il arrive que l'on dise aussi « silo »). Sa signification n'a rien à voir avec lobby* qui signifie couloir mais aussi antichambre en anglais.

Certes il est bon, et même nécessaire, de connaître le sujet lorsqu'on souhaite intervenir dans une activité ou un débat qui le concerne et d'en faire bénéficier ses partenaires ou ses protagonistes, la connaissance valant mieux qu'une opinion*. Mais il est tout aussi nécessaire de savoir entendre les arguments des autres quand ils sont fondés, eux aussi, sur la connaissance.

Or notre organisation sociale et institutionnelle est constituée de cercles, d'administrations, d'associations* qui sont devenues des couloirs au sein desquels chacun peut exceller mais où rien n'incite à ce qu'on s'écarte de la norme, comme si cela avait pour effet d'affaiblir les uns et les autres. C'est ainsi qu'à côté d'excellents services publics (relevant de l'État ou de collectivités territoriales) dédiés à la protection de la nature, on trouve des services tout aussi bons dédiés à l'agriculture*, à la forêt*, à l'urbanisme* ou à la lutte contre les incendies*. Les rencontres entre leurs représentants, au lieu d'être des moments réguliers d'échange et de construction en commun, sont souvent réduits à des rencontres conjoncturelles vilipendées sous le vocable de « réunionnite »*. On retrouve la même chose au sein des organismes privés comme les associations* ou les syndicats.

Comme l'environnement* implique obligatoirement la prise en compte de tous les éléments d'un système, l'organisation par couloirs ne peut que lui être défavorable.

Coupe de bois

La confusion généralement commise dans l'usage du terme « coupe sombre » est comme le symbole de la distance entre nos contemporains et les forestiers*. Une coupe sombre a pour effet de ne récolter qu'une partie du bois sur une parcelle, ce qui a pour effet de laisser le terrain assombri. En revanche une coupe claire consiste à récolter tout le bois* et à laisser la parcelle totalement éclairée ; on dit aussi coupe à blanc. On commet donc une erreur lorsque l'on qualifie, dans la vie courante, de coupe sombre une mesure d'évacuation radicale d'un projet ou d'un texte.

Ces deux usages se pratiquent selon le plan de gestion du sylviculteur* dont un des objectifs est de récolter du bois :

– l'une, la coupe sombre, est pratiquée en fonction de l'état du sol*, quand ce dernier ne supporterait pas d'être totalement découvert de végétation ne serait-ce qu'une saison. Si cette pratique affecte peu la dynamique de l'écosystème* elle demande davantage de travail de récolte. Elle est même parfois impossible parce que trop onéreuse par rapport au résultat attendu ;

– l'autre, la coupe claire, est possible si l'état du sol, l'orientation et la pente de la parcelle permettent une régénération naturelle ou si, une fois la coupe réalisée, des plantations nouvelles peuvent être faites facilement. Son intérêt réside dans un moindre coût de la récolte qui peut alors être mécanisée. Il n'est pas dit que les coupes à blanc, lorsqu'elles sont possibles sans danger d'érosion ou de sécheresse excessive, ne soient pas plus indiquées en vue d'une reconstitution favorisant la croissance spontanée d'individus ou l'introduction de nouvelles espèces qui demandent de la lumière pour s'installer. Elles pourraient même être mieux adaptées que les coupes sombres aux effets des changements attendus du climat.

On rappellera qu'une coupe de bois n'est pas un défrichement*.

Coupures de combustible

Cette expression a heureusement remplacé celle de pare-feu car celle-ci pouvait laisser entendre qu'un pare-feu pourrait, tout seul, arrêter le feu. Il n'en est rien car l'équipement en question est avant tout destiné à faciliter l'accès et la protection des pompiers dans une relative sécurité en amoindrissant la puissance du feu*.

La coupure de combustible est une bande de terrain dépourvue de végétation inflammable et combustible, installée et entretenue en un lieu auquel les personnels de lutte peuvent facilement accéder et où ils sont en mesure d'installer leurs outils, camions, citernes et lances à eau. Elle est conçue en fonction du relief et de la direction des vents dominants. Il arrive qu'elle soit affectée à des cultures ou au pâturage, ce qui diminue le coût de son entretien et en garantit l'état. Les pompiers y disposent d'un certain temps pour attendre l'arrivée d'un feu, diriger les moyens aériens de lutte et éventuellement élargir les zones qui se verront débarrassées d'une végétation inflammable et combustible de manière à atténuer la puissance du feu arrivant.

Les coupures de combustible doivent être soigneusement et régulièrement entretenues comme tous les autres équipements destinés à la défense des forêts contre l'incendie (DFCI) ; elles sont visibles et affectent les décors* forestiers, mais elles sont la « part du feu ».

Croissance

La croissance est un phénomène qui se mesure de manière quantitative, en nombres, en dimensions ou en valeurs. Cela vaut pour les êtres vivants, Hommes*, animaux et plantes, comme pour les données économiques ou sociales. C'est certes important notamment pour chiffrer nombre d'individus, arbres*, moutons, emplois ou objets produits, mais pas pertinent pour évaluer des ensembles comme un écosystème* spontané ou cultivé, un groupe social comme un pays* ou une entreprise. A s'en tenir à un suivi de la croissance et du pouvoir d'achat* en termes économiques, on n'utilise pas avec suffisamment d'attention la notion de développement* qui serait plus utile dans presque tous les domaines.

Crue

La crue est un fort accroissement du débit et de la hauteur d'eau* en écoulement d'un cours d'eau, rivière ou fleuve. Le mot s'utilise le plus souvent quand le débordement du lit mineur du cours d'eau commence à provoquer des dommages. Les crues les plus graves se manifestent soit à la suite d'orages* torrentiels où tombe beaucoup d'eau en peu de temps comme c'est le cas dans les régions méditerranéennes (en Cévennes on parle d'épisodes cévenols), ou dans des régions arides du Maghreb, soit lorsqu'une pluie régulière s'installe de manière durable dans l'ensemble d'un bassin versant. Les débordements provoquent des inondations* de terrains plus ou moins éloignés des rives, en délimitant ainsi des zones inondables.

Les crues qui provoquent érosion* et inondations* façonnent et refaçonnent sans cesse la topographie des régions. Au cours de l'histoire* elles ont créé les grandes plaines alluviales que l'on cultive. Le dessin des bassins versants en est la résultante et l'importance des crues dépend à la fois du volume et de la rapidité des précipitations ainsi que de la forme des lits mineurs où l'eau s'écoule habituellement.

Malheureusement l'occupation humaine a trop souvent fait fi du danger que provoquent les crues et a occupé les lits majeurs à la fois en y développant la culture et y bâtissant des établissements d'industrie*, d'habitat* et d'échange. Les grandes villes* sont souvent riveraines des cours d'eau ce qui les rend vulnérables aux aléas et aux dangers des inondations. Il arrive de plus en plus fréquemment, sans doute du fait des dérèglements climatiques*, que les crues surprennent les occupants des zones inondables et provoquent des dégâts proportionnels à leur imprudence, comme ce fut plusieurs fois le cas dans la vallée de l'Argens dans le Var. Il est probable que l'aggravation inévitable des crues va nécessiter des mesures majeures à la fois dans la réglementation des établissements humains et dans la régulation des écoulements, incluant sans doute des espaces d'expansion des eaux et des barrages* de retenue. Sans doute faudra-t-il adapter les systèmes d'assurance* afin de ne pas surcharger les solidarités et réserver les aides aux personnes ayant respecté les directives de sécurité.

D

DATAR

La Délégation interministérielle à l'aménagement du territoire et à l'action régionale (DATAR) était une administration française chargée, de 1963 à 2014, de préparer les orientations et de mettre en œuvre la politique nationale d'aménagement* et de développement* du territoire*. Elle participait en particulier à la mise en application des décisions arrêtées par le Comité interministériel d'aménagement du territoire.

La DATAR a été, paradoxalement, un outil jacobin dont la mission et les effets ont été de promouvoir le développement régional et local. C'est cette délégation qui a promu les grands équipements qui ont façonné l'actuel territoire national, avec les autoroutes, les trains à grande vitesse, les métropoles* d'équilibre, les grands sites industriels et portuaires, les campus modernes de l'université et de la recherche, etc. et, en même temps, l'émergence d'initiatives locales à travers la politique de la montagne, les intercommunalités, dont les parcs* naturels régionaux qui pourraient en être les « vaisseaux amiraux ».

Un profond mouvement libéral a progressivement fait place à la compétition entre les territoires et la solidarité nationale et territoriale a été remplacée par l'assistance à territoires en périls. Cette évolution a été accélérée par la régionalisation de l'aménagement du territoire qui a fourni à l'État le prétexte de la déconcentration-décentralisation pour se décharger sur les collectivités territoriales d'une grande part de ses tâches de solidarité.

Aujourd'hui, alors que nous avons désespérément besoin de prospective, de planification et de conceptions innovantes en matière d'environnement*, nous serions bien aidés si renaissait aux bons niveaux, européen, national et local, une réflexion, nécessairement à moyen ou long terme, sur l'évolution de nos territoires et de leur environnement. Ceux-ci ne sont pas nécessairement définis par les limites des états et des circonscriptions mais par les logiques de leur fonctionnement tant pour ce qui est de la vie sociale et économique que de l'environnement, c'est-à-dire des bassins écologiques.

Par exemple, une politique européenne des forêts* ne peut se concevoir que dans le cadre climatologique et écologique qui les caractérise : climats* méditerranéen*, océanique, continental, boréal. Il n'apparaît pas raisonnable que, comme au sein des agences des Nations Unies, où sont traitées dans un même cadre les *dehesas** d'Andalousie ou les *phryganas* de Crète avec les forêts arctiques du nord de la Russie au sein d'une commission « régionale » européenne, une politique forestière française métropolitaine aborde de la même manière les massifs du Grand Est et les forêts méditerranéennes. D'ailleurs si des Parcs naturels régionaux peuvent s'établir sur plusieurs régions, comme par exemple le Parc naturel régional des Baronnies provençales, le Parc national du Mercantour ne peut que pratiquer une coopération partielle avec le Parco naturale Alpi-marittime voisin. Ou encore, une politique de l'eau* devrait voir élargies aux pays concernés les compétences de ce qu'en France nous appelons les comités de bassin, etc.

Une telle approche s'imposerait également en matière d'aménagement urbain lorsque les espaces métropolisés* fonctionnent sans souci des frontières d'états, comme c'est le cas par exemple entre le nord de la France et le sud de la Belgique ou dans l'agglomération transrhénane entre l'Alsace et le Bade-Wurtemberg.

Il me paraît donc souhaitable que soit remise en route une nouvelle DATAR en France et que se mette en place une institution du même genre au niveau de l'Union européenne. Par exemple les transports, en particulier ferroviaires, devraient connaître une conception au niveau européen qui prenne en compte l'aménagement du territoire plutôt que le seul aspect technique de la construction et de la gestion des réseaux.

Décentralisation

La décentralisation est en chantier ouvert depuis 1982 avec les lois Defferre. Elle succède très progressivement à la déconcentration déjà en œuvre avant même la dernière Guerre et héritière de l'Ancien Régime où les provinces et leurs modes de gouvernement précédaient les circonscriptions qu'avait installées la Révolution puis l'Empire. La déconcentration consiste à déléguer l'exécution des décisions de l'État à des niveaux géographiques locaux : régions, départements, communes. La déconcentration ne concerne que la fonction exécutive et administrative alors que la décentralisation implique en outre la fonction délibérative.

Jusqu'à maintenant la décentralisation s'est appliquée à des collectivités dont les territoires sont issus de la déconcentration et de l'histoire d'un État centralisateur. D'ailleurs les termes qui les définissent : départements, circonscriptions, arrondissements, qualifient un découpage administratif de l'espace, ainsi d'ailleurs que le terme de quartier*. Seule la commune, héritière de la paroisse, a un nom pouvant recouvrir une dimension sociale.

Au cours de la délimitation et de l'installation des nouvelles formes d'association des collectivités territoriales, il a été essentiellement question d'administration, de création et de gestion des équipements publics, puis de promotion du développement* économique davantage que de délibération*, la prime à la majorité issue des élections ne la facilitant guère. Mais il n'y a pratiquement jamais été question d'environnement*. C'est ainsi que, dans l'actuelle organisation territoriale*, les régions redessinées par la dernière réforme de 2014 (Loi de modernisation de l'action publique territoriale et d'affirmation des métropoles, dite « loi MAPTAM ») ne correspondent que par hasard à des problématiques environnementales, qu'il s'agisse de climat*, de végétation, d'hydrologie et du fonctionnement des installations humaines qui en découlent. Il en va de même aux autres niveaux territoriaux comme les départements dont l'envergure spatiale ne correspond guère à l'aménagement des espaces naturels, des bassins hydrologiques, des forêts* ou des espaces agraires.

Ceux-ci requièrent des structures spécifiques adaptées comme les Parcs* naturels, quelques intercommunalités ou ententes interdépartementales.

Pour ce qui est des collectivités locales, à savoir les communes dont les populations varient de moins de 100 habitants à 2 millions, on pourrait les réorganiser en des communautés de dimensions adaptées à l'environnement proche des gens : les communes de taille modeste (moins de 20 000 habitants), les quartiers et les écarts des plus grandes en seraient les éléments constitutifs et seraient administrés par un conseil élu, pouvant délibérer et disposer d'un budget ; elles seraient les collectivités élémentaires

La délimitation des communautés, collectivités majeures, effectuée de manière démocratique, nécessiterait que soient prises en compte les dimensions environnementales de la vie hebdomadaire des gens au même titre que les réalités sociales et économiques. Leur taille ne saurait que rarement atteindre celle, strictement administrative, des actuels arrondissements dans les espaces ruraux ou faiblement urbanisés. Pour les grandes villes* et les métropoles*, les communautés en seraient des arrondissements urbains. Administrées par un conseil communautaire élu et un exécutif distinct du conseil délibérant, selon le principe de séparation des pouvoirs énoncé par Montesquieu (1689-1755), elles deviendraient les collectivités de base et pourraient recevoir, entre autres, les compétences environnementales de la gestion des déchets*, de la lutte contre les pollutions* et du bruit, de la protection des sols*, des espaces non bâtis* de proximité, de l'aménagement urbain, de la production des énergies* renouvelables, des transports quotidiens...

En matière sociale et économique elles reprendraient les compétences des actuelles communes et celles des départements, y compris la sécurité publique. Les régions également redessinées démocratiquement et adoptées par le suffrage de tous leurs habitants seraient chargées de la politique de l'environnement que les communautés devraient partager. Elles seraient administrées par deux chambres délibérantes, désignées l'une par le suffrage direct, l'autre par les communautés.

L'environnement troquerait alors sa place aujourd'hui secondaire pour un rôle devenant central aux côtés des questions sociales et économiques à chaque niveau de la vie collective et démocratique.

Déchets

Outre la multiplication qu'ont connue les décharges communales, plus ou moins maîtrisées, ne serait-ce que dans les Bouches-du-Rhône comme à Entressen à Saint-Martin de Crau, heureusement réformée, ou celles réputées gérées comme celle d'Aix-en-Provence ou de Vautubière à La Fare-les-Oliviers, trois expériences au cours de la décennie 1980 m'ont un peu agacé.

La première a été celle de l'essai de fertiliser les collines de La Gineste à Marseille à l'aide d'ordures ménagères broyées. Certes son initiateur à la Direction départementale de l'agriculture ne disposait pas d'un broyat irréprochable et on pouvait y trouver, ici et là, des objets peu agréables pour la vue et non biodégradables, comme des objets en matière plastique*, mais cela n'empêchait pas d'évaluer comment le milieu de garrigue pouvait absorber, digérer, une matière organique qui lui manque et qu'on lui procurait. La conjonction de l'argument des forestiers « Je n'ai pas fait l'École des Eaux et forêts pour être un ramasseur d'ordures » et de la réticence de militants* naturalistes a mis fin à cette expérience qui aurait requis un peu de temps pour être évaluée et permis un affinage dans la qualité des refus utilisés.

La deuxième concerne l'utilisation d'eaux usées* domestiques, traitées en station d'épuration pour irriguer des cultures agricoles. Là l'argument de l'opposition a été d'ordre sanitaire : il se pourrait que la goutte d'eau que recueillerait l'aisselle d'une feuille, de maïs par exemple, contienne une bactérie dangereuse. On sait qu'une telle goutte met quelques minutes à s'évaporer ou s'écouler et que la bactérie a une espérance de vie quasi nulle en un tel milieu.

La troisième concernerait les boues d'épuration de la ville de Marseille que certains avaient suggéré d'épandre dans les collines, les mêmes que précédemment. L'argument des opposants à cette idée a été que les boues présentent un taux élevé de métaux lourds et qu'il n'est pas souhaitable de les déposer dans la nature. Or le calcaire actif, qui y est abondant, adsorbe les molécules de ces métaux ce qui en interdit le transfert vers les plantes ou les nappes phréatiques.

Il y aurait bien d'autres exemples qui montreraient d'une part que les esprits ne sont pas mûrs pour l'économie circulaire* qui consiste à utiliser plusieurs fois un produit et en tirer avantage, et d'autre part que nous avons bâti des règlements qui, séparément dans chaque couloir*, visent des objectifs honorables mais qui n'ont pas été conçus dans une optique systémique. Nous en sommes globalement restés aux attitudes ancestrales qui consistaient à évacuer le plus loin possible tout ce qui nous gêne et nous dérange.

C'est pourquoi nous préférons installer les stations d'épuration des eaux usées en aval des agglomérations, quitte à nuire au bon fonctionnement de la rivière ou de la mer, plutôt que de les établir en amont avec l'idée d'utiliser les eaux une deuxième fois. Nous préférons exporter nos ordures ménagères le plus loin possible de la ville pour les mettre en décharge ou les brûler plutôt que de les trier, d'en recycler le plus possible, de les transformer en gaz, en compost ou de toute autre manière. Cela vaut pour tous les déchets domestiques, industriels ou agricoles.

Les pratiques vont évoluer peut-être plus vite qu'on l'imagine, mais pour le moment il me semble que nos contemporains demeurent réticents à admettre le recyclage et réclament encore plus de règlements et d'interdictions allant même jusqu'à empêcher des expérimentations.

Déconcentration

Voir décentralisation

Décor (1)

Une des définitions du décor est d'être le cadre dans lequel se situe un événement. Le décor est donc un objet fixe à l'instant où on le contemple. Il est souvent confondu avec le paysage* qui est dynamique et dépend des écosystèmes* qui composent les espaces considérés. Dans ces conditions, se mobiliser pour sauvegarder un décor auquel on est attaché, alors que celui-ci peut être artificiel ou convenu, ne revient que rarement à prendre soin du paysage et se cantonne à maintenir habitude et confort*.

Certains de nos décors familiers sont pourtant l'objet de changements ne soulevant guère de réserves, comme par exemple l'ouverture de bureaux, d'hôtels ou de magasins modernes dans les anciens hôtels particuliers des centres historiques, la multiplication de maisons individuelles* dans de larges surfaces périurbaines, l'installation d'établissements culturels dans d'anciennes usines désaffectées ou des spectacles dans d'anciennes carrières*. D'autres s'avèrent moins faciles à transformer comme par exemple les lotissements* périurbains où il est quelquefois impossible de modifier une maison ou un garage du fait du règlement et de l'opinion* des voisins.

Dans les espaces non bâtis* comme les terres agricoles, les pâturages ou les forêts*, il arrive qu'on excipe du paysage pour s'opposer à certaines modifications dont certaines ne sont pas naturellement réversibles, mais ne sont pas toujours définitives, comme des implantations destinées à la culture (serres), à l'élevage* (bergeries), au stockage (hangars), à retenir de l'eau* ou à produire de l'énergie* (panneaux voltaïques ou éoliennes). Dans d'autres situations on peut noter des oppositions à des interventions comme des travaux du sol* (remembrement*, planage, drainage, labours*, etc.), ou de gestion forestière (coupe de bois*, plantation, reboisement*...). Dans tous ces cas le décor change mais les dynamiques biologiques qui sont à l'œuvre ne sont pas modifiées. Si l'intervention vient à cesser, la résilience* du milieu se manifestera, le décor changera à nouveau et le paysage se réorganisera.

Décor (2)

Pour illustrer d'un exemple une confusion parmi d'autres entre décor et paysage on peut évoquer les campagnes* parmi lesquelles se déroulent des événements dans l'Antiquité, au Moyen Âge ou dans des époques plus récentes rapportés par les films historiques.

En général, les réalisateurs attachent une grande importance aux vêtements, aux bâtiments (châteaux, maisons...), aux intérieurs (meubles, tentures, ustensiles), aux locaux artisanaux (forges, tanneries...). Pour cela ils s'entourent d'experts scrupuleux. Mais paradoxalement il n'en va pas de même pour ce qui est des paysages de campagne. Les récits montrent des cavaliers et des soldats qui s'y déplacent parmi de superbes futaies régulières de pins, alors même que ce mode de culture n'apparaît qu'à la fin du XVIIIe siècle. Ou encore à travers de larges champs de céréales dont l'aspect fait penser à un rendement de l'ordre des 70 quintaux par hectare actuels davantage qu'aux 8 à 10 q/ha que l'on espérait dans les époques en question et sur de petites parcelles. Malgré son apparence naturelle le décor ne rend pas compte du paysage dans lequel l'événement est censé se dérouler.

Défense et restauration des sols

Voir Restauration des terrains en montagne

Déforestation

La déforestation est le phénomène de régression durable, voire définitive, des surfaces couvertes de forêts, qu'il soit d'origine anthropique, comme la mise en culture ou les constructions, ou naturelle, comme un accident tellurique.

On ne peut pas parler de déforestation à propos d'une coupe* rase, d'une attaque d'insectes ou d'autres ennemis, ou encore d'un incendie* de forêt, car à leur suite, le milieu se reconstitue naturellement. Pas plus qu'on ne peut assimiler tous les défrichements* à la déforestation lorsque ceux-ci sont effectués dans le cadre du projet de gestion d'un territoire*. Par exemple l'implantation d'un verger, d'une vigne ou d'une pâture dans le cadre d'un plan de mise en défense d'un massif contre l'incendie, si elle doit être précédée d'un défrichement, ne peut être qualifiée de déforestation. D'ailleurs, l'histoire* nous apprend qu'au cours des siècles passés, ce sont les grandes séquences d'essartage, de défrichement et de mise en culture qui ont constitué les terroirs* au sein desquels nous vivons aujourd'hui. Les forêts ont commencé à reconquérir ces terres depuis la fin du XIXe comme c'est le cas sur les banquettes du Sud méditerranéen français. La résilience* des systèmes naturels nous étonne.

A la différence de l'essartage, la déforestation qualifie une action massive, soit délibérée soit désinvolte, qui consiste à remplacer la forêt sur des surfaces importantes par des activités différentes, en particulier pour la mise en culture agricole (soja, huile de palme, bananes, ananas, p. ex.) ou industrielle (hévéa, carburants…), de telle sorte que cette transformation entraîne une dégradation fonctionnelle ou biologique, non seulement de la forêt et des êtres qui y vivent mais de territoires bien plus vastes. Cela entraîne de telles modifications des écosystèmes* que leur retentissement dépasse largement les seules surfaces concernées. Toutefois au prix d'efforts notables, une reforestation y serait possible. La déforestation peut également être pratiquée pour l'installation de larges plateformes industrielles, routières, portuaires ou aéroportuaires et là une réhabilitation des milieux sera bien plus problématique.

Mais tout cela relève de décisions politiques qui, souvent, n'ont cure de leurs effets sur les écosystèmes locaux, voisins et même éloignés. Le climat* en pâtit autant que les espèces vivantes, Hommes*, animaux, plantes et autres organismes.

Mais il faut éviter l'emphase* de ce vilain mot* lorsqu'on entend contester un projet local et modeste décidé légalement par un particulier ou démocratiquement par une collectivité locale, dans le seul but du développement* d'un territoire.

Défrichement

Le défrichement est la destruction, le plus souvent humaine, d'espace boisé*, de forêt* ou de friche*. Lorsqu'il est volontaire il s'agit de mettre fin à l'état boisé, généralement pour mettre le sol* en culture, le transformer en pâturage ou l'urbaniser. Cela se fait par une coupe* à blanc ou par le feu, suivi d'un dessouchage. Sa définition juridique est, en France, « toute opération volontaire ayant pour effet de détruire l'état boisé d'un terrain et de mettre fin à sa destination forestière ».

Il ne faut donc pas confondre le défrichement avec une coupe, fut-elle à blanc, sachant que la biomasse d'un bois et sa diversité sont pour au moins la moitié situées dans le sol, une coupe de bois bien conduite, si elle n'est pas suivie de dessouchage, ne remet pas en cause la capacité de reconstitution du peuplement selon le choix du sylviculteur* qu'il s'agisse d'une régénération naturelle ou d'un boisement artificiel.

Lorsque le défrichement s'opère sur une surface modeste, dans le cadre d'un projet de développement* approuvé démocratiquement par la collectivité, il ne peut être qualifié de déforestation* qui revêtirait une dimension plus importante et engagerait le devenir de l'environnement*.

Dehesa, montado

Voir Vergers forestiers.

Délectation

La délectation est le plaisir que l'on savoure à la vue ou à la consommation d'un objet. C'est une illustration de la confusion entre un décor* – ce que je vois et dont je me délecte – et le paysage* – ce qui vit, évolue et change comme tout système géographique. Bien des gens ont décidé de profiter de l'état d'un lieu pour s'installer en son sein ou à sa proximité, ou plus simplement d'en jouir à leur guise, sans même penser que leur présence ou leur passage était déjà une cause du changement de l'état de ce lieu. Il s'agit d'une appropriation qui peut demeurer symbolique mais qui peut revêtir des formes actives. C'est également le cas lorsque certains s'opposent à tel ou tel projet :

– de changement de culture agricole pour lequel un remembrement* ou un remaniement du parcellaire est envisagé,

– de sylviculture* où le forestier* a programmé une coupe de bois*, une éclaircie ou une plantation,

– de construction d'un nouveau quartier* ou d'un équipement utile comme un centre sportif, une école, une retenue d'eau, etc.,

chacun d'entre eux ayant été décidé par des instances démocratiques. En effet les raisons réelles de l'opposition, « Si j'ai choisi d'habiter à la campagne, ce n'est pas pour être dérangé par les agriculteurs ! », ou « Je viens me promener dans cette colline depuis ma première jeunesse et je ne vois pas pourquoi ce type coupe son bois ! », ou encore « Nous avons acheté cette maison où nous étions tranquilles et voilà qu'on nous installe des HLM juste à côté ! », sont camouflées derrière des arguments d'allure écologique. La mobilisation des opposants prend prétexte de l'environnement* pour tenter de maintenir un état qui convient mieux à leur confort*.

La délectation peut aussi se manifester à propos de sites qui, naguère, étaient détestés car industriels, carcéraux, militaires ou autres et sont devenus de hauts lieux de culture ou de consommation. C'est par exemple le cas des corons, des chevalements et des terrils devenus sites classés ou encore de la prison transformée en palais de justice, la caserne en centre universitaire, l'usine en théâtre...

Un inventaire de ces situations très diverses au cours des dernières années les éclairerait sans doute de manière plus solide que le bruit médiatique, et quelquefois dramatique, dont nous sommes assourdis. Cela permettrait d'évaluer dans quelle mesure les réactions des gens relèvent davantage de leur délectation que d'un souci de l'environnement.

Délibération

Délibérer, défini comme « Peser le pour et le contre, étudier en vue d'une décision à prendre » dans le Dictionnaire Le Robert, signifie que, dans la vie collective, chacun puisse exprimer ses vues et qu'après échanges, confrontations, discussions, voire controverses, un choix collectif émerge par un consensus ou par un vote. Cela implique que chacun des participants soit muni du même droit à l'information sur les tenants et les aboutissants d'un projet, du même devoir d'entendre les arguments des uns et des autres, de la même nécessité de choisir entre un projet ou un domaine d'intervention de la collectivité et un autre. Enfin cela veut dire que le jeu démocratique implique que toutes les parties prenantes d'un programme ou d'un projet soit représentées, ou au moins entendues, au sein de l'instance délibérative.

C'est là un renvoi au mode et à la modicité de la délibération telle qu'elle est aujourd'hui au sein de nos collectivités démocratiques, qu'elles soient associatives, syndicales, communales, intercommunales ou autres. Une réflexion semble urgente, contrairement à ce qui s'est fait jusqu'à présent, car c'est seulement après qu'un projet, quel qu'il soit, ait été établi qu'on espère obtenir, par la pédagogie* ou la communication*, l'agrément des tenants du domaine ou de l'espace qu'il va affecter. Les solutions envisagées comme le référendum* local ne répondent pas aux objectifs d'une vraie délibération démocratique puisqu'elles reportent la participation populaire après le processus de préparation et de décision, ne laissant place qu'à une réaction au projet sans que soit réellement discuté l'ensemble des dimensions sociale, économique, environnementale et territoriale. Ainsi les tentatives de concertation* ou de participation citoyenne ne connaissent que rarement une issue heureuse car elles arrivent toujours trop tard dans le public concerné.

Les nécessités d'une mobilisation en faveur de l'environnement* nous invitent à revenir sur cette situation car les parties prenantes et les acteurs collectifs ou particuliers, quelle que soit leur logique, ne peuvent que convenir d'un futur commun à l'issue de la délibération.

Démocratie

En matière politique ce terme désigne tout système dans lequel le peuple est souverain. Nos institutions publiques françaises et européennes fonctionnent selon ce principe.

Par une heureuse extension, la démocratie peut aussi qualifier une forme de société, la manière de se gouverner qu'adopte une organisation associative, politique ou entrepreneuriale. C'est ainsi que la plupart des groupes qui structurent nos sociétés : associations*, partis politiques, syndicats ou coopératives*, fonctionnent de cette manière.

Mais le système peut comporter une ambiguïté, même quand un de ces groupes agit de manière démocratique. Ainsi lorsqu'une assemblée générale a élu ses représentants, son exécutif désigné par ces derniers est parfaitement légitime mais ne représente que ses membres, à côté d'autres groupes qui sont tout autant légitimes. C'est ainsi que lorsqu'une association propose un projet qui concerne la collectivité, une piste cyclable par exemple, même si celui-ci a été conçu de manière démocratique, il devra, pour être adopté et mis en œuvre, être présenté à la représentation démocratique de toute la collectivité et de tout le territoire* concerné, débattu et délibéré.

Dans la vie politique de l'État, de la commune ou de toute autre institution territoriale, la nécessaire démocratie implique que l'ensemble de la population, et non un groupe ou même un ensemble de groupes, puisse s'exprimer. Les voies de cette expression sont multiples mais celle-ci ne peut être raisonnable et éclairée que par la délibération* du plus grand nombre et de leurs représentants démocratiquement désignés. C'est pourquoi malgré le sérieux et l'honnêteté du fonctionnement des associations et des groupes de proposition environnementaux, leurs choix ne trouveront d'issue réelle qu'après avoir suivi le chemin de la démocratie politique du territoire auxquels ils se destinent.

Densité

Densité est un de ces vilains mots* par lequel certains dénigrent la ville* comme si vivre auprès des autres était une punition. Cela tient en partie à des questions techniques liées à la circulation des biens et des gens, comme le notait déjà Boileau (1636-1711) dans les « Embarras de Paris ». Mais aussi et surtout cela renvoie à un mode d'urbanisme* qui s'est développé principalement au XXe, par la conjonction du développement de l'automobile*, d'un souci de bien être hygiénique, d'une recherche de voisinage* à la limite de la ségrégation sociale et à une évolution du marché foncier plus favorable au profit qu'au bien public.

Pourtant lorsque nous allons visiter Naples ou Venise, nous nous extasions devant le charme de leurs rues et des canaux, et de la vie sociale qui s'y déroule. Il en va de même lorsqu'en promenade, ou en vacances dans une maison familiale, nous (re)découvrons le charme de la vie du village ou du quartier* où nous avons vécu tout petits, quel que soit le prestige du lieu. Nous apprécions tout autant les grandes villes comme Londres ou Paris d'où se dégagent la liberté, la création et l'aventure et même les immenses cités comme New York où l'on passerait volontiers un moment de sa vie.

La faible densité urbaine est une des causes et des conséquences majeures du développement de l'automobile* individuelle car elle accroît de manière exagérée l'étalement urbain*, l'artificialisation* et l'imperméabilisation des terrains.

Pour en ralentir, ou mieux en limiter l'expansion, on pourrait par exemple favoriser le remplacement progressif des pavillons individuels en réunissant plusieurs lots afin de construire un immeuble collectif d'habitation accueillant plus d'habitants, des bureaux, un petit hôtel, un atelier, etc, en dispensant de droits de mutation les ventes destinées à les remplacer. On pourrait également rendre banals les lotissements* et copropriétés horizontales, en supprimant leurs règlements et en municipalisant leur voirie passé un délai raisonnable, de l'ordre de 20 ans, au-delà duquel d'ailleurs les mutations s'accélèrent. On pourrait alors y accroître la densité au-delà de la transformation plus ou moins secrète du garage en studio pour l'enfant étudiant. Observons en passant qu'il est actuellement plus facile de transformer un hôtel particulier du XVIIIe d'une belle avenue d'un centre historique en grand magasin ou en immeuble de bureaux que de modifier un ensemble de pavillons de périphérie !

J'ai la conviction que nos architectes* et nos urbanistes sont capables d'inventer des quartiers*, des villages et des villes* denses, mais largement pourvues de végétaux le long des rues, sur les places et dans les jardins*, où il fait bon vivre, créer et rêver et où l'on n'a pas à se sentir coupable, ni de déranger ses voisins, ni de dégrader l'air, l'eau* et les espaces non bâtis* qui les environnent.

Déprise rurale

La déprise rurale décrit à la fois la déprise agricole, c'est à dire l'abandon de l'activité agricole dans une partie de territoire* et le départ des agriculteurs* et de leurs prestataires vers d'autres lieux ou d'autres activités. Elle peut se manifester sur de larges surfaces, comme c'est souvent le cas dans les montagnes et affecter des territoires* entiers conduisant même au désert*, ou dans des lieux métropolisés comme les littoraux, certaines vallées ou des zones touristiques. Cela s'accompagne de changements démographiques, dans le nombre et la nature des habitants, et de paysage*ou de décor* par la disparition des anciens parcellaires agraires et les modifications des bâtiments et des agglomérations. Les effets de la déprise rurale sur la propriété foncière* sont considérables.

Les élus politiques et de nombreux militants* écologistes* ne semblent guère en tenir compte. La déprise a commencé dès le XIXe siècle, s'est accélérée durant le XXe avant et après la Seconde Guerre et se poursuit de nos jours. La campagne d'aujourd'hui en est déjà le résultat. Par exemple, dans le Département largement métropolisé des Bouches-du-Rhône, la surface de la forêt* s'est accrue de 20 000 ha en moins de 50 ans ! De ce fait, la vision que se font nos contemporains de la campagne* varie en fonction de leur âge et de leur lieu de vie. Une personne ayant vécu l'après-guerre peut encore avoir la nostalgie des paysages qu'elle aura fréquentés dans son enfance. Un jeune adulte n'ayant connu que l'actuel mode de vie largement citadin, fait de consumérisme* et d'automobile*, observera différemment les territoires qu'il traverse chaque jour ou durant ses voyages. La perception de la déprise rurale est un des éléments qui peut expliquer le décalage entre les représentations que se font les acteurs de ce qu'est devenu la vie des ménagers* de la campagne, agriculteurs*, éleveurs, forestiers*, et le reste majoritaire de la société à qui échappent les mécanismes de l'évolution des paysages et de leur gestion.

Le retour vers les campagnes qui ont été désertées ne pourra se faire qu'à travers des approches totalement renouvelées, conçues et délibérées par les habitants anciens et récents des communautés, elles aussi renouvelées à la faveur d'une refonte de l'organisation territoriale*. Eux seuls pourront inventer et proposer des utilisations de l'espace et des modes de vie adaptés à leur temps et à leur territoire. Cela ne peut se concevoir que dans un renouveau de l'aménagement* du territoire où il s'agira à la fois de favoriser les actions locales dans le cadre d'une politique nationale ou régionale et d'éviter de répliquer des mesures conçues ailleurs. Ne serait-ce pas là la décentralisation* ?

Dérèglement climatique

N'a-t-on pas déjà tout dit sur ce sujet ? Ce qui est agaçant est qu'alors que tout le monde est au courant nous ne savons pas nous organiser pour réagir, nous-mêmes et la société tout entière. Cela ne concerne pas que les plus informés et les plus à l'abri, du moins le croyons-nous, des méfaits des dérèglements. Leurs effets sont bien plus douloureux dans les campagnes* et les banlieues des villes* des pays pauvres que dans les quartiers chics des villes riches. Mais on sait que ces dérèglements vont toucher tout le monde directement ou indirectement : inondations*, cyclones, sécheresses, épidémies, canicules, incendies*, mouvements de population, etc. Il est moins apparent mais tout aussi réel que cela va également affecter la biodiversité* par la désorganisation des conditions de vie des écosystèmes* et de nombreuses espèces dont la nôtre. Il faut que chacun d'entre nous prenne au plus tôt la mesure de la menace et accepte de changer son rapport à l'environnement* ne consommant que ce que celui-ci peut nous fournir de manière régulière et continue. Les progrès scientifiques et techniques nous ont souvent permis d'améliorer le rendement des écosystèmes* sans outrepasser leurs capacités mais, dans l'ensemble, nous n'avons pas su rester dans leurs limites et voilà où nous en sommes !

Ce qui semblait nous avoir préservés jusqu'ici n'était en fait que l'extrême inégalité entre les Hommes*, les pauvres puisant moins dans le capital naturel que les privilégiés qui ont accru leur consommation bien au-delà de la moyenne. De telles inégalités ont maintenant largement dépassé la limite du possible. Nous devons donc absolument accélérer la recherche en vue d'accroître encore les rendements de nos systèmes sans mettre leur dynamique en péril, ce que je crois possible. Toutefois il ne faut pas nous attendre au progrès absolu et plutôt avancer sobrement, prudemment et à coup sûr. En tous cas ce n'est pas en empêchant les pauvres de prendre leur part que l'on trouvera la solution, c'est d'abord en réduisant la part des privilégiés que nous sommes dans nos pays développés. Cela concerne aussi les plus modestes à qui l'actuel mode de vie propose des standards inaccessibles et par ailleurs incompatibles avec une bonne gestion de notre planète.

Notre lutte contre les dérèglements climatiques ne peut être que décidée démocratiquement, avec la participation des moins privilégiés d'entre nous et une certaine résignation des privilégiés. Pour le moment, on ne peut que regretter que l'action politique nécessaire ne mobilise qu'une très faible majorité de nos concitoyens et ne cherche pas à impliquer toutes les couches de la société. Les réactions populaires aux tentatives de mesures de réduction des émissions de CO_2 ont montré que des pans entiers de notre société ne se sentaient tout simplement pas concernés par la question. Les mesures proposées ont été qualifiées de punitives* alors qu'elles n'étaient que non démocratiques. Et lorsque l'on excipe de l'intervention des jeunes* en faveur de l'environnement, sait-on de quels jeunes on parle ? Ceux des banlieues de Soweto (Afrique du Sud), d'Atlanta (Géorgie, USA) ou de Marseille, où ceux des grandes universités occidentales ?

Désert

Il y a deux acceptions courantes pour ce terme.

En géographie physique, un désert est un espace où les conditions de vie sont hostiles. Les déserts se trouvent dans les zones très arides, où les précipitations sont rares et peu abondantes, voire nulles, ou dans des régions polaires, les déserts froids.

En démographie et pour l'aménagement du territoire*, un désert est une région peu densément peuplée. Sa définition varie : au niveau mondial, on estime qu'en dessous de 5 habitants par km^2, une région est désertique. En France, les cantons peuplés de moins de 20 hab./km^2 sont considérés comme déserts.

Nous n'avons pas de désert physique en France métropolitaine mais nous avons des déserts démographiques, et la lutte contre la désertification fait partie du répertoire politique, qu'il s'agisse du « désert français » de Jean-François Gravier (1915-2005) ou d'une posture de défense de politiciens ruraux s'efforçant de maintenir l'attention de la société et des pouvoirs publics en vue de préserver le minimum d'outils de la solidarité que chacun est en droit d'attendre. Pourtant, tout ne peut pas être disponible partout sur le territoire. C'est ainsi que dans la partie orientale de la région Provence-Alpes-Côte d'Azur, entre les hauteurs surplombant Nice et Briançon, et même au-delà vers la Maurienne, nous avons bel et bien un désert de près d'un million d'hectares que pratiquement seul le tourisme irrigue d'une vie rassemblée en quelques bourgs et stations de ski.

Les lois « Montagne » (1985, 2016) concernant une grande partie des déserts français, sont sous-tendues par une approche d'aménagement du territoire aux sens de la DATAR* des origines, insistant sur l'accroissement des possibilités de développement* local et endogène, mais aussi par des dispositions plus récentes d'une sorte d'assistance à territoires en difficulté. Elles donnent une place majeure à la protection des patrimoines naturel et culturel ainsi qu'aux rôles des montagnes et de leurs milieux dans la protection des avals et plus généralement du territoire national pour ce qui est des dérèglements affectant le climat* et la diversité biologique. Elles insistent sur la maîtrise de l'urbanisation et s'efforcent de prendre en compte une activité agricole et forestière en difficulté structurelle. Malgré ces mesures, le temps n'a pas permis de contrecarrer l'évolution démographique des montagnes et des autres déserts au point que nous ne savons toujours pas quoi en faire, faute d'avoir conçu une politique qui les distingue clairement des autres parties du territoire, organisées autour d'un réseau de métropoles* et de villes* moyennes toutes interconnectées.

Autrefois la modicité des moyens de communication et de déplacement avait obligé les sociétés locales à s'organiser dans plus d'autarcie et à transformer leurs ressources au plus près de leur utilisation, ce qui avait contribué à ce qu'une vie locale s'organise autour de réseaux de bourgs, de villages et de hameaux. L'organisation administrative était modeste mais présente et, souvent, venaient s'y appuyer des établissements publics comme les garnisons militaires, les colonies de vacances et autres établissements de soins. Cela faisait une population et des emplois variés.

Les « déserts » pourraient être considérés à nouveau comme une chance pour nos sociétés qui pourraient y trouver de nouveaux avantages, non pas par l'implantation anarchique d'un tourisme essentiellement immobilier, mais en permettant aux communautés que promouvrait une nécessaire organisation territoriale* renouvelée. L'ensemble de la société y trouverait des lieux de formations ou de ressourcement qui leur manquent, et cela de plusieurs manières :

– en y instituant, à la place du service militaire, une année scolaire (la seconde ou la première), partagée par tous les jeunes Français, réunis en des internats où ils (et elles) seraient mêlés loin de leurs milieux sociaux et géographiques d'origine, pour faire connaissance à la fois entre eux et avec les territoires qu'ils découvriraient,

– en y installant les centres de formation continue qui seront de plus en plus nécessaires dans tous les domaines de l'économie et, bien entendu, de l'environnement* et de la nature,

– en y conservant et y développant les activités habituelles de tels territoires comme l'agriculture*, l'élevage* et le pastoralisme*, un certain type de tourisme* et des centres de soin et de convalescence spécifiques,

– en voyant s'y créer et se développer de nouveaux métiers artisanaux ou industriels grâce aux nouvelles techniques de communication.

Ces activités auraient pour effet d'installer et de maintenir dans ces territoires, de manière permanente, une population de formateurs, d'enseignants, de soignants et de techniciens qui ne provoquerait certes pas une explosion démographique dans les bourgs mais y enrichiraient une vie sociale et justifieraient la présence des services, notamment scolaires, médicaux, sociaux et administratifs, qui manquent dans ces déserts.

Développement (durable) *vs.* croissance

Il est d'usage de distinguer le développement de la croissance* notamment dans les disciplines ayant trait à la biologie ; mais cela s'applique également à l'économie et aux sociétés.

La croissance mesure l'évolution physique d'un être ou d'un système, taille, poids, surface, nombre d'éléments, etc. : une plante, un enfant croissent lorsque leur taille augmente.

Le développement en exprime la complexification : des organes nouveaux apparaissent : feuilles, fleurs et fruits sur la plante, capacités physiques et intellectuelles chez l'enfant puis chez l'adulte.

Les économistes et les politiciens ont trouvé plus commode de mesurer les changements de nos activités de manière quantitative plutôt que qualitative et la croissance est devenue une référence majeure de l'évolution de notre société. C'est là peut-être une des raisons qui nous ont fait négliger ce que l'on a pu nommer la « qualité de la vie » ou plus généralement l'environnement*. Durant le dernier siècle la croissance a bouleversé les modes de production économique comme l'organisation de nos sociétés. Après la guerre, il fallait libérer les énergies, produire, équiper, soigner et nourrir le monde sans autre souci que l'efficacité immédiate. Mais, progressivement, s'est rajouté le souci du développement à celui de la croissance.

Ainsi, exemple parmi d'autres, dès les années 1960 l'Institut national de la recherche agronomique (INRA devenu INRAE) conduisait déjà des programmes de lutte biologique contre les insectes, et agronomes, forestiers, botanistes et entomologistes se préoccupaient déjà de solutions alternatives à la chimie* visant le développement des cultures plutôt que le résultat, immédiat mais éphémère, de la croissance des plantes.

Au-delà de l'agriculture*, en 1972, le rapport « Les limites à la croissance (dans un monde fini) » (*The Limits to Growth*), connu sous le nom de « Rapport Meadows », appuyé par le Club de Rome, a été une des références des débats et critiques qui portent sur les liens entre conséquences de la croissance économique, limitation des ressources et évolution démographique. En 1987, le Rapport Brundtland, « Notre avenir à tous » (*Our common future*), rédigée par la Commission mondiale sur l'environnement et le développement de l'Organisation des Nations unies, reprit l'expression de « *sustainable development* » (développement durable) proposée par l'Union internationale pour la protection de la nature (devenue UICN) et sa définition. Cette nuance de durabilité ou de soutenabilité ajoutait au développement la nécessité soit de le perpétuer sans dommages pour l'environnement, soit de l'interrompre avec retour à l'état antérieur selon la résilience* du milieu.

Puis en 1992, le Sommet de la Terre à Rio de Janeiro orienta le Monde de manière décisive vers la préoccupation environnementale.

Selon la définition du développement durable, trois piliers doivent être pris en compte :

– le pilier économique visant notamment à ne pas entraver l'économie des pays en développement,

– le pilier social, pour ne pas réserver le développement (durable) aux personnes et aux pays les plus riches,

– le pilier environnemental qui doit préserver les ressources naturelles, au moins telles qu'elles ont été trouvées au début de l'intervention.

Ces dispositions rendent urgents les changements nécessaires pour se protéger des changements climatiques* et d'une érosion majeure de la diversité biologique*. Elles exigent une grande prudence dans les nécessaires adaptations politiques et sociales, prudence ne signifiant pas pusillanimité* !

Mais toute politique de développement durable ne pourra être mise en œuvre que si elle est acceptée par les populations et donc être l'objet de délibération* démocratique à tous les niveaux sociaux et géographiques, du local au mondial.

Elle ne saurait s'évaluer en seuls termes de croissance.

Diversité biologique

Voir Biodiversité

E

Eau (1)

Longtemps on a cru que notre Pays était exempté de soucis en matière de ressources en eau pensant que de telles questions étaient réservées aux pays en développement* où sévissent sécheresse et inondations*. Nous avons nos beaux fleuves, nos « montagnes-châteaux d'eau », nos installations hydrauliques modernes pour l'agriculture* et la production d'électricité, nos drainages remarquables nous venant quelquefois de l'Antiquité.

Et c'est ainsi qu'avec nos entreprises leaders mondiales nous avons très largement à la fois négligé d'économiser l'eau, à la maison, dans les villes* et les industries* et développé des pratiques agricoles, sportives ou touristiques très consommatrices, voire gaspilleuses d'eau. Ne revenons pas sur la culture du maïs qui, il y a cinquante ans ne se pensait possible que dans le Sud-Ouest, autour de la Garonne, alors qu'aujourd'hui elle entoure l'Île-de-France et au-delà.

Les régions méditerranéennes, les plus arides, avaient adopté les pratiques romaines et andalouses de gestion des eaux, puis on a développé les grands ouvrages de la Durance, du Rhône et du Bas-Rhône, etc. Les travaux de restauration* des terrains en montagne, dans les Pyrénées, le Massif central et les Alpes ont protégé les avals des inondations* et les sols* de l'érosion* que les quelques siècles de croissance* démographique avaient aggravées. La forêt* a repris sa place dans les montagnes, au point même que le Rhône et ses affluents plus modestes ne charrient plus assez de matériaux sédimentaires pour alimenter leurs rives.

Et voilà que tout change tant à cause de notre consumérisme* qu'en raison des dérèglements climatiques* !

Cette nouvelle problématique nécessite une approche systémique qui, si elle est peut-être imaginable pour ce qui est des scientifiques, ne l'est pas encore et de loin pour la population, ses entreprises et ses élus.

Quelques exemples illustrent ce défi :

– la situation des stations d'épuration des eaux usées* est telle qu'on les rejette le plus loin possible dans le milieu naturel, cours d'eau et mer, au lieu de les récupérer le plus en amont possible pour être sûrs de garantir pleinement leur dépollution et leur recyclage et d'en faciliter un deuxième usage. Ne peut-on pas faciliter l'usage des eaux usées et traitées pour l'irrigation* des cultures, des bois, des stades et des parcs* ?

– les réglementations sanitaires, si elles sont drastiques quant à l'usage d'eaux usées dans l'irrigation ou même le lavage des rues et des véhicules, n'ont pas encore pu obtenir que l'on élimine au cours du traitement des eaux tous les résidus des médicaments* ou des produits d'entretien et de nettoyage des maisons et des entreprises : on en retrouve encore dans les cours d'eau ;

– ne faut-il pas généraliser une facturation des eaux croissant par tranches comme cela se pratique déjà dans certaines villes* ?

– les reboisements* si souvent réussis montrent quelquefois leurs limites car les arbres*, eux aussi, consomment de l'eau et peuvent en consommer au point qu'un peuplement végétal trop dense peut jusqu'à confisquer les eaux qui ne parviendraient plus ni aux nappes ni aux avals ;

– les centrales nucléaires destinées à produire de l'électricité décarbonée nécessitent des eaux fraîches et renvoient des eaux chaudes vers les milieux auprès desquels elles sont établies : y aura-t-il assez d'eau fraîche ?

– les zones humides* que l'on se plaît à protéger aujourd'hui verront évoluer les écosystèmes* qui les habitent à la mesure des changements de régimes hydriques et risquent de s'assécher. D'une manière plus générale les scientifiques nous annoncent un changement des précipitations dans le temps et en volume ainsi que leur probable baisse globale. Cela va nécessairement nous conduire à des interventions physiques pour endiguer certains cours d'eau et à organiser des lieux de stockage ou de ralentissement des flux, à la fois pour minimiser certaines inondations, constituer des réserves sur et sous le sol (nappes) et assurer les étiages.

En tous cas les systèmes hydrologiques, comme tout système complexe, ne peuvent plus se penser dans la perspective d'une maintenance des états anciens, voire actuels, et demandent à être réorganisés au plus tôt en vue de leur adaptation aux changements attendus. Le débat pourra-t-il remplacer les conflits ?

Eau (2)

Qui pourra m'expliquer pourquoi tant de gens achètent tant d'eau en bouteille, en matière plastique* qui plus est, alors que les communes de France fournissent à chaque foyer dans leur très grande majorité, à un coût très mesuré, une eau courante, potable, de qualité et contrôlée ?

Eaux usées

L'eau* connaît des usages fort divers. Elle peut être utilisée de façon massive comme dans certains processus industriels ou pour une irrigation* soignée et rigoureuse où seule l'eau nécessaire aux plantes leur est fournie et est entièrement consommée. Mais dans la plupart des cas l'eau est simplement transformée par l'usage que l'on en fait comme par exemple celle que nous utilisons à la maison et que nous rejetons une fois souillée. En général après usage l'eau est considérée comme usée ; on la qualifie quelquefois d'eau « grise ». Ses qualités sont plus ou moins altérées ce qui détermine, en principe, le mode de traitement à mettre en œuvre. Dans certains cas il suffira d'arroser une prairie pour que son écosystème*, par ses mécanismes propres, restitue une eau pure et potable dans les nappes et les sources*. Dans d'autres situations des procédés mécaniques, biotechniques et chimiques sophistiqués seront nécessaires pour rendre l'eau propre.

Souvent, par économie, on tend à simplifier les réseaux de collecte et les modes de traitement pour n'avoir qu'un seul outil. Les eaux de pluie et de ruissellement sont mêlées aux eaux usées domestiques et industrielles en un seul réseau. En pareils cas soit la station de traitement est calculée pour éliminer la pire pollution, et cela coûte très cher alors que la plus grande partie des eaux est faiblement abîmée, soit elle peut rejeter accidentellement des eaux qui pourraient perturber momentanément les milieux d'aval sans que cela soit définitif : comme dans tous les domaines de l'environnement* il appartient à la collectivité d'évaluer l'importance du risque et de choisir*.

Jusqu'ici, plutôt par dégoût que par précaution*, on a toujours rejeté les eaux usées le plus loin possible des zones habitées et, par voie de conséquence, le plus près possible des milieux naturels liquides, rivières, lacs ou mer. On pourrait agir inversement et remonter les eaux traitées en amont des zones d'utilisation. Cela pourrait être réalisé par un système de pompage solaire ou éolien depuis des réservoirs de retenue vers des réseaux d'utilisation agricole, le nettoyage des rues, des réservoirs anti-incendies ou même vers un simple ruissellement dans les thalwegs et les ruisseaux de l'amont du bassin versant. Une utilisation agraire pour une irrigation d'herbe, de culture ou d'espace naturel, permettrait la requalification de l'eau par le sol* lui-même. Aucune eau ne pourrait ainsi être rejetée directement dans le milieu aquatique. Les lieux où l'on pourrait organiser les stockages peuvent être variés voire inattendus, comme par exemple les boucles d'échangeurs autoroutiers, les ronds-points et autres délaissés urbains ou routiers, qui conviendraient très bien aux plantes hydrophiles et aux animaux attirés par l'eau comme des batraciens ou des oiseaux.

Compte tenu de ce que l'eau devient une denrée de plus en plus rare, il est nécessaire de ne plus utiliser l'eau qu'une seule fois mais d'en prévoir un recyclage systématique. Chaque goutte d'eau arrivant sur un territoire, que ce soit par la pluie ou par une adduction artificielle devrait y être utilisée au moins deux fois et n'en repartir que par l'évaporation ou vers la nappe souterraine.

On a déjà commencé à utiliser des eaux traitées dans l'irrigation ou dans le nettoyage des voiries urbaines et il ne faut que développer cette tendance en explorant toutes les voies qu'ouvre la connaissance chimique, physique et biologique sans se laisser impressionner par des peurs fondées sur l'ignorance des mécanismes naturels d'adsorption (par exemple des métaux lourds sont adsorbés par le calcaire), de transformation ou d'assimilation des éléments contenus dans les eaux usées. Certes il restera toujours des cas où notre environnement* ne pourra pas s'accommoder de situations nocives et dangereuses et alors il faudra les traiter comme telles.

Mais au lieu d'envoyer toutes les eaux usées de Marseille, de Nice ou d'autres villes du littoral dans la mer, on pourrait les utiliser à humidifier, voire irriguer, leurs arrière-pays quitte à ce qu'elles servent simplement à ruisseler sur les collines et dans les vallons.

Pour cela il est indispensable que l'on dépasse les réticences que l'on peut avoir d'utiliser les milieux naturels ou peu artificialisés, champs cultivés, forêts*, landes, garrigues* et autres pour « digérer » nos eaux et profiter de ceux de leurs constituants qui peuvent être des fertilisants.

En tous cas cela doit s'étudier dans la perspective des probables pénuries qui nous obligent à concevoir des politiques radicalement nouvelles, qu'il s'agisse d'eau potable ou d'eaux destinées à d'autres usages.

Échelle

En matière d'environnement*, comme dans bien d'autres domaines, tout est souvent question d'échelle. Les scientifiques comme les techniciens savent bien, en principe, déterminer la dimension et la place réelles d'un objet ou d'un mécanisme pour l'étudier ou le gérer correctement sur un territoire* ou dans un système donné. Le géographe, l'écologue*, l'ingénieur* ou le paysan* sauront en qualifier les éléments, évaluer leurs caractéristiques locales et les distinguer des données externes ; ils sauront donc séparer, au sein de ce système territorial que l'on qualifie de station, ce qui en serait spécifique de ce qui serait plus banal.

Lorsque l'on conçoit ou discute un projet il faut donc avoir à l'esprit l'échelle du lieu que celui-ci va affecter, en bien comme en mal, directement ou non, et y associer les mesures indispensables à sa non-dégradation. La disparition momentanée ou définitive d'une espèce vivante, fongique, animale ou végétale que le projet risque d'entraîner concerne-t-elle l'ensemble de l'écosystème ou bien celui-ci est-il susceptible de se réorganiser sans elle ? Cela affecte-t-il l'espèce tout entière ou seulement sa présence en ce lieu ? Il n'est pas rare que l'on oublie à la fois la résilience* d'un milieu, qui lui permet d'intégrer de nouveaux éléments, et l'ubiquité* des espèces qui savent s'adapter à des changements ou se déplacer dans un milieu voisin, quitte à réapparaître le moment venu. Par exemple, après un feu* de forêt réapparaissent de nombreuses plantes que l'on n'avait plus remarquées sous le couvert boisé avant le feu : elles s'en étaient absentées ou s'y étaient prostrées en quelques refuges. Ailleurs, après un bouleversement de terrain (talus, carrière*…), ce seront les espèces pionnières* qui réinvestiront le lieu dégradé engageant la remontée écologique. Cela les évaluateurs qui sont chargés des études d'impact doivent le prendre en compte mais il n'est pas certain que les opposants à un projet, quelquefois militants* sincères, prennent toujours en considération son échelle et il peut arriver qu'ils limitent leur attention à leur propre voisinage* voire à leur confort*.

Écocide

Un écocide serait la destruction ou l'endommagement irrémédiable d'un écosystème par un acte humain, notamment par sa surexploitation ou sa destruction, intentionnelle ou non.

Ce néologisme me paraît typique de l'emphase* qui encombre notre vocabulaire pour aller jusqu'à essayer de s'introduire dans le droit de notre Pays et le droit international.

Les marées noires, la déforestation* des forêts tropicales, l'assèchement de la mer d'Aral sont parfois qualifiés d'écocide. Que ces faits soient à la fois détestables, inquiétants et toujours condamnables est évident, mais ils sont bien souvent susceptibles de réparation soit spontanée, soit provoquée. Leur condamnation, lorsqu'elle est possible et que l'on peut désigner le coupable, devrait avant tout comporter la réparation du dégât. Si les textes juridiques n'existaient pas pour les condamner, il faudrait que les parlements et les codes internationaux les intègrent dans l'outillage juridique. Mais en principe ils existent déjà dans la plupart des domaines.

Il me paraît donc peu souhaitable d'inventer un terme spécial pour un crime ou un délit effectif et évaluable qui doit déjà pouvoir être jugé et condamné. Il demeurera la difficulté de qualifier le délit et de départager un acte de gestion ou d'aménagement du territoire, accompli de manière légale et démocratique, d'une atteinte à l'environnement condamnable. Par exemple, la construction du barrage* de Serre-Ponçon dans les Alpes du Sud qui a noyé près de 3000 ha pour retenir les eaux de la Durance et de l'Ubaye à des fins de production électrique et d'irrigation de la Provence, a-t-elle été un « écocide » et l'État qui l'a promue aurait-il dû être poursuivi et condamné ?

Écologie

L'écologie est la science qui étudie les interactions des êtres vivants entre eux et avec leur milieu. Les êtres vivants, leur milieu de vie, les relations qu'ils entretiennent constituent des écosystèmes*. Ce terme est improprement utilisé lorsqu'on l'emploie dans d'autres domaines que celui de la science. Dans la plupart des cas il vaut mieux parler d'environnement*.

Écologiste

L'écologiste est un militant* politique ou associatif qui se consacre à promouvoir une politique ou des actions en faveur de l'environnement*. Ce terme repris de l'anglais où l'on confond écologue* et écologiste peut conduire à des malentendus, comme le fait également la confusion entre écologie et environnement. L'écologie est la science qui étudie les interactions des êtres vivants entre eux et avec leur milieu de vie. Comme l'économie, qui étudie les moyens et les effets de l'activité humaine, elle est une discipline académique. Il y a des partis politiques qui se dénomment écologiste, il n'y en a pas qui se qualifient d'économiste.

Pour ma part je lui préfère le terme d'environnementaliste car bien des idées que professent les personnes de cette catégorie, ou bien des actions qu'elles entreprennent, ont souvent autant de rapports avec le confort*, la nostalgie* ou avec le refus de changements qui peuvent entraîner une gêne individuelle, qu'avec le bon fonctionnement des écosystèmes* environnants.

Mais les écologistes ont les mêmes droits que les autres militants et on doit donc les inclure dans le débat démocratique pour la qualité duquel ils doivent avoir le meilleur niveau d'information possible.

Écologue

Un écologue est un praticien de la science écologique. Il ne faut le confondre ni avec un écologiste* ni avec un écolomane*.

Écolomane

J'appelle ainsi toute personne qui se réclame, sans compétence, de l'écologie* ou de l'écologisme pour intervenir dans le débat public, au point quelquefois de s'opposer à des projets pertinents, dûment et démocratiquement décidés. Dans bien des cas, les écolomanes s'expriment dans une assez grande ignorance des mécanismes écologiques en question et souvent dans le but de s'éviter un désagrément administratif, financier ou de confort*. Ils peuvent aussi simplement créer un obstacle à la vie politique de la collectivité à laquelle ils appartiennent. Il se peut même que des écolomanes se constituent en associations*, très légalement mais en usurpant les termes de l'écologie, donnant à leur discours un maquillage* environnemental.

Économie circulaire

Selon le langage ministériel « l'économie circulaire consiste à produire des biens et des services de manière durable en limitant la consommation et le gaspillage des ressources et la production des déchets. Il s'agit de passer d'une société du tout jetable à un modèle économique plus circulaire ». Dans la réalité de nos vies, il ne s'agit que de réfléchir avant d'acheter ou de jeter quoi que ce soit, l'eau* déjà utilisée dans la maison, dans la ville* ou dans l'usine, peut être réutilisée comme le métal d'un vieil outil ou d'une vieille voiture qu'on n'a pas besoin* de changer tous les deux ou trois ans, etc. Quant à la matière plastique*, avant que sa production ait été transformée en produit biodégradable, elle doit nécessairement être recyclée, sinon son utilisation doit être proscrite. Un vieux vêtement, qui sans être vintage, n'est pas nécessairement démodé et moche. Ce type de comportement se distingue du consumérisme* et peut, d'individuel devenir collectif, créant de nouveaux mécanismes artisanaux, commerciaux ou industriels visant la réutilisation, la réparation et le recyclage.

C'est un mot qui devient à la mode alors qu'on ne constate guère un changement significatif de nos pratiques : il n'est que de lire ou de regarder les annonces publicitaires de nos médias. Toutefois, certains indices laissent espérer quelques mouvements encore isolés et peu interconnnectés, allant dans le sens de pratiques plus sobres et plus économes.

Mais une économie circulaire implique aussi des changements dans notre occupation de l'espace. Par exemple, il faut de la place dans les logements pour pouvoir y conserver des objets « qui pourraient servir un jour... », il faut des ateliers de réparation et des « échangeries » proches des domiciles complétant les déchetteries, et donc repenser l'urbanisme* pour ne pas tout reporter dans les périphéries et accroître l'étalement urbain*.

L'État devra davantage contribuer à cette évolution par des outils réglementaires ou fiscaux appropriés.

Écosystème

Ce mot est entré dans le vocabulaire le plus général qui soit. De nos jours, il concerne de nombreux champs de la vie sociale et économique : écosystème financier, industriel, territorial, etc. Mais, à l'origine, il recouvre un concept écologique : c'est un système formé par un milieu physique et par la communauté des espèces qui y vivent, s'y nourrissent et s'y reproduisent.

Si nous nous tenons au sens premier des écologues*, ce terme convient parfaitement pour approcher la place de l'Homme* dans son environnement*. En effet, le lieu où nous vivons est un écosystème dans lequel nous interagissons avec nos semblables et les autres constituants de la communauté, y compris les milieux naturel, vivant et social. C'est la prise en compte de ce fait qui devrait orienter nos modes de vie plutôt que l'idée que les écosystèmes sont ailleurs, en des lieux bons à être protégés.

En réalité au sein de chaque écosystème ne cessent de se dérouler des conflits entre individus, plutôt que de se concevoir des partenariats. L'équilibre* naturel d'un système vivant que l'on se complaît à célébrer est une belle idée mais ne correspond pas à sa réalité. Il n'est en fait que le résultat momentané de la compétition entre les espèces conduisant à l'élimination de certaines d'entre elles et l'arrangement entre les autres en vue de leur survie, leur arrangement pouvant se trouver profitable à certaines.

Cela nous invite à prendre conscience de ce que les écosystèmes sont des milieux ou s'exprime une dynamique permanente, mue par des faits naturels, météoriques par exemple, et par des interventions humaines (anthropiques). Parmi celles-ci les agricultures*, les sylvicultures*, les élevages* et les autres éco-techniques* consistent à intervenir dans la dynamique du système en vue d'y privilégier le développement* de certains éléments et d'en tirer parti sans compromettre le dynamisme des écosystèmes concernés.

Bien entendu toutes ces éco-techniques se doivent d'être soucieuses de la résilience* des systèmes où elles opèrent et, comme le professent depuis longtemps les forestiers*, d'imiter la nature en hâtant son œuvre.

Ecotechnique

Certains pensent que notre décor* est définitivement fixé, comme un monument historique, et qu'il ne sera plus jamais question d'intervenir où que ce soit sous peine d'écocide* ou de délit. Notre histoire* a pourtant été une suite d'interventions sur les territoires*, certaines malheureuses, comme l'oubli de merveilleux monuments détruits puis ensevelis sous des siècles de sédiments, ou comme la destruction de merveilleuses forêts* par les défrichements* et les essartages. D'autres sont jugées plus valeureuses lorsque nos contemporains se félicitent de la beauté des paysages* (des décors) de nos campagnes* ou de nos ouvrages, châteaux, canaux, jardins*, bourgs et même voies ferrées lorsqu'elles sont peintes par Cézanne.

Je prêche pour la pratique d'éco-techniques qui, à l'instar de l'agriculture*, de la sylviculture* ou de la médecine, ont pour but d'utiliser nos milieux divers en vue de l'amélioration de notre vie collective. Pour cela il y faut intervenir. C'est déjà le cas lorsque par exemple une collectivité crée une lagune de traitement des eaux usées* plutôt qu'une station classique, dite biologique. Mais nombreux sont les domaines où l'approche écologique pourrait ouvrir des voies simples et utiles en donnant aux espaces des fonctions nouvelles ou multiples. Nous évoquons l'usage des eaux usées* dans l'irrigation* soit de cultures agricoles, soit de milieux forestiers. Nous pouvons admettre qu'une retenue d'eau pour l'irrigation* ou l'alimentation urbaine soit utile et établie avec le souci du fonctionnement biologique du bassin versant. Nous pouvons également concevoir une carrière* de pierres ou de granulats avec l'idée que lui succédera un quartier* urbain ou tout autre installation plutôt qu'une friche* abandonnée et/ou une décharge sauvage. On pourrait penser que les lieux de stockage ou de garage qui seront toujours nécessaires jusqu'à la disparition de l'automobile* individuelle puissent trouver place sous les autoroutes et voies diverses que l'on continue de construire dans les périphéries des villes, économisant ainsi les terres que l'on n'aurait plus à artificialiser. Plutôt que la réparation d'un préjudice qui serait infligé à un terrain et serait requise par l'étude d'impact, peut-être faudrait-il rechercher de doubles ou de multiples usages de l'ouvrage envisagé ? Par exemple, une cour d'école ou un parc sportif peuvent aussi être, le soir ou durant les vacances des lieux de promenade, le parking d'un supermarché peut être utilisé aux heures et jours creux par les utilisateurs d'un stade voisin. Il faudrait pour cela d'une part que l'on décloisonne les esprits et les institutions afin de les libérer de leurs normes et de les extraire de leurs couloirs*, et disposer, d'autre part, des éco-techniques le permettant. Nos jeunes ingénieurs* y trouveraient belle matière à s'exprimer.

Loin d'imaginer que nous résoudrons la totalité des problèmes que nous causent l'évolution des modes de vie et les dérèglements climatiques* et environnementaux par la technique et l'innovation, je crois que nous sommes loin d'avoir exploré toutes nos ressources d'imagination et d'inventivité pour intervenir sagement dans nos milieux de vie à l'aide de toutes les solutions éco-techniques possibles et ainsi minimiser et atténuer nos méfaits tout en nous mettant en marche vers une vie plus sobre*.

Élevage

L'élevage est l'alternative à la chasse*. Si l'on souhaite manger de la viande, du fromage ou du poisson, si l'on ne souhaite pas tuer soi-même l'animal en question, si on souhaite boire du lait, il est nécessaire que des éleveurs produisent cela à notre place.

L'évolution des techniques d'élevage terrestre a conduit à la sélection de races animales qui ont peu à peu acquis des statuts d'excellence : en France les vaches Charolaises, Aubrac, etc., l'agneau de pré-salé, le Mérinos d'Arles, le poulet de Bresse, etc., ailleurs les bœufs Angus ou Kobé… En même temps les éleveurs ont cherché à tirer le meilleur profit possible de leur activité en accroissant leur productivité, ce qui a pu les orienter vers des modes d'élevage qui ont privilégié la quantité au détriment de la qualité des produits. Il faut reconnaître qu'à la sortie de la dernière Guerre, où avaient sévi la disette et le rationnement*, la priorité était de nourrir vite et massivement, plutôt que bien et calmement. Cela a conduit certains à une mécanisation massive de l'élevage transformant l'animal en une machine à fabriquer de la viande ou du lait. La recherche de prix de revient les plus bas possible convenait d'ailleurs à tous ceux qui souhaitaient distribuer des salaires modestes, les salariés pouvant ainsi consommer de la viande. Cette évolution n'a pas pour autant supprimé le pastoralisme*.

Vient le moment où l'on se rend compte qu'une consommation de viande plus modeste est plus conforme aux besoins des gens, que l'élevage est un des émetteurs majeurs de CO_2 et que, sans doute, une réduction progressive de la production et de consommation de viande est souhaitable. Sans compter que des mouvements végétariens* et autres véganistes prônent de ne plus en consommer du tout.

Il est donc probable que l'on s'achemine vers un élevage davantage lié aux terroirs* et vers une nouvelle organisation de la production agricole associant avec plus de soins productions animales et végétales, terres cultivées, pâturages et parcours en forêt* assurant une meilleure utilisation des ressources des territoires*. On ira même vers une moindre utilisation d'aliments importés tant pour des raisons énergétiques liées au transport que pour éviter les dégradations calamiteuses des espaces d'où ils proviennent. Mais cela ne pourra occulter la nécessité de quantités importantes de produits laitiers qui ne pourront se passer d'une certaine production de masse. Le bien-être animal demeurera délicat à assurer dans ces conditions, mais il devra être plus sérieusement pris en compte comme d'ailleurs le traitement ou la valorisation des déchets* solides (fumier), liquides (lisiers) et gazeux (méthane) de ces types d'élevage. Peut-être trouvera-t-on des produits de substitution au beurre ou aux fromages issus de lipides végétaux ? Mais alors risqueront de disparaître les décors* champêtres auxquels tant sont attachés ? « Une vache qui mâche, c'est beau » chantait Charles Treinet (1913-2001). Et la couverture végétale ne serait alors plus utilisée que par les ruminants sauvages, tout aussi émetteurs de gaz à effets de serre et contrôlés uniquement par les grands prédateurs, loup*, lynx, vautour* et ours*... à défaut de chasseurs dont le nombre décroît régulièrement.

Paradoxalement si l'élevage terrestre conserve malgré tout un certain statut, notamment à propos de races célèbres, il demeure sous-estimé lorsqu'il s'agit de poissons ou de crustacés, malgré d'anciennes traditions françaises de pisciculture terrestre ou de conchyliculture.

La relative nouveauté de l'engouement pour le poisson a accéléré la surexploitation des milieux marins et la mise en place d'entreprises d'aquaculture*, souvent dans des pays en développement qui ont directement adopté des méthodes de type plus industriel qu'éco-technique*. Le lent travail des éleveurs et des zootechniciens terrestres ne semble pas avoir eu lieu chez les aquaculteurs, de sorte que si l'on recherche telle ou telle race de bœuf ou d'agneau, on n'a pas encore sélectionné de race et de provenance de crevette ou de saumon. Le choix demeure limité entre « sauvage* » ou « d'élevage ». Et, dans ce domaine, il ne me semble pas que l'on ait massivement cherché à nourrir des poissons ou des crustacés avec des produits végétaux cultivés terrestres ou marins, se contentant d'utiliser des farines, sous-produits ou produits directs de la pêche. Pas plus que l'on n'ait songé à utiliser les fameuses farines animales que l'on s'est dépêché d'incinérer plutôt que de les rendre consommables.

Par ailleurs il faut noter que les coquillages stockent le carbone* de manière quasi définitive dans leurs coquilles. On pourrait donc envisager de promouvoir une conchyliculture dont le seul but serait de constituer des récifs artificiels en des lieux choisis où le carbone serait bloqué.

Emballages

Lorsque nous rentrons chez nous, chargés de nos achats, nous voyons que souvent il y a plus d'emballages que de produits. Il nous faut alors les trier, ne pas les brûler, puis les porter, quelquefois en voiture, vers le conteneur à papier, à verre ou à plastique. Ne serait-il pas préférable d'en avoir moins ? Mais ne sommes-nous pas, nous-mêmes, la cause de ces nouvelles conduites ?

– Rapporterions nous des bouteilles et des bocaux consignés ?

– Disposons-nous d'un cabas pour transporter notre achat ou espérons-nous un sac en plastique gratuit ?

– Sommes-nous suffisamment exigeants sur le nettoyage ou le recyclage d'un cageot de bois, de carton ou de plastique, plutôt que d'en interdire la réutilisation ?

– N'abusons nous pas des facilités de la livraison à domicile, depuis la pizza jusqu'au téléphone portable qui nous arrive emballé dans une débauche de film plastique et une boîte en carton de la taille d'une boîte à chaussures ?

Les Parlements européen comme national sont comme pris de frénésie pour édicter des mesures de contrôle et de précaution* qui se traduisent toujours par davantage d'emballages et de mesures de péremption.

Je me demande si, à chacun des souhaits des gens et des décisions de leurs représentants, correspond une évaluation environnementale de leur exécution. Calcule-t-on le coût énergétique (carbone) de la production de tel ou tel mode d'emballage, de son poids, de son transport, de sa mise en distribution, de son évacuation et de sa destruction ? De la palette que l'on doit changer faute de la désinfecter ? La cagette que l'on doit détruire lorsqu'elle est en carton, est-elle recyclable, recyclée, transformée en calories, en compost* ou mise en décharge ? Les produits d'emballage en bois*, comme les éléments d'ameublement, en matières combinées (contre-plaqués ou agglomérés) sont-ils fabriqués avec des colles* fermentescibles ou combustibles sans risque ? Quant aux emballages en matière plastique*, s'ils sont contestables, leur remplacement par d'autres matières ne résoudrait pas nécessairement toute la question environnementale.

De récentes mesures réglementaires nous acheminent vers une plus grande épargne des emballages en plastique mais, si l'usage du papier, du carton et du bois comble les professions forestières, le bois et le papier utilisés devraient alors, pour le moins, avoir un deuxième usage avant d'être incinérés ... et, surtout, ne pas être abandonnés.

Emphase

En matière d'environnement*, comme dans bien d'autres moments du débat public ou privé, l'emphase prend souvent la place d'une approche écologique qui postule la complexité des systèmes, l'insuffisance des approches monothématiques et la nécessité de favoriser l'expression des idées et des sentiments les plus divers. Les discours sont jalonnés d'expressions du genre « plus jamais ça !* », « écocide* », « catastrophe écologique* », « sanctuaire* » ou encore « la maison brûle et nous regardons ailleurs » (Jacques Chirac), etc.

L'emphase peut être définie comme l'exagération d'une personne dans ses gestes et ses propos, dans sa façon de parler, dans sa démarche afin de se donner plus d'importance qu'elle n'en a en réalité ou pour donner un caractère péremptoire à son discours. Ses synonymes sont l'absence de simplicité, la grandiloquence, l'exagération, l'enflure, le pathos...

L'expérience nous montre que les réactions emphatiques ne connaissent guère de suites :

– après les inondations*, on continue de construire, dans les lits majeurs de rivières,

– après les marées noires, les bateaux continuent de dégazer et bien des compagnies arment encore des bateaux défaillants,

– après un incendie* de forêt, on délivre encore des permis de construire dans les zones boisées,

– l'industrie automobile* continue d'être aidée et on s'efforce de limiter le prix du carburant,

– l'usage de la matière plastique* d'origine pétrolière continue de se développer,

– ou encore « ça commence à bien faire avec l'environnement » (Nicolas Sarkozy).

Ce n'est pas ainsi que nous nous préparerons aux choix* qu'il va nous falloir faire au plus tôt et qui vont nécessiter réflexions, débats et délibérations*; ce n'est pas en disant à chaque occasion « je ne peux pas vous laisser dire cela » que nous facilitons la découverte en commun de voies nouvelles pour notre développement*. Admettons que nous sommes partie prenante des écosystèmes* qui nous environnent et que le réalisme exige de nous de l'écoute, de la nuance, des efforts et des renoncements plutôt que de l'arrogance et de l'emphase.

Énergie

Le temps est enfin venu où la conscience de ce que l'énergie est le moteur de la vie et des écosystèmes* se répand et semble adoptée plus largement. Nous savons tous que les plantes fonctionnent à l'énergie solaire et que tout en dépend : les animaux, les champignons, les micro-organismes et ... indirectement nous-mêmes.

Certes les scientifiques connaissent cela depuis toujours, les techniciens aussi, mais bien des gens mettent du temps à l'intégrer dans leur manière de voir le monde qui les environne. Nos sociétés se sont organisées avec l'énergie comme moyen de chauffage, d'éclairage, de mobilité ou d'industrie*, mais on n'a pas encore bien fait le lien avec l'ensemble de la vie.

Rares sont encore les références à l'énergie lorsque l'on évalue les pratiques agricoles ou industrielles, alors qu'on examine avec soin les pollutions* ou les désagréments qu'elles peuvent procurer. Le labour* est, entre autres, une injection d'énergie, accélérant, facilitant, dégradant quelquefois, les mécanismes naturels de la vie des êtres du sol*. Le train se déplace sur une voie ferrée assortie de nombreuses annexes techniques, gares, garages, équipements électriques et électroniques : compte-t-on toujours le coût énergétique de leur installation, leur fonctionnement et leur entretien ? Les panneaux voltaïques solaires, importés de loin, s'ils sont envoyés après leur usage à l'autre bout du monde pour être détruits et non recyclés, conservent-ils le même avantage sur les autres sources d'énergie ? L'intérêt pour la fourniture locale des produits alimentaires postule que plus une denrée vient de loin plus elle coûte d'énergie : a-t-on comparé les calories nécessaires à l'arrivée sur ma table aixoise d'un gigot d'agneau de Sisteron apporté par une camionnette avec celles requises par un gigot surgelé de Nouvelle Zélande acheminé en bateau par centaines de tonnes ? Peut-être quelquefois la recherche légitime de qualité et du plaisir de consommer un produit local* l'emporte-t-elle sur le coût énergétique ?

Malgré nos efforts dans le domaine des énergies renouvelables, de l'isolation thermique des lieux de vie, malgré même une certaine résignation à la ressource nucléaire, la consommation d'énergie doit être maîtrisée et l'énergie, d'où qu'elle vienne, ne peut plus être gaspillée.

Pourquoi ne pas la rationner* et taxer l'énergie ajoutée* au lieu de taxer la valeur ajoutée* ?

Engrais vert

Les engrais verts figurent depuis longtemps parmi les amendements* utilisés par les agriculteurs*; ils sont comme une domestication des couverts végétaux spontanés qui suivent l'abandon momentané de la culture d'une parcelle ; au lieu de laisser les plantes s'y développer spontanément, on sème des espèces sélectionnées de sorte que la matière organique qu'elles vont produire soit introduite dans le sol* soit en murissant ou gelant et se déposant sur la surface, soit par un acte mécanique de scarification ou de labour* ou encore par une phase de pâturage.

C'est une valorisation de l'énergie* solaire durant les périodes où la culture de production n'occupe pas le terrain. Ses intérêts sont également d'ordre biologique en ce sens que les engrais verts ont des racines* qui peuvent, selon les plantes, comme les fabacées (légumineuses), accroître l'assimilation de l'azote de l'air, mais qui dans tous les cas s'accompagnent d'un cortège d'êtres vivants, microbiens, fongiques ou animaux et apportent au sol leurs substances chimiques, sucres, acides, etc.

Contrairement aux jachères*, les cultures d'engrais vert étant pratiquées en période dérobée entre deux cultures n'occupent pas les surfaces de manière durable. En revanche, il convient d'évaluer leur apport global en quantité des récoltes qui suivent et en richesse biologique du sol et en termes de la dépense d'énergie* qu'ils nécessitent pour leur semis et leur enfouissement.

Engrais

Voir Amendement

Envie

Je ne puis éviter de revenir sur une des phrases que j'ai entendues, dès mon plus jeune âge, de mes parents, mes grands-parents et tous mes éducateurs, à l'école, chez les scouts, au catéchisme… « Es-tu sûr d'en avoir besoin ? N'en as-tu pas plutôt envie ? ».

Ce pourrait-être un extraordinaire raccourci de l'impératif environnemental qui nous est lancé.

Chacun verra.

Environnement et écologie

Il est utile de rappeler la différence entre environnement et écologie* afin de ne pas confondre l'approche politique, citoyenne et technique, avec une science :

– l'écologie est la science qui étudie les interactions des êtres vivants entre eux et avec leur milieu. Les êtres vivants, leur milieu de vie, les relations qu'ils entretiennent constituent des écosystèmes* ;

– l'environnement, quant à lui, est l'ensemble des éléments (biotiques ou abiotiques) qui entourent un individu, une espèce ou un écosystème et dont certains contribuent directement à subvenir à leurs besoins. Mais c'est également, pour la plupart d'entre nous, ce qui nous environne, c'est-à-dire notre voisinage*, le territoire* où nous nous trouvons : nos choix collectifs concernent la société et les territoires tout entiers où nous vivons. Enfin, ce terme est devenu politique du fait même de son utilisation dans les institutions et les actions publiques : environnement politique, social, industriel, etc.

L'usage s'est répandu de qualifier d'écologique ce qui touche à l'environnement, mais nos régions, nos pays*, nos terroirs* ne sont pas tous, entièrement et uniquement, des objets d'étude et de recherche, il faut les gérer, les ménager* et en prendre soin et ne pas s'en tenir à la seule connaissance scientifique des phénomènes, qui demeure tout de même essentielle. Comme le ministère de la Santé n'est pas que le ministère de la Pathologie, celui des Transports n'est pas que celui de la Cinétique, le ministère de l'Environnement ne peut pas être uniquement le ministère de l'Écologie.

Reconnaître que l'environnement tient la place centrale de notre vie revient à donner aux approches sociale, culturelle, écologique et économique, la dimension systémique qui leur manque. Cela confirme le caractère éminemment politique de l'environnement et implique que chaque décision, chaque réalisation, ait embrassé tous ses effets « collatéraux », aussi éloignés de l'objet soient-ils.

Par exemple, on ne peut plus continuer de promouvoir l'automobile* individuelle, fut-elle à propulsion électrique ou hydrogénique, pour ne protéger que le produit intérieur brut et les emplois qui lui sont actuellement dédiés, comme si ce mode de transport ne nuisait pas déjà gravement à l'environnement et si on pouvait négliger le gaspillage du territoire, la dégradation du climat* et de la diversité biologique qu'il engendre. Mais pourtant cela concerne les emplois et la nécessaire formation-reconversion des travailleurs et donc les emplois et le produit intérieur brut futurs. L'exemple de l'automobile est pédagogique et renvoie à d'innombrables autres domaines comme l'habitat*, l'énergie*, l'urbanisme*, la voirie, la distribution commerciale, etc.

De même que la construction d'une route nécessite une étude d'impact, chaque choix, même individuel, l'exige, à son échelle*, de la même manière

Épandage des eaux

Les eaux vont au plus court. Venant de la pluie, celles qui ne s'infiltrent pas dans le sol* coulent en nappe puis rapidement se rassemblent dans des thalwegs et des cours d'eau comme celles provenant d'une source naturelle ou humaine. Elles vont vers des lacs ou vers la mer. Ce n'est que rarement qu'elles s'étalent naturellement sur de larges surfaces comme c'est le cas dans les deltas ou les déserts comme les sebkhas ou les chotts du Sahara ou les Monegros d'Aragon qui sont en fait des lacs asséchés... et salés.

On peut aussi les épandre artificiellement pour faciliter leur infiltration et leur stockage dans les nappes phréatiques. On peut aussi épurer ainsi des eaux usées* par un traitement simple si les conditions biochimiques le permettent, en complément d'un traitement préalable ou encore pour moduler les effets d'un surplus d'eau de pluie afin d'éviter l'inondation* de l'aval. Dans tous ces cas, l'épandage revêt un caractère volontaire et artificiel pouvant nécessiter une intervention humaine avec, par exemple, un planage du sol, des levées de terre, des ouvrages de régulation de l'écoulement, etc.

Lorsqu'il est destiné à faciliter l'infiltration et l'enrichissement des nappes phréatiques, l'épandage doit éviter de provoquer la concentration des sels minéraux par évaporation et garantir la pureté biochimique des eaux. Avec l'épandage d'eaux usées*, traitées convenablement, on peut aussi concevoir des cultures de prairies humides ou de bois à croissance rapide, ou à entretenir une zone humide à but de diversité biologique. De nombreux terrains actuellement déjà artificialisés, comme par exemple des parkings* occasionnels, des terrains de promenade, de sport* ou de jeux rustiques, des délaissés routiers ou des boucles d'échangeurs peuvent être conçus et réalisés comme pouvant servir d'aires d'épandage de crues ou d'orages.

Décider de faciliter l'épandage et l'infiltration des eaux quelles qu'elles soient, nécessite cependant plus de soins qu'actuellement où demeure malheureusement une certaine désinvolture quant au rejet au plus tôt des eaux dans les cours d'eau ou à la mer.

L'idée quelquefois évoquée de laisser les cours d'eau déborder et divaguer procède d'une même approche et nécessite également un arbitrage public et démocratique dans la planification territoriale. Car cela peut parfois conduire à des conflits d'usage, à des dédommagements de récoltes sacrifiées, voire à l'expropriation de terres.

Équilibre

Nous sommes nombreux à avoir implicitement l'idée d'un équilibre de la nature, idéal pour les uns à travers l'art, la littérature, les religions, souhaitable pour d'autres comme étant un modèle à atteindre dans nos interventions inévitables ou désirables. Cela a conduit aussi bien à des regrets à propos des forêts primaires* perdues qu'à la recherche du climax* ou au classement d'habitats* remarquables.

Mais cette idée peut être une contre-intuition redoutable en ce sens qu'elle enferme dans des schémas de pensée sans issues.

Les phénomènes naturels eux-mêmes, telluriques et climatiques, s'étant poursuivis jusqu'à aujourd'hui, n'ont cessé de modifier les conditions de vie et de développement des milieux au cours de l'histoire* de la planète ; nous héritons de leurs effets et de leur continuation.

Nous héritons aussi des effets de l'action des Hommes*. Avant même la manifestation des changements accélérés auxquels nous assistons aujourd'hui, nos prédécesseurs sont intervenus sur leurs milieux dans toutes les parties du Monde. La modicité des changements dans leurs techniques a pu faire croire qu'ils avaient créé des équilibres, les grands bouleversements géologiques apparaissant assez peu dans les quelques millénaires de la préhistoire et de l'histoire que l'on connaît aujourd'hui. En admettant que l'accélération de ces changements ait commencé dès le Néolithique, il faut admettre tout de même que les équilibres aient déjà commencé à y être rompus.

Quand on connaît un peu l'histoire de la nature et celle des campagnes* françaises, comme nous l'a présentée Georges Duby (1919-1996), on ne peut déjà plus se référer qu'à des équilibres temporaires, tel celui constaté vers le XVIe siècle en Europe où, à techniques constantes, les crises démographiques, les épidémies et les guerres avaient arrêté la croissance de la population et, en certains lieux, en avaient même provoqué la diminution. Cela avait eu pour effet un développement important des friches et des forêts qui, par la suite, ont à nouveau été défrichées, laissant penser à un équilibre perdu.

Bâtir des politiques fondées sur la recherche de l'équilibre des milieux n'a guère de sens. Tout au plus peut-on maintenir ou promouvoir des « habitats* (milieux) modèles » à la fois pour la recherche et la pédagogie*. Cela se confronte alors aux changements de l'occupation des territoires* et peut nécessiter des interventions culturales destinées à pallier la disparition des usages agraires, à tempérer les effets des dérèglements climatiques* en cours et donc à freiner des modifications de l'environnement*. C'est le cas, entre autres, de la déprise agricole qui laisse la place aux friches, puis à des espaces boisés* plus fermés et enfin à la forêt*, supprimant des situations de lisières souvent appréciées pour leur diversité. De plus la distribution des espèces, la biodiversité* et nos manières d'occuper l'espace qui accentuent les modifications de nos rapports avec tous les milieux changent avec le climat*.

On ne peut donc pas attendre qu'un équilibre s'établisse sans assistance tant nos milieux ne cessent de se transformer. C'est ainsi qu'à l'inverse de l'ancienne devise des forestiers « imiter la nature en hâtant son œuvre », on en vient quelquefois à « limiter la nature en freinant son œuvre ».

Érosion

On avait un peu oublié l'érosion depuis que, grâce à la déprise rurale et aux travaux de restauration* des terrains en montagne, les orages*, les inondations* et les crues* avaient vu leurs effets s'estomper du fait d'une couverture végétale plus importante et plus stable. Ainsi, les précautions dans l'usage et la transformation des sols* se sont relâchées, d'autant plus que les moyens techniques de terrassement laissaient croire que l'on pouvait se protéger des désastres connus aux temps passés. Là encore les limites ont été franchies et l'évolution des conditions climatiques nous confronte à nouveau à la nécessité de changer de pratiques. Bouleverser les sols et les réseaux hydriques, ne pas tenir compte de la capacité des sols et de la végétation à ralentir les écoulements risque de conduire à une multiplication et une aggravation d'événements ou de catastrophes*. Les inondations s'assortissent d'érosions qui peuvent être très graves mais dont le rythme quelquefois lent les rend peu visibles. Mais compte tenu des dérèglements climatiques*, l'utilisation actuelle des sols forestiers, agricoles ou périurbains ne permettra peut-être pas aussi facilement qu'avant le ralentissement des écoulements et l'absorption des eaux* et ne suffira plus à éviter érosion et mouvements de terrain.

Le souci de l'érosion doit donc prendre une place accrue dans les nouveaux modes d'occupation des sols et les techniques de culture des espaces naturels et forestiers, dans le dessin des parcellaires agraires comme dans celui des nouveaux quartiers* urbains.

Espaces boisés

La notion d'espace boisé vient compléter ou corriger celle de forêt* qui a reçu au fil du temps une connotation ambiguë, la forêt étant à la fois un territoire boisé dont l'utilité première serait la production de bois et, en même temps, un territoire* à protéger, un sanctuaire*. Les uns ne considéreraient la forêt qu'à travers ses aspects dendrométriques, c'est-à-dire relatifs aux dimensions des bois récoltés, les autres ne la verraient uniquement que comme un lieu de nature. Dans le milieu forestier* mondial, la définition de la forêt postule la présence d'arbres* dont la canopée couvre une part majeure du terrain. Vue la complexité des situations où l'on trouve souvent des arbres, des arbustes et des buissons présentant de faibles densités, à défaut d'autre terme on s'est pris à utiliser le terme d'espace boisé (*wooded land*) qui indique qu'il comporte des plantes ligneuses d'une certaine envergure. Mais nombreuses sont les situations de landes, de garrigues*, de maquis* ou de friches* que l'on ne peut même pas qualifier d'espaces boisés et où pourtant s'expriment des systèmes naturels qui conduisent à l'apparition d'arbustes et d'arbres et à la forêt.

Comme pour l'ensemble des espaces non bâtis*, il nous faut donc faire un effort de clarification dans l'observation et la désignation de nos espaces dits naturels.

Espaces non bâtis

On prône plus en plus l'arrêt de l'artificialisation des terrains, tout au moins en principe. On a même inventé un terme pour en qualifier l'objectif, celui de ZAN, « zéro artificialisation nette » inscrit dans la loi.

Mais il n'est pas rare que, devant une urgence bien présentée, la collectivité ou un groupe particulier explique que de nouvelles surfaces non bâties doivent être consacrées à de nouveaux usages. Ici, ce sera une usine, là un centre commercial ou un entrepôt logistique, ou encore un ensemble de bureaux, générateurs d'emplois et d'impôts locaux, un équipement sportif, culturel (les arenas et autres zéniths), voire un centre universitaire. Ailleurs ce sera une station d'épuration ou de production d'énergie comme les centrales électriques, les « fermes* solaires » ou éoliennes ou encore un parking* public ou privé, sans compter les voiries automobiles, ferroviaires ou fluviales, les réseaux enterrés (oléoducs, aqueducs, gazoducs, etc.) ou les aéroports. On peut même voir s'ouvrir des magasins proposant des produits « biologiques », en rase campagne ! N'oublions pas, bien entendu, la prétendue nécessité d'étendre les zones à bâtir plutôt que d'accroître la contenance et la densité* des quartiers* existants à l'occasion de la confection des plans locaux d'urbanisme.

Cela nous conduit à ce que chaque décennie, la moitié environ de la surface d'un département soit confisquée à nos territoires*, dans les campagnes* mais également au sein même des métropoles*.

Il est étrange que nous ne disposions pas d'un mot adapté à un état dont l'actualité ne cesse de se manifester, celui de terrain non bâti, c'est-à-dire désignant des friches* agricoles, des parcours, des terres cultivées ou des terrains boisés, forestiers ou non. Le terme de terrains « non artificialisés » est actuellement en usage mais il recouvre des réalités différentes. Une terre cultivée pour l'agriculture* ou la sylviculture* est certes artificialisée, mais on admettra que cela n'a rien à voir avec une voie routière, un quartier* de ville, une zone industrielle ou commerciale, ou même avec un jardin* public ou celui d'une villa. Le terme qui désignerait un terrain dont l'usage ne compromet pas une possible évolution vers l'état naturel par sa seule résilience*, sans que d'importantes interventions soient nécessaires (démolition, terrassement, dépollution, apports massifs d'amendements*…) n'a pas encore été inventé.

En tous cas, les termes de terrain « libre » ou de réserve foncière quelquefois employés, correspondent trop à un vocabulaire de promoteur qui souhaite en modifier l'usage pour pouvoir être adopté.

C'est que, même dans ce domaine, notre société a laissé se constituer des différences de statut foncier et de coût, plutôt que de valeur écologique, dans les institutions comme dans la vie quotidienne des gens. La question de la propriété foncière* est difficile à aborder et à maîtriser car s'il y a un service de la production végétale, de l'élevage*, de la forêt* et des industries de transformation au ministère de l'Agriculture, un service de la protection de la nature au ministère chargé de l'Environnement, des services fonciers dans les ministères chargés de l'Équipement du territoire et du Développement industriel, etc., aucun département ministériel n'est consacré spécifiquement à cette question. Cette fragmentation se reproduit d'ailleurs au sein des collectivités territoriales. Pour le moment la question foncière demeure parmi les domaines que les pouvoirs publics semblent craindre d'aborder.

Compte tenu de ce que le mode de transmission héréditaire conduit à un fractionnement récurrent de la propriété foncière, il me paraît indispensable qu'une réflexion soit lancée sur ce sujet qui permettrait d'approcher, entre autres, une appréhension globale des espaces non bâtis, pas seulement pour enfin les nommer, mais surtout pour en organiser une gestion plus efficace et économe face à nos défis environnementaux.

Espaces verts

C'est un terme d'urbanisme* qui qualifie tout espace d'agrément végétalisé (engazonné, arboré, éventuellement planté de fleurs, d'arbres et buissons d'ornement), quelquefois garni de pièces d'eau et comportant des cheminements. Un espace vert peut être public, collectif ou particulier. Il peut être rangé parmi les objets de l'aménagement urbain et ne peut pas être confondu avec tout autre espace boisé* ou forestier. La culture des espaces verts nécessite des techniques particulières qui, au-delà des pratiques de l'agriculteur*, du jardinier, du pépiniériste ou du forestier*, doivent intégrer celles de l'urbaniste, de l'ingénieur* des villes et du paysagiste pour prendre en compte la nature et l'intensité des fréquentations et des pratiques des usagers. Les espaces boisés* du voisinage ne peuvent pas s'y substituer, notamment dans les territoires métropolitains* ou périurbains car leur gestion, qu'elle vise une certaine protection, la production de bois* et/ou l'élevage*, ne peut se prêter à une fréquentation massive par le public qui entend s'y distraire, y pique-niquer ou y faire de l'exercice.

Il peut être tentant pour le planificateur urbain de négliger les espaces verts nécessaires inclus dans le dessin de la ville en arguant de la présence d'espaces boisés dans la périphérie. Mais les uns ne remplacent pas les autres.

Espèces envahissantes

On qualifie ainsi des espèces qui s'installent dans des milieux où, jusqu'alors, elles n'avaient pas place ; il arrive parfois que l'on emploie l'anglicisme invasive. Leur arrivée est peut-être due à un déplacement naturel lié à de grands événements météoriques ou à un transport humain, volontaire ou non. Dès avant le début de notre ère, animaux et Hommes* se sont déplacés transportant avec eux plantes, bêtes, semences et boutures et notre environnement* actuel est le fruit d'innombrables intrusions qui l'ont construit. Les spécialistes* citent la « règle des 3 x 10 » selon laquelle une espèce introduite sur mille devient réellement envahissante, c'est-à-dire induit un impact écologique majeur. Pour mille espèces arrivant, neuf sur dix disparaissent, neuf sur les dix qui demeurent trouvent place dans les écosystèmes* locaux, une sur les dix qui restent peut éventuellement créer des problèmes aux écosystèmes et concurrencer les espèces indigènes.

Un changement majeur s'est produit lorsqu'aux mouvements pédestres (et donc lents) des Hommes et de leurs cultures, se sont substitués les voyages rapides et transocéaniques. Une nouvelle vague d'espèces venant des Amériques et d'Océanie a déferlé sur l'Ancien monde. Chacun connaît au moins un animal, comme la dinde, une plante comme la tomate, un arbre comme un eucalyptus qui ne serait pas là si l'on n'avait pas découvert les Amériques ou l'Australie.

Puis ces changements se sont accélérés avec le développement massif du commerce mondial, du tourisme* et de notre gourmandise alimentaire ou décorative. Certaines plantes, certains animaux ne peuvent être cultivés ou élevés que sous d'autres climats*; on les importe et ils disparaissent, mais bien d'autres peuvent l'être chez nous et être acclimatés. Cela n'est pas nouveau car les moins jeunes d'entre nous ont connu les jardins* d'acclimatation de plantes ou d'animaux qui ont été naguère la fierté de nos naturalistes. Mais la vente plus ou moins fautive de plantes ou d'animaux exotiques qui continue de se développer n'est pas de nature à ralentir les mouvements d'êtres vivants et on constate, en outre, que les dérèglements climatiques* les accélèrent. C'est ainsi, exemple parmi d'autres, que les populations de poissons et autres espèces marines, crustacés, coquillages, plantes et algues se déplacent du sud au nord, suivant les courants océaniques ou le trafic maritime (canaux de Suez et de Panama) selon la température de l'eau et l'évolution que cela provoque dans les milieux. Parmi les espèces nouvellement arrivées figurent, bien entendu, des insectes, virus et autres qui véhiculent des maladies qui, pour ne pas être inconnues, n'étaient pas « d'ici » et ne nous inquiétaient guère…

Toutes les espèces nouvelle venues ne sont pas détestables ou nuisibles : admettons nos aliments naturalisés dus à des plantes acclimatées comme le cassoulet, les frites et la ratatouille. Acceptons que l'environnement* que nous considérons comme naturel ne soit, en réalité, que le résultat de notre longue histoire*, et considérons que certaines espèces animales, végétales ou autres puissent être accueillies. Le robinier, *Robinia pseudo acacia* ou faux acacia, introduit d'Amérique du nord au XVIIe siècle par le naturaliste Jean Robin (1570-1638) en est un exemple. Cet arbre est quelquefois considéré comme envahissant alors même qu'il est cultivé et exploité depuis son arrivée en raison de l'imputrescibilité de son bois. Il se comporte même comme un pionnier utile favorisant, comme sur les pentes du Vésuve, la réapparition, sous son couvert, des espèces indigènes, chêne vert, chêne-liège, arbousier, frêne à fleurs, etc. L'exemple du cèdre est tout autant significatif. Certains le considèrent comme envahissant, ayant été (ré)introduit du Liban (*Cedrus libani*) au XVIIIe siècle et d'Algérie (*C. atlantica*) au XIXe, alors que les palynologues attestent de sa présence en régions méditerranéennes européennes avant les dernières glaciations. A propos ne souhaite-t-on pas ré-accueillir l'ours* ou le lynx ? Sont-ce des invasions ou des retours ?

Il n'est, et ne sera, pas simple de contrôler ces évolutions dans les années qui viennent et je crains qu'il ne suffise pas de polariser l'attention sur tel ou tel événement médiatique, comme l'envahissement par une grenouille, une algue, un poisson ou une écrevisse, qu'il est tout de même indispensable de contrôler. Je pense qu'il nous faut mieux évaluer et intégrer ce phénomène dans nos modes de gestion de l'environnement, surtout dans la perspective des dérèglements climatiques*.

Espèces pionnières

Une espèce pionnière est l'une des formes de vie qui s'établissent dans un milieu nouveau comme une coulée de lave volcanique ou tout autre terrain récemment perturbé (éboulis, griffe d'érosion*, glissement de terrain, incendie*, remblai, construction, friche* industrielle, carrière*...). Cette installation, que l'on qualifie volontiers de (re)colonisation, est le premier stade d'une succession écologique conduisant vers un milieu plus complexe, varié et riche.

Chacun peut observer que rares sont les lieux où rien ne vit et rien ne pousse et avec un peu de patience on verra apparaître ici ou là un lichen, une mousse, un brin d'herbe, un insecte puis, peu à peu, se développer un couvert végétal, habité d'animaux : « la nature reprend ses droits » dit-on.

On est souvent étonné de la rapidité avec laquelle cela se produit alors même que l'on ne prend en compte que les premières étapes. En fait, le processus de succession ou de remontée écologique doit prendre un certain temps et conduire jusqu'à une situation qui, sans être nécessairement définitive, peut offrir durant de longues périodes d'intéressants avantages aux territoires* et à ceux qui les habitent comme ce fut le cas des garrigues* du Languedoc.

Certaines situations sont même étonnantes comme lorsqu'on observe la croissance des pins d'Alep après l'incendie* d'une forêt méditerranéenne, leur développement rapide et l'abri qu'ils offrent après quelques décennies aux espèces feuillues les mieux adaptées au milieu, chêne vert, pubescent, etc. Ou encore l'expansion des robiniers (*Robinia pseudo acacia*) sur les pentes du Vésuve qui ont servi d'abri aux espèces indigènes de cette partie de la Campanie, chênes verts, chênes-lièges, arbousiers, frênes à fleur, etc. Pourtant, pour certains, le robinier serait une espèce envahissante*, donc à ne pas favoriser... Une espèce pionnière n'est pas nécessairement envahissante et dangereuse ; elle s'avère souvent utile.

Une connaissance plus systématique et plus fine des espèces pionnières serait bien utile à tous ceux qui ont à reconstruire des paysages*. Ces derniers pourraient ainsi éviter de ne constituer que des décors* dont on n'est jamais bien assuré qu'ils correspondent aux conditions du milieu à venir et qu'ils vont contribuer à faciliter la remontée écologique la plus adéquate.

Étalement urbain

L'étalement urbain correspond à la progression des surfaces artificialisés à la périphérie de pratiquement toutes les agglomérations, des villes* mais aussi des villages voire des hameaux. Autrefois, dans une grande partie de la France, les activités agricoles se mêlaient à l'habitat* : les remises, les bâtiments d'élevage* et de stockage faisaient partie des villages. Les mines et les industries, avec leurs corons ou leurs cités ouvrières participaient au décor* urbain, depuis Salin-de-Giraud (Bouches-du-Rhône) jusqu'à Roubaix (Nord), allant même jusqu'à des prodiges architecturaux comme à Arc-et-Senans (Doubs). Mais peu à peu les maires ont souhaité éloigner des lieux habités les établissements considérés comme désagréables, et c'est dans les années 1950 que le mécanisme s'est accéléré. Par exemple Gaston Defferre (1910-1986), maire de Marseille, en accord avec la Chambre de commerce et d'industrie, a déporté l'activité industrielle de sa ville vers les rives de l'étang de Berre, à Vitrolles, durant les décennies 1960-1970. Cela a également concerné l'habitat*, en grande partie sous forme de maisons individuelles* mais aussi d'ensembles d'habitat collectif, des bureaux, voire des établissements de soin ou universitaires et les entreprises qui nécessitent de grandes surfaces, parmi lesquelles des locaux logistiques, des centres commerciaux. Les responsables politiques et administratifs, comme les urbanistes, avaient le prétexte de la pensée de Le Corbusier qui avait promu la séparation des fonctions dans la Charte d'Athènes*. L'explosion des résidences secondaires*, sur les littoraux comme à la montagne, a largement pris sa part dans l'étalement urbain. La consommation des surfaces est de l'ordre de 20 000 ha/an pour la France métropolitaine essentiellement sur les littoraux et dans les grandes vallées. L'étalement urbain est le résultat conjugué d'une application débridée du droit de la propriété foncière*, « Je suis chez moi, je fais ce que je veux sur mon terrain », d'une braderie foncière, de la pusillanimité* des pouvoirs publics, l'État jusqu'en 1982 puis les communes, de l'invasion de l'automobile* individuelle dans nos vies, de l'individualisme, « Là où j'habite, personne ne me dérange » (et pas « Je ne dérange personne »), etc. On est heureusement en train de prendre conscience de ce que ce genre d'occupation du territoire est une impasse aux plans :

– économique, l'économie escomptée sur le foncier étant largement annulée par les coûts de l'éloignement et de la climatisation hiver/été,

– environnemental, à cause des dépenses d'énergie*, de l'émission de gaz à effet de serre et de l'artificialisation des sols* et des écosystèmes*,

– esthétique, car le mitage* désorganise les paysages* et affecte les décors*,

– social et politique, par la ségrégation de fait que cela induit et la dilution du sentiment d'appartenir à une communauté locale et de sa mixité*.

Il ne faudrait pas que les besoins criants d'habitat et d'emplois de notre Pays conduisent à perpétuer le laxisme et à procrastiner dans les nécessaires mesures à prendre pour épargner les sols et densifier les aires déjà occupées. Cela semble s'ébaucher timidement, mais il faudra quelques territoires* pionniers pour promouvoir des modèles, comme par exemple la réhabilitation de la rue et des avenues où cohabitent activités et habitat ou encore la construction de logements au-dessus des locaux de commerce, de bureaux, d'enseignement ou de service médical situés dans des zones qui étaient, en principe réservées à l'activité strictement productive. Cela nécessitera de la souplesse dans la conception et dans l'approche foncière.

Euphémisme

Alors que l'on exagère souvent en évoquant tel ou tel événement présenté comme catastrophe*, alors que notre société a une tendance affirmée pour l'emphase*, le domaine de l'environnement* est également objet d'euphémismes, de pusillanimité* et d'oublis.

Lorsqu'une entreprise, publique ou privée, déverse quelques mètres cubes d'une solution toxique dans un cours d'eau, on parle d'un accident, d'un regrettable incident et rarement d'un délit sauf si une personne physique ou morale vient à porter plainte. Lorsque tel ou tel groupe de « militants* » détruit une réalisation légalement autorisée, bâtiment, clôture, retenue d'eau ou parcelle expérimentale, on parle de désobéissance civile. Lorsqu'un individu dépose sans vergogne ses détritus domestiques sur la voie publique, on qualifie cela d'incivilité. Lorsqu'au cours de violentes manifestations politiques ou autres se trouvent détériorés, détruits ou brûlés de nombreux objets publics urbains, y compris des arbres, l'évaluation environnementale des dégâts n'est jamais publiée : est-elle seulement effectuée ? Cette posture assez généralisée de nos contemporains et de nos institutions me paraît confirmer que l'approche environnementale n'est pas encore totalement entrée dans nos modes de penser et de vivre ; non pas dans l'optique d'une « écologie punitive* » mais simplement dans un banal sens civique.

Exploitant forestier

Contrairement à l'exploitant agricole, l'exploitant forestier ne gère pas un territoire particulier. Il est entrepreneur et commerçant et a comme missions de rechercher, de récolter et d'acheter des coupes ou des produits façonnés aux propriétaires particuliers ou publics. L'exploitant forestier achète du bois sur pied, en fait de l'exploitation directe ou par sous-traitance et procède à la revente après récolte et façonnage. Il vend ses produits aux industries* de première transformation ou, s'il en est capable, il procède lui-même à leur transformation par le biais d'une entreprise qu'il a mise sur pied. Il peut avoir d'autres activités comme du reboisement*, de la sylviculture* ou de l'équipement pour son compte personnel, celui d'autres propriétaires, de communes forestières ou quelquefois pour l'Office national des forêts. En pareils cas, on l'appelle aussi entrepreneur de travaux forestiers. L'évolution technique, en particulier dans la mécanisation et la géolocalisation, a pu conduire certains exploitants à exercer des actes que l'on peut considérer comme sylvicoles : par exemple, il peut arriver que le conducteur d'un engin de coupe* se voit confié le choix des arbres à récolter à la place du sylviculteur*. Cela signifie que, comme dans tant d'autres domaines des écotechniques*, la formation* des opérateurs, comme un bûcheron par exemple, doive être de plus en plus riche et sophistiquée.

Exploitation agricole

En termes économiques une exploitation agricole désigne une entreprise (ou une partie d'une entreprise) vouée à la production agricole et caractérisée par une gestion unique et des moyens de production propres.

Au sens juridique, selon le Code rural et de la pêche maritime (article L. 311-1), sont réputées agricoles « toutes les activités correspondant à la maîtrise et à l'exploitation d'un cycle biologique de caractère végétal ou animal et constituant une ou plusieurs étapes nécessaires au déroulement de ce cycle, ainsi que les activités exercées par un exploitant agricole qui sont dans le prolongement de l'acte de production ou qui ont pour support l'exploitation ». Cette acception concerne d'autres activités comme les activités d'aquaculture* et de pêche, d'équitation, etc.

Le terme sous-entend une dimension d'entreprise où l'économie a toute sa place : exploitant agricole, contrairement à paysan*, n'est pas un état, c'est une profession. Mais cela n'implique pas systématiquement plus de productivisme* ou d'affairisme que dans les autres métiers.

Le terme d'exploitant agricole a quelquefois remplacé les mots d'agriculteur* ou de paysan. Il arrive que lui soit substitué l'anglicisme « fermier », alors qu'en France un fermier est bien un exploitant, mais il est locataire de la terre qu'il cultive et paye pour cela un fermage. Exploitant n'est pas un vilain mot*.

F

Fausses bonnes idées

Chacun doit, de son côté comme le colibri* de la légende, faire les « petits gestes » quotidiens qui devraient préserver notre environnement*. Mais souvent malheureusement ces petits gestes, faits de bonne foi, peuvent avoir des conséquences fâcheuses tant l'environnement est fait d'éléments dépendant les uns des autres au sein de systèmes à la fois économiques, sociaux, culturels ou écologiques multiples et complexes.

On ne trouvera pas ici une longue liste de ces faux amis car chacun peut en faire une à son compte. On ne citera que quelques exemples.

Le jardin* célébré comme un symbole de l'intérêt qu'on porte à la nature est un des facteurs majeurs de l'étalement urbain* en tant qu'il mobilise auprès de chaque maison individuelle une surface notable qui engendre des voiries, des surfaces imperméabilisées, des automobiles* individuelles supplémentaires, et confisque les sols* à l'agriculture* et à la forêt*. Le jardin demeurera-t-il toujours objet de culture domestique ou deviendra-t-il peu à peu un lieu de dépôt de ce qui gêne et qu'on ne veut pas jeter ? On peut y ajouter l'éventuelle piscine* qui, outre qu'elle demande à être remplie d'eau*, contribue également à l'artificialisation du sol.

Les constructions isolées faites de bois, de paille et de terre, munies d'un jardin potager, d'une réserve d'eau*, d'une éolienne et de panneaux solaires, dont les habitants, se réclamant du retour à la nature, n'échappent pourtant pas à cette logique de l'étalement urbain.

Les magasins situés en plein champ, sous la forme d'un bâtiment agricole réaménagé ou parmi les nouveaux centres commerciaux de périphérie, qui prétendent proposer aux chalands des produits agricoles et alimentaires de proximité mais qui engendrent pour leur clientèle de nouveaux déplacements en automobile et de nouvelles surfaces de parking*.

L'injonction à remplacer le courrier « papier » par des messages électroniques conduit à une surutilisation des réseaux et à une consommation d'électricité et d'énergies* qui peut excéder celle du courrier postal.

La transformation du parc automobile thermique en parc électrique ou hydrogènique ne fait que prolonger et accroître les dégâts que provoquent les voitures elles-mêmes par leur construction-destruction et les surfaces qu'elles nécessitent pour circuler et stationner.

Les règlements sanitaires ou nutritionnels, chacun promulgué dans sa propre logique, peuvent conduire à des impossibilités sociales ou à des gaspillages considérables soit au cours de la fabrication d'un produit, soit lors de sa consommation. On en vient d'ailleurs à autoriser la distribution solidaire de produits ayant été déclarés périmés peut-être plus par choix commercial que par précaution*. Et on renonce à appliquer un texte interdisant la circulation de vieilles automobiles pour ne pas pénaliser ceux qui, n'ayant les moyens de ne changer ni de lieu d'habitat*, ni d'automobile, ne disposent pas de transport collectif*.

L'interdiction, jusqu'à maintenant de l'utilisation d'eaux usées* traitées pour l'irrigation agricole, justifiée par des arguments sanitaires stricts, apparaît devant être révisée compte tenu des menaces de sécheresse qui se précisent.

Etc.

En fait si chaque mesure vaut pour elle-même elle n'est pas pour autant utile à la qualité du système social et environnemental, du fait même des contraintes qu'elle impose aux autres éléments et participants du système. Chacun devrait, à son niveau, s'efforcer d'évaluer les conséquences périphériques, donc environnementales, même lointaines et différées, de ses choix d'investissement et de consommation sans succomber à l'apparence de ses fausses bonnes idées.

Ferme

Une ferme est, au sens propre, une entreprise exploitée par un fermier sous le régime d'une location de longue durée avec un loyer annuel fixe dénommé fermage.

L'anglicisme fermier (*farmer*) a malencontreusement remplacé les appellations françaises d'agriculteur*, de paysan* ou d'exploitant agricole*.

Quant au mot ferme il peut aussi désigner les bâtiments et les installations d'une exploitation agricole, même si celle-ci est en gestion directe par son propriétaire, ce qui accroît le risque d'amalgame entre fermier et agriculteur*.

On nous présente maintenant des fermes solaires ou éoliennes qui semblent maquiller en vert* des installations strictement industrielles, alors même qu'elles n'ont pas à se dissimuler. Pourquoi ne pas parler alors de fermes pétrolières ou nucléaires ? Il y a aussi des fermes aquacoles qui pour n'être pas nécessairement industrielles n'ont, elles aussi, guère à voir avec une location.

Fête

Même aux temps les plus stricts de la prégnance religieuse sur les sociétés, la fête était autorisée, tolérée, voire encouragée au moment du Carnaval. Elle marquait la continuité des religions européennes antiques, à la manière des Lupercales de Rome, des Bacchanales ou des Dionysies de Grèce, pour ne s'en tenir qu'à l'Antiquité. Plus simplement, au sein des familles les plus modestes comme les plus fortunées on « tue le veau gras » pour les noces, les baptêmes, les circoncisions ou les funérailles. Dans la communauté citoyenne, on célèbre tout autant les événements historiques comme la Fête nationale que des moments de partage comme les manifestations sportives. Ces festivités ne sont que rarement contestées et les gens acceptent volontiers qu'elles soient en partie à la charge de la collectivité car elles sont considérées comme essentielles à la vie en commun.

On pourrait certes se demander s'il est bien nécessaire de dépenser tant d'argent et d'énergie* pour réunir chaque semaine des dizaines de milliers de personnes autour d'un stade, venant souvent de pays plus ou moins proches, pour soutenir une équipe, en fêter la victoire dans la liesse ou en déplorer la défaite, de tirer des feux d'artifice ou d'illuminer les villes. Mais on ne le discute pas, et on a raison, car même en temps de crise, de guerre ou de catastrophe*, on sait que la fête aide chacun à libérer ses énergies et sa créativité en partage avec les autres de la manière la plus ouverte et éclectique. On dit aussi que cela permet de « faire société », c'est-à-dire de faire système.

C'est pourquoi même si on a l'environnement* à cœur et qu'on adopte une conduite sobre, il est très peu opérant d'interdire les fêtes tant elles sont nécessaires à l'expression de la mixité*, de l'imagination et de la diversité. Il suffit d'avoir en tête que, comme lorsqu'il s'agit d'urgence*, il faut seulement être en situation de rétablir aussitôt après les éventuels désordres environnementaux que cela aura pu engendrer.

Feux de forêts

Bien que les feux de forêts aient affecté les Landes en 1949 de manière dramatique, jusqu'à une date récente les feux de forêts étaient considérés comme concernant les régions et les pays circumméditerranéens ou des pays plus lointains, souvent eux aussi sous climat méditerranéen. En France ils étaient déjà l'objet d'une préoccupation qui « enflammait » l'opinion* à chaque saison, sans plus.

Mais les dérèglements climatiques* comme les changements dans l'utilisation des espaces tendent à généraliser et banaliser les incendies bien au-delà des régions soumises à un climat méditerranéen. Alors que nous voyons s'étendre les zones où les feux se produisent, en France, en Bretagne ou dans les Vosges par exemple, ou dans le nord du Canada, la question semble intéresser davantage de monde jusqu'à devenir cruciale. Mais elle est encore principalement soulevée pour des raisons de sécurité civile et d'occupation du territoire. La prise en compte des biens non naturels comme les habitations ou les locaux professionnels prime toujours dans les tactiques de lutte sur les espaces naturels, l'incendie étant considéré jusqu'ici comme pénalisant les Hommes* et leurs biens plutôt que les écosystèmes*.

Pour que la lutte soit efficace, il faut que le risque d'incendie soit intégré le plus tôt possible dans l'aménagement* et l'occupation du territoire*. Il devient donc urgent que, lors de la rédaction des documents d'urbanisme* ou de la délivrance des permis de construire, la précaution contre les incendies devienne prioritaire. Une telle mesure de précaution vaut pour toutes les surfaces livrées à l'artificialisation, que l'on doit limiter au maximum, tout autant que pour les voies et les réseaux d'accès des zones à défendre contre le feu qui se situent généralement en dehors des zones habitées.

Car il y a d'un côté les habitants des quartiers sinistrés se plaignant de l'incurie des pouvoirs publics, sans regretter d'avoir souvent insisté pour pouvoir construire leur maison en des lieux dangereux et, de l'autre, des gens déplorant à la fois que l'on ne prenne pas soin des milieux naturels mais qu'on y ouvre des pistes d'accès pour les pompiers et qu'on y impose des débroussaillements sur les coupures de combustible*, le long des routes et autour des constructions. Il y aussi des gens qui aimeraient voir se perpétuer d'immenses superficies forestières vierges (ou primaires*) qui, de nos jours, se trouvent en danger du fait même de leur « virginité ».

Il faut savoir que le feu dépend de l'état du peuplement végétal et assez peu des espèces qui le constituent. Les spécialistes distinguent l'inflammabilité de la combustibilité, la première étant déterminante dans le départ d'un incendie.

C'est pourquoi une des mesures majeures de la prévention des feux est l'élimination des strates herbacées et buissonnantes des lieux fréquentés et susceptibles de recevoir la première étincelle, comme les bords de routes et de chemins et les alentours des constructions, ce qui justifie les obligations légales de débroussaillement (OLD).

Une fois le feu démarré, et s'il n'est pas stoppé dans les premiers instants, il se propage en hauteur et en surface à la faveur de la compacité de la végétation davantage qu'en raison de la nature des plantes. Un boisement dense de chênes verts et d'autres essences feuillues brûlera aussi bien qu'un bois de pins maritimes ou d'Alep. En revanche, une plantation où les arbres sont éloignés les uns des autres et élagués sera plus facile à défendre. Compte tenu de cela le souci de voir implantées des espèces « moins combustibles » est assez vain.

Les feux de forêts dont on a réduit l'impact au cours des dernières décennies dans la région méditerranéenne française, au prix d'énormes dépenses d'argent public, ne seront cependant jamais éliminés, même si les services de prévention et de lutte sont de mieux en mieux formés et équipés, et si les citoyens, notamment les pompiers volontaires et les personnes impliquées dans les comités communaux feux de forêt, se dévouent avec sérieux.

D'une part les changements de climat* à l'œuvre rendent les causes naturelles de feu plus nombreuses et plus importantes et dans une aire de plus en plus étendue. L'aridité concerne des superficies de plus en plus vastes et selon les scénarios des météorologues, des climatologues et des écologues*, la « méditerranéité » est en train de gagner près de la moitié de la France. Car le feu est favorisé par trois facteurs liés à l'aridité du climat : la sécheresse du sol* et des plantes, la température de l'air et la vitesse des vents, qui s'aggravent tous dans la plupart des régions.

D'autre part la déprise* agricole, la spéculation foncière et l'étalement urbain* continuent de conduire à l'abandon d'énormes surfaces de terres autrefois cultivées et laissent la végétation coloniser des parcelles isolées et non gérées jusqu'au plus près des zones bâties. Constructions, friches*, broussailles et bois s'entremêlent au point qu'il y est très difficile aux pompiers de mettre en œuvre des techniques radicales de lutte. La même déprise agricole a transformé en quasi-déserts* des milieux ruraux autrefois cultivés, où seuls subsistent des résidents, citadins ou touristes, qui ne cultivent plus ni leurs terres ni leurs forêts*, ce qui homogénéise les couverts végétaux et rend les feux plus puissants.

Enfin, on assiste depuis peu à l'apparition de « méga-feux » ainsi nommés non seulement pour la taille des surfaces concernées mais pour la puissance du phénomène thermique que l'on attribue aux changements du climat. Le méga-feu est une sorte d'ouragan de feu que, pour le moment, on ne sait guère combattre.

Sans doute parce que cela concerne des lieux qu'on aime bien regarder ou visiter, en Europe on a évité la tendance qui s'était manifestée aux États-Unis et en Australie de considérer les feux de forêt comme un élément naturel utile au dynamisme des écosystèmes. Maintenant que les feux de forêts concernent des régions de plus en plus nombreuses et éloignées de la Méditerranée*, on ne peut que se féliciter de n'avoir pas succombé au *let it burn*, au « laisser brûler » des Américains, même s'ils ont constaté que de nombreuses espèces comme les séquoias ne peuvent se régénérer qu'après l'incendie car leurs graines ont besoin d'un choc thermique pour germer et d'un sol* dénudé pour s'y implanter. Ici, on n'apprécie pas un décor* abîmé et noirci ! Sans compter que les feux émettent d'énormes quantités de gaz carbonique dont on se passerait volontiers et affaiblissent momentanément les capacités des peuplements forestiers à stocker le carbone*.

La reconstitution* des milieux incendiés est rarement bien assurée par des reboisements*, contrairement à ce qu'on pourrait croire.

En tous cas le slogan « zéro incendie » qu'on entend souvent est un rêve car il y aura toujours des incendies. L'essentiel est d'en limiter les risques par la précaution* de chacun et des pratiques où le forestier* et le pompier coopèrent au moyen de techniques éprouvées et grâce à un esprit de responsabilité partagée. On sait aussi que les méga-feux vont se multiplier, ce qui nécessitera des techniques de lutte et d'aménagement forestier* entièrement renouvelées. Il y a là des défis pour la recherche, tant dans les domaines écologique et forestier que dans celui des modes de lutte, qui doit mettre au point de nouvelles techniques à inventer ou à adapter à chaque contexte particulier. Je sais que les chercheurs y travaillent mais il ne faut pas leur en limiter les moyens.

Une politique déterminée est aussi à inventer pour limiter l'imbrication du bâti (habitat* et autres usages) et des milieux naturels.

Fongicide

Parmi les pesticides* les fongicides sont destinés à lutter contre les maladies dues aux champignons.

A leur sujet on peut adopter la même approche que pour les insectes* et les insecticides.

Forestier

Un forestier est une personne qui exerce son activité professionnelle ou militante* dans la forêt*, dans les disciplines relatives à sa connaissance, à sa culture, à sa protection et sa promotion et dans les activités économiques que tout cela engendre. Cette dénomination ne se limite pas aux seuls acteurs, propriétaires privés, techniciens et ingénieurs* spécialisés dans la sylviculture*.

Forêt

Une forêt, selon la FAO (Organisation des Nations Uunies pour l'alimentation et l'agriculture), est définie comme un terrain d'une superficie de plus de 0,5 ha (5 000 m^2) avec des arbres atteignant une hauteur supérieure à 5 mètres et un couvert forestier de plus de 10%. Cette définition ne précise pas si les arbres sont spontanés ou issus de plantations.

C'est, qu'historiquement, les États ont nommé forêts les espaces susceptibles de produire essentiellement du bois. Dans bien des cas, d'autres mots désignent des milieux où la nature s'exprime le plus librement possible et où le bois n'est pas exclusif ; on y fait paître ses animaux, on y chasse*, on y effectue des pèlerinages... Les Provençaux ont leur colline*, les Languedociens leur garrigue*, les Corses leur maquis, les Portugais leur *mata* et les Espagnols leur *monte*, les Grecs la *phrygana*, d'autres leur matorral (USA), leur *fynbos* ou leur *bush* (Afrique du Sud)...

Bien des états ont, de longue date, confié la charge des forêts à un ministère régissant la production de bois, et cela justifie que la définition internationale ait été largement admise. Certaines administrations, comme les Monarchies françaises, avaient comme confisqué l'usage des forêts aux populations locales aux bénéfices de la production industrielle (énergie*, construction terrestre et navale...) et des loisirs des puissants, ne laissant aux voisins que quelques droits de ramassage du bois mort.

Les naturalistes se sont exprimés à ce propos depuis quelques siècles. Pour eux, comme d'ailleurs pour les poètes, la forêt est un écosystème* complexe et riche, offrant de nombreux habitats* à de nombreuses espèces et populations animales, végétales, fongiques et microbiennes, entretenant entre elles des relations d'interdépendance et approchant une situation d'accomplissement voire d'équilibre* écologique. On a, un temps, utilisé le terme de climax*. Dans ces acceptions plutôt en usage dans les milieux tempérés ou intertropicaux, la forêt est un système largement évolué où l'arbre* est toujours massivement présent alors qu'il est de nombreux cas, comme sous les climats* méditerranéens* ou boréaux, où les arbres peuvent être rares. C'est ainsi qu'en Algérie, le ministre des Forêts lui-même justifie la présence d'un service forestier dans la *wilaya* (circonscription administrative) de Béchar au Sahara, car la gestion du désert* y nécessite des techniques qui s'apparentent à celles des forestiers*.

Alors que la FAO, institution dédiée aux ressources agricoles, évalue à 50 millions d'hectares les forêts de la région circumméditerranéenne, nous sommes, avec Omar Mhirit, chercheur forestier marocain, quelques-uns à les évaluer à 100 millions d'hectares car nous y incluons des terrains où l'arbre a sans doute été présent mais dont il a été chassé par le feu, le défrichement*, l'érosion* et où il pourra réapparaître si on lui en laisse la possibilité.

Mais il est une donnée que partagent, du moins je l'espère, les deux approches, celle des naturalistes et celle des sylviculteurs*, c'est l'aspect naturel, le plus souvent spontané, du peuplement et de son évolution. On acceptera ici de considérer les actes de sylviculture* comme pouvant aider la nature à atteindre les objectifs que la société lui assigne. Et on conviendra de ce que les parcelles de ligniculture* (peupliers comme en Italie, platanes comme en Catalogne, eucalyptus au Portugal) ne font pas de la forêt.

J'ai d'ailleurs proposé que, conformément à l'étymologie de ce nom, on considère les forêts comme les terrains les plus marginaux dans les circuits de l'économie agraire ou industrielle et, de ce fait, soumises à la plus faible pression anthropique : *foris* en latin, signifie l'extérieur, le dehors. On peut ajouter que le terme latin *silva* – qui a donné sylviculture* – renvoie au sauvage*, lui aussi loin des humains.

Les forêts du Monde sont donc les territoires terrestres où l'artificialisation* est la plus faible et où la nature exprime le plus librement possible les dynamiques de la vie. Certains de mes amis forestiers ne souscrivent pas à cette approche car elle conduit à prendre en compte des territoires où l'arbre ne domine pas et cela les invite à sortir de leur couloir*.

Compte tenu de la diversité des climats et des organisations sociales et politiques, les forêts sont très différentes selon leur localisation, et on ne peut guère les considérer de manière globale, que dans un discours tellement général qu'il ne peut être opérationnel. Qui osera mettre dans une même approche les forêts humides intertropicales et les forêts et les taïgas boréales ? Qui pourra confondre en un même discours les forêts d'altitude des Andes, de l'Himalaya ou des Alpes centrales avec les forêts méditerranéennes ou avec les savanes proches des déserts d'Afrique ou d'Amérique du Nord comme du Sud ? Pourtant les Commissions des Nations Unies consacrées au climat, à la diversité ou à la désertification, sont organisées par continents politiques, de sorte que la cédraie du Liban est abordée avec la forêt indonésienne et la *dehesa** andalouse avec les forêts de l'Oural !

Ainsi, si la forêt est un concept universel utile à une pensée environnementale globale elle est, pour chacun d'entre nous, un objet majeur et particulier de nos territoires* de vie relevant donc de notre culture, de nos pratiques et nos techniques et de nos choix politiques.

Forêt primaire

Dans l'esprit de certains, il est des forêts* où l'Homme* ne serait jamais allé, où il n'aurait jamais vécu. Peut-être y en a-t-il, mais au fur et à mesure que les historiens et les anthropologues avancent dans leurs travaux, on se rend compte que pratiquement toutes les forêts ont connu la présence humaine à un moment ou à un autre de leur passé. Cela a pu se produire il y a très longtemps ou a pu durer un temps relativement court à l'échelle de l'histoire humaine, du moins de celle que nous prenons en compte : il y a, ou il y a eu, pratiquement partout des habitants dans les forêts, mais comme ils ne sont pas comme nous...

On s'achemine maintenant vers une définition plus souple qui qualifie de forêt primaire celle où des populations autochtones peuvent vivre en faible nombre et n'influer qu'à la marge sur les dynamiques des écosystèmes*. Celles de ce type demeurent quand même très rares.

Il n'empêche que de (très) vieilles forêts, outre qu'il est agréable de savoir qu'elles existent et qu'elles sont belles à regarder comme tous les objets témoignant du passé, sont utiles à une meilleure connaissance des écosystèmes* naturels et à leur dynamique, bien qu'au fil du temps les conditions climatiques aient changé et soient appelées à changer encore.

Je crois judicieux de projeter la préservation de noyaux forestiers pour une très longue durée, c'est-à-dire pour plusieurs siècles, ne serait-ce qu'à tout hasard, mais il ne faudrait pas prétendre en faire des forêts primaires, surtout lorsqu'il s'agit de parcelles ou de massifs à portée de métropoles ou de grands lieux touristiques où il est illusoire d'y espérer l'absence de fréquentation ou de dérangements dus à l'Homme*. Mais en pareils cas, de tels projets se doivent de garantir « pour toujours » des mesures de protection que nos lois actuelles ne permettent peut-être pas encore, interdisant par exemple des constructions d'ouvrages de transit, routes, voies ferrées, gazo-, oleo- ou autres aque- ducs, ou des projets « indispensables » comme l'ont été le Centre d'études atomiques de Cadarache et ITER (Bouches-du-Rhône) dans une des plus belles forêts domaniales des départements littoraux méditerranéens français.

S'il devenait possible de retenir de tels projets, la préservation de leurs territoires impliquerait obligatoirement une veille et une organisation de défense contre les incendies* et autres atteintes humaines qui nécessiterait des mises en défens drastiques sur de très larges périphéries. Et il ne faudrait pas compter en faire des lieux de visite, voire de loisirs...

Forêts publiques, forêts privées

En France, les 18 millions d'hectares de forêts* (selon la nomenclature internationale) appartiennent pour les deux tiers à des particuliers et un tiers aux collectivités publiques, État, collectivités locales, communes et départements, et à quelques établissements publics. Les forêts domaniales (de l'État) sont gérées statutairement par l'Office national des forêts. Depuis quelques années les autres forêts publiques peuvent faire l'objet de contrats de gestion passés avec des prestataires de service divers.

Les forêts appartenant à des particuliers peuvent bénéficier de l'appui d'un établissement public, le Centre national de la propriété forestière. Leur gestion est le fait de leurs propriétaires et celles de plus de 25 ha sont tenues par les textes d'être conduites selon un plan simple de gestion qui en définit l'aménagement*.

Contrairement à ce que pensent bien de nos concitoyens, dans tous les cas les forêts ont un propriétaire, qu'il soit une collectivité publique, une société ou une personne. Comme toutes les propriétés privées elles sont protégées en tant que telles par la loi et nul ne peut y exercer quelque activité – ne serait-ce que la promenade – sans l'accord du propriétaire, d'ailleurs souvent implicite. Les différentes activités peuvent y être soit réglementées soit interdites.

Forêt urbaine

Voici un oxymore pour le moins inquiétant car il est comme une synthèse des relations ambiguës entre nos contemporains, l'environnement* et la nature. J'ai proposé que l'on considère et définisse la forêt* comme un lieu où la pression anthropique est la plus faible. Vouloir créer une forêt urbaine sur la place de la Mairie reviendrait à laisser la nature développer ses dynamiques biologiques au milieu d'un quartier* de ville* où les pratiques sont tout sauf favoriser les mécanismes spontanés de la vie.

Je veux bien que le terme soit utilisé pour frapper les esprits mais cette communication* tend à propager l'idée que la forêt serait un lieu artificiel, uniquement destiné à la délectation*, à la promenade et aux loisirs. Un tel état d'esprit implique que l'on fasse fi de la compatibilité systémique entre les ensembles naturels (microbiens, fongiques, végétaux, animaux) qui, en principe, constituent une forêt et l'usage nécessairement intensif qu'en font les citadins. On ne va pas planter une forêt urbaine pour en interdire l'accès !

Mieux vaut parler de parc* urbain.

Formation

Nous avons hérité d'un système de formation (éducation) qui, naguère, a pu être jugé remarquable. En est-il toujours ainsi ? Jeter un regard en arrière n'est pas nécessairement nostalgique* et peut aider à concevoir des aménagements dans la formation que l'on dispense en vue des multiples transitions qui se profilent.

Les questions relatives à l'environnement* sont complexes et nécessitent toutes des approches systémiques. Or, si les formations sont d'un niveau de plus en plus élevé, elles sont aussi de plus en plus spécialisées et, si la connaissance requiert de la spécialisation, la mise en œuvre de quelque projet que ce soit requiert la combinaison de nombreuses approches. Chaque spécialiste*, qu'il soit agriculteur*, artisan*, ingénieur*, médecin ou professeur doit s'intéresser à la spécialité des autres. Il ne s'agit pas, bien entendu, que nous pensions tous la même chose, mais que nous apprenions à nous parler, nous écouter, débattre et échanger. Chacun pour sa formation doit recevoir le meilleur de ce qui se sait et, pour l'exercice de sa tâche, doit savoir écouter tous les autres et les comprendre. Bref, chacun doit sortir de son couloir*.

Si autrefois nous recevions des « leçons de chose » dans des écoles où le savoir était largement partagé entre tous, nous rencontrons maintenant des savants, des docteurs ou des ingénieurs qui n'ont jamais rencontré un agriculteur, un artisan ou un ouvrier au cours de leur vie. De l'école primaire à l'université ou la grande école, chacun est davantage entraîné à réussir à ses concours qu'à connaître ses contemporains et leurs particularités sociales et culturelles. De ce fait, venus à la vie active, professionnelle ou politique, ils ne soupçonnent ni les réalités sociales et environnementales des milieux pour lesquels ils auront à concevoir un projet, ni les conditions dans lesquelles il sera réalisé.

J'appartiens à la génération qui a connu les classes* « pilote » – ou nouvelles – où les professeurs encadraient en équipe les études du milieu, qu'élèves nous faisions par groupes et où nous prenions en compte la géographie physique et humaine, le patrimoine naturel et archéologique, les activités économiques, agricoles, artisanales, industrielles, ainsi, bien sûr, qu'une grande diversité d'activités culturelles, etc. Cela coûtait du temps aux professeurs mais apportait aux élèves de l'ouverture d'esprit et de l'enthousiasme.

On aura du mal à concevoir et à mettre en œuvre des politiques et des pratiques radicalement nouvelles pour les transitions nécessaires si les citoyens et les acteurs économiques continuent d'être aussi ignorants les uns des autres. La disparition progressive des activités périscolaires, des mouvements de jeunesse, des colonies de vacances, du service militaire, la privatisation des activités culturelles et sportives ont progressivement éloigné les gens les uns des autres de sorte que l'appel aux jeunes* pour l'environnement n'a plus guère de sens.

Je pense qu'il nous faut revenir à l'école unique où tous se mélangent, quitte à intervenir pour favoriser la mixité* sociale et créer des temps de rencontre des jeunes de même classe d'âge où tous seraient à la fois mêlés et rassemblés dans des internats (pour la classe de seconde ou de première par exemple) hors des lieux et des milieux de leur enfance. Cela leur permettrait d'apprendre à connaître d'autres personnes et d'autres endroits. Enfin il paraît indispensable de généraliser l'apprentissage, plutôt que de simples stages, à tous les niveaux afin que même les plus diplômés aient vécu autant de stades que possible de la vie professionnelle. Il n'y a guère les élèves architectes « grattaient » (exerçaient des tâches modestes) dans les agences de leurs prédécesseurs, les médecins ont l'internat, pourquoi les autres ne n'auraient-ils pas un système équivalent ?

Friche

Une friche est, à l'origine, un terrain dont l'exploitation (champ, prairie*, verger, vigne, jardin*...) a été abandonnée, laissé en libre évolution. Cela conduit à sa colonisation par une végétation spontanée. Le terme de friche est maintenant utilisé pour qualifier plus généralement l'abandon de bien d'autres usages ; on parle de friche urbaine ou industrielle. Dans ces situations les dynamiques spontanées de colonisation végétale se présentent de manière différente de celles des espaces non bâtis*.

Les friches peuvent connaître des évolutions diverses :

– les friches agricoles peuvent être remises en culture, laissées à leur évolution spontanée vers la forêt* ou, malheureusement, abandonnées à une urbanisation qui aggrave l'étalement urbain* ;

– les friches urbaines et industrielles peuvent demeurer en l'état pour cause de spéculation. Elles devraient être plus sérieusement surveillées et consacrées de manière plus systématique à une recomposition urbaine économe d'espace. Mais elles pourraient aussi se prêter à une revégétalisation dans le cadre d'un projet de parc* urbain ou de jardins partagés*.

Une friche, due à l'abandon, ne doit pas être confondue avec une jachère* qui revêt une situation programmée et temporaire.

G

Golf

Le golf est, comme bien d'autres activités physiques, à la fois un sport et un divertissement. Mais il est encore considéré comme une pratique de luxe, comme l'était le tennis il y a cinquante ou soixante ans.

L'ayant pratiqué très modestement, j'ai pris conscience de ce que cette activité physique de plein-air est de celles que peuvent exercer les personnes âgées, tout comme les sportifs plus jeunes et être l'objet de compétitions. Ce sport est d'autant plus prisé qu'il s'exerce en des lieux agréables. J'ai pu constater également que leurs surfaces (autour de 100 hectares) procurent bien plus d'emplois que celles consacrées à l'agriculture de plein champ. Contrairement à une idée répandue leur implantation et leur entretien peuvent se satisfaire de sols* d'une fertilité modeste, sauf pour les greens (les 9 ou 18 petites aires où se terminent les phases du jeu) et les surfaces d'entraînement qui nécessitent une herbe soigneusement cultivée. Les premières versions du parcours de Saint-Gély-du Fesc (Hérault), géré à l'origine par des chercheurs du Centre national de la recherche scientifique (CNRS) en vue d'un parcours pastoral, l'avaient démontré. Enfin le standard de 9 ou 18 trous ne paraît pas intangible. Un parcours de 6 trous suffirait pour qui souhaiterait ne jouer que pour son plaisir et ne consacrer qu'un temps limité à ce divertissement salutaire. Il nécessiterait moins de surface et pourrait être plus proche des lieux d'habitat à l'instar d'autres installations sportives ou de promenade, devenant ainsi accessible à un plus grand nombre et en particulier aux plus jeunes*.

L'actuel mode d'occupation urbaine et industrielle du territoire*, fort consommateur et stérilisateur d'espace de manière souvent incohérente, laisse (délaisse) entre villes*, villages et zones d'activités diverses des surfaces qu'on ne souhaite plus voir urbanisées ou imperméabilisées. De tels espaces pourraient heureusement se prêter au golf comme à des jardins partagés* qui n'imperméabilisent pas le sol. Le temps est passé où des promoteurs « malins » tentaient de contourner les interdictions de bâtir dans des zones naturelles en proposant des lotissements* déguisés autour d'un parcours de golf.

En région méditerranéenne, comme pour celles dont le climat va s'aridifier et où le danger d'incendie* va s'accroître, certains parcours de golf pourraient même être conçus comme des coupures de combustible* au sein des forêts* et autres espaces boisés (collines*, garrigues, maquis) et leur irrigation* être assurée par des eaux usées* traitées provenant des stations d'épuration.

Je pense que le golf est accusé à tort d'être réservé aux riches car il est en train de se démocratiser et ne mérite pas l'opprobre dont il est couvert. Il justifie qu'on lui consacre de l'espace au même titre que de nombreuses autres activités physiques de plein-air, et n'attente pas davantage aux sols* et à l'environnement* que les sports équestres, le cyclisme tout-terrain ou autres.

Ce n'est pas un vilain mot*

Grands ensembles

Voir Résidences

Greenwashing

Voir Maquillage en vert

H

Habitat (1)

L'habitat est d'abord le lieu que l'on habite, sa maison, son appartement, son quartier*, sa commune, etc.

Cela revêt déjà de nombreux aspects environnementaux qui concernent notamment :

– le lieu même, « Ma maison est-elle bien située pour ma famille, pour les voisins, pour la collectivité ? »,

– la surface de sol artificialisé, la distance aux lieux où se pratique la vie sociale et professionnelle,

– le mode de construction, accès, orientation, matériau, raccord aux réseaux, chauffage et réfrigération, isolation.

Tout cela nous renvoie aux questions posées sur les jardins*, l'automobile*, l'urbanisme*, la piscine*, etc. Mais les conditions d'habitat dépendent également des modèles qui déterminent le choix de bien d'entre nous. La tendance lourde des sept dernières décennies peut se résumer en deux pratiques :

– la construction hâtive et massive d'ensembles immobiliers au plus bas coût construits à la chaîne, en référence à la séparation des fonctions préconisée dès 1933, sous l'égide de Le Corbusier, par la Charte d'Athènes* par laquelle on séparait les fonctions d'habiter, de travailler, de se recréer (se divertir) et de circuler ;

– l'étalement urbain*, sous les prétextes de la rationalité et de l'hygiène, promu comme une sorte d'antidote à la promiscuité des ensembles. En vérité ces prétextes cachent des raisons bien plus prosaïques comme la disponibilité et le prix des terrains, la désinvolture et la pusillanimité* des pouvoirs publics qui ne s'attachent guère à en maîtriser l'artificialisation.

La maison individuelle* offrait à leurs habitants, à moindre coût du moins à court terme, l'espace que ne fournissent pas les ensembles d'immeubles. Plutôt que de proposer des appartements larges, avec des terrasses et une pièce supplémentaire, des services partagés (laverie, piscine, chambre d'amis, salle de télétravail, jardin…) on a préféré que chacun se débrouille sur sa parcelle, sans souci de l'artificialisation d'énormes surfaces et sans que cela contribue à la mixité* des activités et des gens. Le résultat est que les habitants ne songent qu'à une maison individuelle*, ou à une résidence secondaire*. Ce qui accroît d'autant les surfaces artificialisées.

Notre Pays est un de ceux où il y a le plus de résidences secondaires, ce qui conduit à disperser les moyens que l'on consacre à l'habitat et à restreindre les ressources allouées à la maison principale, où l'on réside en permanence, au profit d'une autre où l'on ne se rend que rarement.

Une politique de l'habitat raisonnable doit donc, à l'évidence, ne pas se limiter au nombre des habitations construites, mais prendre en compte les agréments des logements, leur voisinage*et leur environnement*.

Habitat (2)

Mais l'habitat est, pour les écologues*, un concept bien différent. Pour eux un habitat est l'environnement* naturel ou le lieu dans lequel vit un organisme. Il ne faut pas le confondre avec l'écosystème* qui est l'unité fonctionnelle dans laquelle les plantes, les animaux, les micro-organismes et le milieu physique interagissent. Il y a plusieurs habitats dans un écosystème, autant qu'il y a d'espèces, comme plusieurs appartements dans un immeuble.

Cette approche s'est distinguée de celle des premiers naturalistes, qui limitaient souvent leurs observations aux seules espèces, animales ou végétales ; ils ont laissé place aux écologues pour qui compte l'ensemble de l'écosystème. La prise en compte du concept d'habitat a également rendu explicites les précautions que prenaient naturellement bien des aménagistes forestiers* dans leurs projets sylvicoles. Elle se généralise dans la gestion des espaces naturels.

Parmi les pratiques récentes le programme européen Natura 2000, qui relève de la « Directive habitats » de 1992 de la Communauté européenne, a conduit à ce que l'on délimite dans notre Pays près de 1400 Zones spéciales de conservation (ZSC). Cela oblige l'aménagiste à prendre soin non seulement de telle espèce que l'on juge précieuse, mais surtout du milieu où elle se développe. La gestion des habitats implique donc davantage que la seule protection de leur état au moment de leur désignation et peut justifier des interventions d'ordre cultural. Ainsi par exemple au sommet du Mont-Ventoux, le forestier* est amené à freiner l'expansion des arbres* au profit des éboulis, milieu particulier que l'on souhaite maintenir en l'état parce qu'il abrite un grand nombre d'espèces d'un grand intérêt écologique, botanique, zoologique et patrimonial. Ailleurs, ce seront les lisières entre milieux boisés et cultivés qui se trouveront protégées en tant qu'habitat remarquable de telle ou telle espèce animale ou végétale. Ces mesures de protection nécessitent de limiter la colonisation par la végétation des parcelles que l'agriculteur* cesse de cultiver et donc la substitution d'un cultivateur par un autre.

Prenons en compte que le programme Natura 2000 est aujourd'hui confronté tout de même aux effets du dérèglement climatique* car celui-ci affecte les éléments des habitats comme la ressource en eau* et les températures, moyennes et extrêmes. Va-t-on pouvoir maintenir les habitats anciens, faudra-t-il s'organiser pour en observer l'évolution, se mettre à les cultiver pour tenter de conserver les situations antérieures ou simplement les abandonner à leur sort et en choisir d'autres ?

Histoire

Notre environnement, familial, local, national et mondial est le produit de ce que nos prédécesseurs en ont fait, depuis l'organisation des habitats* néolithiques jusqu'aux premières approches de la Lune. Les historiens s'efforcent de rendre compte des péripéties humaines en tenant compte de l'évolution des conditions des milieux incluant les lieux, leurs habitants et leurs conditions de vie. Ainsi, les situations dans lesquelles nous nous trouvons aujourd'hui relèvent-elle de faits et de décisions qui remontent à plus ou moins longtemps et que nous gagnons toujours à connaître.

Deux exemples suffisent à le comprendre cela :

– dans les montagnes et les collines de bien des régions du Monde, en Amérique du Sud, en Asie ou dans les pays méditerranéens, les terrasses, les banquettes ont été créés par les paysans* pour obtenir des surfaces planes à cultiver et pour lutter contre l'érosion*. Ces travaux remontent à différentes époques en fonction des besoins alimentaires des populations, donc des besoins en terres cultivables. Ces pratiques ancestrales ont alors modifié la topographie locale et les sols* ;

– le développement de l'automobile* a conduit nos prédécesseurs à négliger le chemin de fer, le train et le tramway, et à dessiner des réseaux routiers et autoroutiers qui ont transformé massivement le paysage*urbain et, de ce fait, on fait exploser la consommation d'hydrocarbures* fossiles.

Certaines des modifications de nos écosystèmes sont aujourd'hui célébrées comme des acquis précieux, qu'il s'agisse de l'assainissement de marais vecteurs de malaria par les moines du Moyen Âge, de la création à la même époque des hortillonnages d'Amiens ou des impressionnants ouvrages hydrauliques comme par exemple l'aqueduc romain du Pont-du-Gard, l'œuvre plus récente d'Adam de Craponne (1526-1576) autour des Alpilles, ou plus proche encore de nous, le Canal du Midi de Pierre-Paul Riquet (1609-1680). D'autres n'ont pas été aussi heureux, comme par exemple certains étalements urbains*, voies de communication ou zones d'activités en plein champs.

Ces exemples montrent que notre environnement* n'est pas la résultante des seuls processus naturels et que l'écologie* n'est pas la seule discipline qui permette de le comprendre. Si la restauration* des terrains en montagne, entreprise au milieu du XIXe (lois RTM de 1860 et 1882), nous a donné les magnifiques reboisements du Mont-Ventoux, des Alpes du Sud, de l'Aigoual et autre Rialsesse (Aude), c'est que la société d'alors l'a décidé et l'a financé, que les Hommes* l'ont réalisée et qu'ainsi ils ont changé le cours de l'évolution spontanée de ces territoires* que les anciens avaient laissé se dégrader, pour des raisons sans doute compréhensibles.

Les naturalistes s'efforcent d'analyser les conditions historiques de l'apparition, de l'installation, de l'expansion ou de la disparition de telle espèce ou de telle association d'espèces. Les forestiers* ont également pour règle de rechercher, aussi loin qu'ils le peuvent, l'histoire du lieu et du peuplement qui l'occupe. Il n'en va pas de même pour d'autres agents économiques, y compris certains agriculteurs*, lorsqu'ils décident d'adopter de nouvelles techniques ou d'installer de nouveaux équipements. C'est ainsi que des pratiques de remembrement*, jugées commodes pour la mécanisation de l'agriculture, ont quelquefois (souvent ?) négligé une analyse historique des milieux, se bornant à une approche essentiellement foncière et topographique, en en oubliant les éco-logiques mises en place par les anciens, peut-être dues au hasard de leur modèle économique. On peut en dire autant des procédés d'équipement du territoire qui ont ignoré les bio-logiques des milieux, rompant sans soucis les liens vitaux entre les êtres vivants, végétaux et animaux ; nous avions appelé cela la « trame verte » dès 1971 dans les Bouches-du-Rhône. Les historiens pourraient sans doute nous aider à mieux comprendre les causes humaines qui ont conduit à la situation actuelle de notre environnement et leurs effets momentanés puis récurrents. Ce sont souvent des interventions assez récentes de l'ordre d'un siècle ou deux qui ont le plus influé sur les systèmes naturels agraires ou urbains qui s'offrent à nous aujourd'hui. Ces phénomènes sont jugés quelquefois positifs, en particulier parce qu'ils ont façonné les décors* de notre mémoire, ou négatifs car ils ont introduit des nuisances* dont on ne sait pas encore se soustraire, comme par exemple celles de sites industriels ou miniers très pollués. Ces changements se sont même accélérés au cours de l'après-guerre, les « Trente glorieuses », pour l'agriculture*, l'industrie* et l'urbanisation. Mais l'histoire ne nous invite pas à revenir en arrière vers une situation qui aurait été idéale ou détestable. En revanche, l'analyse des causes de certaines situations pourrait nous inciter à des précautions d'ordre économique ou social qui nous éviteraient de commettre de nouvelles erreurs.

Malgré les lois actuelles qui imposent d'entourer les travaux de précautions archéologiques et écologiques et les études d'impact, qui sont d'ailleurs souvent dénoncées comme freinant le développement*, les précautions*, quand on en prend, se cantonnent souvent à une approche très locale, factuelle, superficielle et contemporaine de l'opération ou de l'ouvrage envisagé, sans remettre en cause les raisons et les conditions de son choix. C'est ainsi que bien souvent, malgré les pressions intenses des archéologues, des sites archéologiques majeurs risquent d'être à jamais perdus car fouillés trop vite et trop superficiellement.

La prise en compte de l'histoire de systèmes territoriaux plus larges serait à considérer. Cela devrait nous aider non pas nécessairement à interdire ou à condamner tel projet ou telle technique, mais plutôt à comprendre les raisons et les mécanismes qui avaient conduit nos prédécesseurs à façonner le milieu que nous nous préparons à transformer. Cela nous permettrait de valoriser les qualités environnementales du lieu concerné, d'en tirer parti, ou au contraire d'évaluer les dégâts qui ont pu être commis et de les réparer à la faveur d'interventions adéquates.

On ne peut pas organiser un festival dans toutes les carrières* abandonnées et un musée dans toutes les usines vides, mais on peut, par exemple, profiter de la réalisation d'un nouveau quartier* en récupérant les friches* urbaines, en réorganisant l'habitat* diffus, en remembrant les terres voisines et en revitalisant tout autour les réseaux écologiques que l'opération aurait dérangés, l'historien contribuant à leur évaluation.

Dans le domaine forestier le Groupe d'histoire des forêts françaises montre (il n'est sans doute pas le seul) une voie qu'il serait bon de généraliser dans la conception de l'aménagement du territoire*.

Homme

Autant je comprends les personnes publiques, syndicalistes, politiciens, commentateurs, lorsqu'elles disent « les hommes et les femmes » ou plus rarement « les femmes et les hommes », autant je ne souhaite pas m'y résoudre lorsque j'évoque quelque chose qui concerne un individu ou un groupe appartenant à l'espèce humaine ; comme je n'aime pas utiliser le mot « humain » pour les qualifier. Je préfère les « Droits de l'Homme » aux « Droits humains ».

Les espèces dioïques, celles où les sexes sont séparés, sont fréquentes dans le règne végétal et concernent la quasi-totalité du règne animal auquel appartient *Homo sapiens*.

Aussi utilisé-je la majuscule dans « Homme » pour n'avoir à écrire ni « hommes et femmes » ou « femmes et hommes », ni « humains » ou « êtres humains ». Comme j'écris « Pays* » lorsqu'il s'agit nommément d'un pays donné et en particulier du nôtre, la France.

Les Hommes font toujours partie d'un ou de plusieurs systèmes et écosystèmes* et ils y jouent donc des rôles. Ceux-ci peuvent être néfastes lorsqu'ils dégradent leur voisinage * et leur environnement* de manière irréversible ou difficilement réversible. Mais leurs actions peuvent aussi être positives lorsqu'elles consistent à prévenir ou à soigner des maladies, à réparer des dégradations, comme ce fut le cas dans la restauration* des terrains en montagne, ou lorsque leurs pratiques orientent le dynamisme des écosystèmes en vue de produire des biens utiles à la communauté humaine et à l'écosystème cultivé, lorsqu'elles consistent à « imiter la nature en hâtant son œuvre ».

Humus

L'humus constitue la couche supérieure du sol* créée, entretenue et modifiée par la décomposition de la matière organique, principalement par l'action combinée des animaux, depuis les rongeurs jusqu'aux vers*, mollusques et autres myriapodes, bactéries et champignons du sol. C'est l'humus qui apporte l'essentiel de l'alimentation carbonée nécessaire aux plantes, en lien avec l'eau* et les apports minéraux que contiennent les éléments géologiques de la roche mère. L'humus est une matière complexe, souple et aérée, qui absorbe et retient l'eau, avec un pH dépendant de la combinaison entre la matière organique et les minéraux du sol. La nature et la structure de l'humus sont variables selon qu'il se forme en milieu forestier, prairial ou en milieu plus intensément cultivé. Les humus varient avec les sols, les climats* et les végétations. D'une manière générale, plus le couvert végétal est ancien et dense, plus l'humus est riche et complet. C'est donc dans les sols des forêts* les plus évoluées que l'on trouve les humus les plus riches. L'idée d'un humus idéal relève de la même approche que celle d'une nature idéale qui n'aurait été l'objet d'aucune intervention humaine durant une très longue période.

Le sylviculteur*, l'éleveur ou l'agriculteur* devraient toujours avoir comme souci majeur d'exploiter l'humus avec la plus grande précaution, puisque le but est de tirer profit de l'espace naturel et du sol sans en compromettre la qualité et la pérennité. D'où la nécessité de pratiques garantissant une bonne résilience* des milieux, notamment en évitant de cantonner les sols à n'être qu'un simple support physique des cultures comme c'est le cas extrême en hydroponie*. C'est pourquoi, si tous les travaux du sol comme certains labours* ou autres scarifications n'ont pas à être systématiquement proscrits, ils doivent s'inscrire dans la perspective d'un maintien optimal de son potentiel humique par des apports d'amendements*, des assolements* ou des jachères*, tous d'une dimension mesurée.

N'oublions pas l'étymologie du mot qui est la même que celle du mot humilité, proche du sol.

Hydrocarbures

Un hydrocarbure est un composé organique constitué exclusivement d'atomes de carbone et d'hydrogène. Tous les êtres vivants sont constitués en grande partie d'hydrocarbures.

Sous forme fossile, les hydrocarbures, le charbon puis le pétrole et le gaz naturel, ont constitué une ressource essentielle pour l'économie bien avant la révolution industrielle. Ce sont des ressources non renouvelables dont certains gisements commencent localement à être très coûteux et difficiles à exploiter bien que cela ne dérange guère leurs extracteurs.

Utilisés pour la production de matériaux, ils ont permis des innovations considérables comme les matières plastiques* ou d'autres produits chimiques (engrais*, pesticides*, produits de lavage, peintures*, médicaments*, etc.). On n'a pas sérieusement exploré et développé les techniques destinées à les détruire ou les recycler. Lorsqu'ils sont utilisés pour produire de l'énergie* ils deviennent une des sources majeures de gaz à effet de serre, ce qui ne les rend pas très sympathiques.

Il faut tout de même noter qu'étant d'origine organique, les hydrocarbures bruts sont souvent métabolisés, certes lentement, par les milieux naturels comme cela s'est avéré à la suite des odieuses marées noires autour de la Bretagne.

Aussi, plutôt que d'en faire un vilain mot* il faut apprendre à mieux les utiliser, avec précaution et modération et uniquement quand ils sont irremplaçables.

Hydroponie

L'hydroponie, ou culture hydroponique, est un des aboutissements de l'artificialisation des sols* qui consiste à cultiver les plantes « hors sol » sur un substrat neutre et inerte (sable, pouzzolane, billes d'argile, laine de roche, etc.), irrigué d'un courant de solution qui apporte les sels minéraux et les nutriments essentiels à la plante.

Ce type de culture a été et demeure utile à la recherche en vue d'améliorer nos connaissances sur la biologie des plantes, leur reproduction, leur sélection, leur physiologie, etc. La démarche scientifique peut conduire à éliminer expérimentalement certains éléments des écosystèmes où elles vivent naturellement de manière à identifier leur fonction dans la croissance des plantes.

Les méthodes hydroponiques ont pris une importance économique majeure dans certains pays où l'on développe une culture maraîchère indépendamment des conditions du milieu. Le climat* est reconstitué car la lumière, la température et l'humidité sont entièrement programmés et contrôlés par des machines. Ces techniques permettent de produire des tomates en plein hiver, comme nombre d'autres produits, mais à quel coût énergétique et avec quel goût ?

Si on a pu croire un instant en la généralisation de telles techniques à l'époque des énergies fossiles, si certains pays où le pétrole est gratuit peuvent encore penser développer une telle agriculture, il ne paraît pas raisonnable de tabler sur une généralisation de l'hydroponie à fins agricoles.

En revanche peut-être n'est-il pas totalement exclu que des cultures hydroponiques d'algues ou de plantes aquatiques puissent être développées pour produire de l'énergie* issue de la biomasse en recyclant des eaux usées* ou des déchets*.

Hypocrisie

On ne peut que constater que l'hypocrisie, fréquente dans nos propres discours et dans le débat politique, tient une place majeure dans le domaine de l'environnement.

Passons sur le « faites ce que je suggère mais pas ce que je fais », que chacun d'entre nous (ou presque) peut pratiquer, et portons notre attention sur le domaine public et collectif, donc politique. Voici quelques exemples :

– Chacun peut comprendre que si les 3 à 4 milliards d'adultes actifs vivant sur la planète avaient une automobile*, que celle-ci soit thermique, électrique ou de tout autre mode de propulsion, fut-il parfaitement décarboné, la planète ne pourrait supporter un tel fardeau ne serait-ce que par la place qui lui est nécessaire pour stationner et se déplacer. Sans compter les besoins en matières premières et en énergie* carbonée pour leur fabrication, leur fonctionnement, puis leur démolition et leur recyclage. Les plus « écologistes* » de nos personnels politiques n'évoquent jamais la perspective de l'exclusion de l'automobile individuelle de notre mode de vie. Certes, à court et moyen terme, il est délicat de défendre ce point de vue auprès des industriels et des syndicats ouvriers et plus facile de défendre la relocalisation en France ou en Europe des fabriques d'automobiles à condition qu'elles soient électriques ! En revanche le passage d'une agriculture* trop chimique vers des modes plus soucieux de l'environnement* est sommé d'être réalisé immédiatement alors qu'une telle reconversion nécessite des délais compatibles avec le renouvellement technique et économique des exploitations.

– Lorsqu'une ministre a évoqué l'incongruité de l'habitat* pavillonnaire elle a été agonie de critiques s'appuyant sur la défense d'un mode d'urbanisme largement défendu, voire promu, par les milieux politiques et entrepreneuriaux, même si ce mode de vie est générateur de gaspillage de sols et d'énergie pour le chauffage ou le rafraîchissement et les déplacements. La chanson de Jean Ferrat (1930-2010) sur les HLM et le poulet aux hormones n'avaient pas provoqué le même émoi !

– Comment trier de bon gré ses ordures et déchets* domestiques alors même qu'on continue de nous vendre des emballages* inconsidérés et des produits destinés à être démodés ou dégradés le plus vite possible ?

Les exemples de ce genre peuvent être multipliés en grand nombre. Ils nous invitent à distinguer le rôle des milieux scientifiques et des groupes militants* dont les fonctions sont de mettre en évidence les contradictions et les impasses auxquelles nous sommes sans cesse soumis, de celui des élus politiques dont le devoir est d'organiser le changement plutôt que d'en nier le bien-fondé et la nécessité.

On peut comprendre que telle évolution agricole, industrielle, médicale, urbanistique ou architecturale nécessite, malgré l'urgence*, des délais, de la patience et des mesures d'adaptation et d'accompagnement, mais on ne peut supporter ni la procrastination et le report de mesures que les décideurs devraient prendre, ni la négation des méfaits passés, présents et annoncés de telle ou telle mesure qu'ils s'apprêtent encore à prendre ou même qu'ils viennent de promulguer.

I

Impôt

L'impôt est l'un des prélèvements obligatoires effectué par voie d'autorité par la puissance publique, l'État et les collectivités territoriales, auprès des personnes ou des entreprises vivant sur son territoire* ou y possédant des intérêts. Bien qu'il soit obligatoire (imposé) il est quelquefois qualifié de contribution (acceptée). Sans contrepartie individuelle directe pour le contribuable, ce prélèvement est destiné à être affecté par l'intermédiaire des budgets publics aux réalisations et aux services d'utilité générale. Dans les états démocratiques, le pouvoir de fixer, de lever et d'affecter l'impôt est de la compétence exclusive des pouvoirs délibérants.

L'impôt peut être aussi un outil d'orientation. La collectivité peut en exempter des ressources consacrées à des usages souhaités comme l'isolation thermique des habitations ou l'aide à une association* d'intérêt général, soit au contraire l'imputer à des usages jugés néfastes comme pour le tabac par exemple. Dans ce sens, il est vraisemblable que l'impôt puisse être très utile à la promotion de mesures environnementales. Mais il est abusif de le qualifier de punitif* car, contrairement à une amende qui est une sanction pénale, l'impôt est décidé démocratiquement et s'applique à tous.

Notons qu'une taxe sur l'énergie ajoutée* serait sans doute plus pertinente que la taxe à la valeur ajoutée* ou tout autre « prélèvement-carbone » dans la perspective de lutter contre le dérèglement climatique*.

Incendies

Voir Feux de forêts

Industrie

Pour les paléontologues et les archéologues, le mot industrie signifie « activité humaine productive ». Ce terme qualifie alors l'habileté à faire quelque chose, l'invention, le savoir-faire. Progressivement et particulièrement à l'époque moderne, le mot s'est focalisé sur les activités professionnelles, artisanales et plus largement encore sur toute activité visant à produire systématiquement des objets en grande quantité. On peut aussi admettre que l'activité industrielle consiste à mettre en œuvre tout ce qui concourt à accroître la productivité du travail humain.

Ce faisant, l'industrie a pu revêtir des formes démesurées et parfois funestes par les dimensions physiques des carrières*, des mines et des usines et par les effets collatéraux néfastes, comme les pollutions*, l'encombrement ou les trafics que l'industrie moderne induit, qu'il s'agisse de l'obtention des produits de base, de l'extraction des matières premières, de la production d'énergie* ou de produits divers. Sans parler des modes de diffusion et de distribution, ainsi que de la manière d'utiliser le travail humain ou de se défausser des déchets*. On doit même déplorer que certaines entreprises industrielles, motivées par la seule recherche du profit, soient devenues insensibles à la santé des utilisateurs et des consommateurs de leurs produits.

A cause de ces dysfonctionnements et abus, les mots industrie ou industriel sont parfois devenus de vilains mots*, l'adjectif industriel étant devenu péjoratif, par exemple quand on parle « d'agriculture industrielle », ou de « nourriture industrielle », alors même que dans le même temps l'on se prend à vanter l'industrie culturelle. Imaginerait-on un agriculteur sans son tracteur ou sa pompe ?

Un meunier sans moulin ? Un médecin sans radiologie ? Un maçon sans grue ? Un chanteur sans sonorisation ? S'ils ne sont pas des industriels, ils ont tout de même besoin des outils que l'industrie leur procure. On ne peut pas ainsi pénaliser toute activité humaine productive en lui associant systématiquement un qualificatif inapproprié.

Il nous faudrait trouver un autre mot pour qualifier ce qui est moche ou ce que l'on déteste.

Ingénieur

L'ingénieur est un professionnel dont la tâche est de concevoir et de mettre en œuvre des processus en vue de la production d'objets, de systèmes ou de services. L'ingénieur met en pratique la plus large gamme possible des connaissances qu'apporte la science, ce qui le distingue de l'artisan* dont le métier est plutôt de reproduire les gestes professionnels qui lui sont transmis par la tradition et l'apprentissage, bien qu'au cours de sa formation il reçoive, lui aussi, des informations provenant de la science.

La production à laquelle participe l'ingénieur, pour être utile, doit intégrer les facteurs sociaux, environnementaux et économiques de nature à contribuer au développement* durable. Il ne suffit donc pas à tel ou telle spécialiste d'exceller dans une matière touchant à l'environnement*, qu'elle soit d'ordre biologique, chimique, physique, constructiviste, sociale, administrative ou autre. Encore faut-il qu'il ait reçu une formation* qui lui permette d'intégrer ses compétences dans le cadre nécessairement plus large de la société. Ainsi un spécialiste* en génie civil, s'il n'a pas reçu de culture dans le domaine biologique, social ou économique est un technicien plutôt qu'un ingénieur. Et une personne se revendiquant ingénieur écologue*, si elle ne connaît que la science écologique et ignore les réalités des sociétés, des territoires* et de leurs équipements demeure un spécialiste* appréciable, mais ne peut être considérée comme ingénieur.

La formation d'ingénieur peut, bien entendu, être reçue aussi bien par la pratique professionnelle que par une formation initiale spécialisée, mais trop d'exemples montrent malheureusement que l'absence d'une vision systémique conduit souvent les meilleurs spécialistes à proposer des décisions qui peuvent affecter gravement l'environnement*. En pareil cas, l'approche n'étant pas systémique, la démarche aboutit à des débats, des oppositions, des plaidoiries voire des conflits non pas entre personnes collaborant au bien commun, mais entre militants*.

La pratique systémique de l'environnementaliste, si elle doit intégrer rigoureusement les données de toutes les sciences et connaissances concernées, se doit d'en combiner les prescriptions sans privilégier telle ou telle approche qui ne toucherait qu'une partie seulement du système. Un ornithologue ne peut seul concevoir un parc urbain, même si les oiseaux y sont nécessaires, pas plus qu'un pédologue ne peut concevoir seul un remblai d'autoroute sans l'avis des nombreux autres spécialistes concernés.

Aussi je suggère qu'au lieu d'accoler de manière commerciale une mention « environnement » dans l'intitulé d'un diplôme de mastère ou d'ingénieur, on institue un cycle complémentaire où seraient dispensées les connaissances indispensables à l'intégration des autres approches qu'implique l'action environnementale.

On pourrait alors exciper honnêtement de la qualité d'ingénieur environnementaliste.

Inondation

Les inondations sont des incidents, voire des accidents, fréquents, dues à des crues*, à des tempêtes ou des orages* violents. Généralement, on les oublie vite sauf s'ils sont vraiment catastrophiques comme par exemple l'inondation de la vallée de la Roya (Alpes-Maritimes, 2021) qui a tout détruit sur son passage.

Les orages et la fonte des neiges sont irréguliers à peu près partout et nos plaines et nos vallées sont faites des successions des processus d'érosion* et de sédimentation dus aux inondations.

Un problème soulevé par les inondations, et le risque qu'elles se multiplient et s'aggravent avec les dérèglements climatiques*, est l'implantation d'habitations ou autres bâtiments dans le lit majeur des rivières, ce qui les expose dangereusement. Par ailleurs de nombreuses villes se sont installées le long des rivières en raison des multiples bienfaits apportés par les cours d'eau* : agriculture*, pêche, commerce, transit.

Bien des inondations ont revêtu des aspects dramatiques du fait de l'oubli et de la négligence. Par exemple, à Sommières (Gard) traversée par le Vidourle, un pont du Ier siècle avait vingt arches destinées à laisser s'écouler le fleuve. Au cours de l'histoire depuis le Moyen-Âge, il a été comme digéré par la ville, et les maisons l'ayant entouré, les arches ayant été utilisées comme remises et caves, elles sont donc devenues des obstacles à l'écoulement des eaux. Lors des dernières crues (2002), la ville a été une fois de plus gravement inondée.

Des inondations de sinistre mémoire eurent lieu à Paris (1910), Florence (1966) ou dans les villes riveraines du Rhin (2021) et du Rhône comme à Avignon ou Arles.

Il y a plusieurs manières de se protéger des inondations :

– en évitant d'installer des biens précieux (habitations, établissements divers, etc.) et des Hommes* dans des zones inondables,

– en s'efforçant de canaliser les cours d'eau susceptibles de déborder, mais cela atteint vite ses limites,

– en aménageant des bassins de rétention à l'amont des rivières qui pourraient être dangereuses, comme c'est le cas pour la Seine en amont de Paris,

– en ne construisant qu'en élévation, sur pilotis ou levées de terre.

Mais les probabilités de survenue des crues, estimées de manière statistique, ne s'imposent que très mal face à l'oubli : comment admettre qu'une crue dite centennale puisse se reproduire au bout de cinq ans aussi bien qu'après deux siècles ?

Les dérèglements climatiques sont annoncés comme devant accroître les phénomènes extrêmes, et il est probable que crues et inondations vont se multiplier et s'aggraver.

Ces prédictions invitent à une prudence accrue dans l'affectation des sols, tant de la part de la collectivité que des particuliers. Des textes récents contribuent à limiter les droits d'installation dans de telles zones, notamment le décret du 5 juillet 2019 relatif aux plans de prévention des risques concernant les « aléas de débordement de cours d'eau et de submersion marine ». Les objectifs principaux des plans de prévention du risque d'inondation sont :

– le contrôle des investissements en zone inondable sur la base d'une crue de référence, afin de ne pas exposer la population et les biens aux risques d'inondation, de réduire la vulnérabilité de ce qui existe déjà, de ne pas aggraver les risques ou d'en provoquer de nouveaux ;

– la préservation des champs d'expansion des crues et des zones non urbanisées.

On ne pourra guère admettre que des gens ayant construit sciemment leur maison en zone inondable s'exonèrent de leurs responsabilités et les reportent sur leur assurance* après un sinistre. Ils pourront toutefois accuser la puissance publique qui ne les en aura pas empêchés par pusillanimité*.

Insecte

Les insectes sont nos compagnons dans la vie, sur nous-mêmes, comme les puces et les poux, à la maison comme les punaises, les mites ou les cafards et dans la campagne où mouches, moustiques et autres guêpes nous dérangent et nous blessent, nous et nos animaux, et où nombre d'entre eux dégradent cultures et récoltes. Ils sont aussi grandement utiles, ne serait-ce que par les rôles qu'ils jouent dans la fécondation des fleurs, dans la facilitation des échanges entre les êtres vivants, dans la digestion et le recyclage des déchets, etc. Ils appartiennent ainsi à la chaîne du vivant, se nourrissant eux-mêmes d'autres insectes comme de quasiment tous les éléments de notre environnement*, depuis les micro-organismes du sol jusqu'aux arbres* et aux animaux ; et ils sont la nourriture de tous les prédateurs possibles : oiseaux, poissons, amphibiens, etc. On peut en dire autant des champignons eux aussi fondamentaux et en même temps vecteurs de maladies. Dans des écosystèmes* sans Hommes* tout cela irait sans doute pour le mieux, les fameux équilibres* écologiques s'établiraient ou s'adapteraient en fonction des changements éventuels des conditions structurales et météoriques. Avec la présence humaine il en va autrement, car les projets des sociétés ont plutôt été orientés pour tirer un bénéfice de la nature, pour manger, se vêtir, se protéger des intempéries, pour se sentir bien. De ce fait nos ancêtres ont entrepris de se protéger des prédateurs qui les gênaient le plus, des animaux pouvant donner la mort, comme les fauves ou les serpents, ceux qui pouvaient apporter des maladies ou encore qui pouvaient dégrader les biens et les réserves de nourriture ; parmi ceux-ci les insectes tiennent une bonne place car ils peuvent anéantir des années entières de récoltes et de nourriture. On a donc cherché à s'en protéger. On peut alors soit les éliminer totalement, ce qui n'est guère possible mais qui a malheureusement pu se produire, soit en limiter la profusion, c'est-à-dire en faisant la part du feu leur laissant des marges de manœuvre.

Il y a plusieurs manières d'éloigner des insectes d'un territoire :

– en établissant, dans les locaux d'habitation ou de production (ateliers, serres...) des barrières physiques, comme les moustiquaires des portes, des fenêtres et des lits ;

– en éliminant ce pourquoi les insectes indésirables sont venus : pas de carottes, pas de parasites des carottes !

– en favorisant la présence de prédateurs, si possible spécifiques, c'est-à-dire en pilotant l'écosystème cultivé en faveur de la récolte que l'on attend ; c'est dans cette optique que se situe la lutte biologique* selon laquelle on introduit dans le milieu des prédateurs élevés dans ce but. Par exemple on diffuse la bactérie *Bacillus thuringiensis* contre la chenille processionnaire du pin (*Thaumetopoea pityocampa*) et d'autres lépidoptères. On s'efforce également de préserver et de favoriser la variété de l'environnement* des cultures : jachères*, bosquets, haies, talus, rigoles, mares, etc. constituent des habitats* favorables aux oiseaux et autres animaux (rongeurs, reptiles, amphibiens...) dont nombreux sont prédateurs des insectes ;

– en leur administrant un poison si possible spécifique. Mais en général les poisons ne le sont pas et tuent bien d'autres espèces que celle visée, ce qui invite à n'utiliser les poisons qu'en cas d'absolue nécessité.

Le rôle du médecin, du vétérinaire, du cultivateur, agriculteur* ou sylviculteur*, est de jouer sur le clavier que lui propose la technique dans l'optique de sauvegarder du mieux possible les Hommes eux-mêmes, leurs productions et le milieu qu'ils ménagent*.

Irrigation

L'irrigation consiste à apporter à une plante ou à une culture la quantité d'eau* nécessaire à sa croissance et à son développement : qu'il s'agisse d'un pot de fleurs sur un balcon ou d'un champ de maïs, l'eau est nécessaire. On peut laisser faire la nature et ne cultiver que ce à quoi le climat permet de pousser ; c'est ce qu'ont du faire les cueilleurs du Paléolithique avant que leurs successeurs du Néolithique n'entreprennent d'intervenir dans les cycles de la vie.

Les vestiges les plus anciens, sur tous les continents, donnent à admirer les prodiges techniques des ingénieurs* et des urbanistes pour apporter de l'eau aux cultures, aux activités industrielles et aux habitations. Transférer de l'eau du sous-sol à la surface ou d'un lieu à un autre peut donc être considéré, dans son principe, comme une œuvre de civilisation, de culture. Pensons aux aqueducs célèbres comme le pont du Gard ou le canal de Craponne ou aux moulins à vent qui permettaient la gestion des polders bataves. Et qu'auraient été les belles campagnes* de Marseille sans son canal venant de la Durance ?

Mais là encore, comme dans toute autre pratique, les techniques ont connu une accélération qui a pu conduire à la démesure. Au plan strictement local, l'hydroponie* est un aboutissement cultural de cette évolution, l'eau devenant le seul vecteur de nutriments vers la plante, sans besoin de sol*. Au plan domestique, la piscine* privée, qui a remplacé l'ancien bassin d'irrigation des bastides, est devenue le symbole d'une consommation d'eau luxueuse. Combien de guerres ont-elles eu lieu pour prendre le contrôle d'une ressource en eau ? En certains lieux le dessalage des eaux de mer demande un effort énergétique souvent démesuré pour des résultats souvent discutables. Il devient alors nécessaire que le légitime besoin d'eau d'une famille, d'un groupe, d'un pays soit mesuré à l'aune du fonctionnement du système territorial où l'on se situe, région, bassin versant, nappe aquifère… ce qui tend à être oublié comme dans le cas du Colorado (USA), dont les eaux n'arrivent plus dans la mer de Cortès (Mexique) et ne suffisent même plus à alimenter la demande faite au barrage Hoover à Boulder (Nevada).

Revenir à une irrigation raisonnable demande, dans ce domaine aussi, une révision de certaines pratiques comme le choix des espèces cultivées et des modes de culture, compte tenu des perspectives du dérèglement climatique*, mais également dans la conception des ouvrages de stockage et de transfert des eaux. Il peut paraître paradoxal que l'on s'oppose à une retenue d'eau au nom du respect d'une zone humide, alors que les deux objectifs pourraient vraisemblablement être atteints si on le voulait, conserver une zone humide et approvisionner un réservoir à son aval ; cela a d'ailleurs été réalisé au Tréboux, à La Rochegiron (Alpes-de-Haute-Provence), où on a su associer un petit marais à une réserve d'eau.

Il semble toutefois que s'il est raisonnable de mettre en doute l'intérêt de transférer de l'eau du Rhône vers la Catalogne afin d'envoyer celle de l'Ebre vers l'Andalousie, si l'on peut douter de l'intérêt de fonder une culture uniquement sur une irrigation totalement artificielle et massive, il n'est pas interdit d'apporter de l'eau à de grandes cultures ou à des cultures vivrières en période de sécheresse, dans la mesure où la ressource existe et dont le coût énergétique de l'acheminement est écologiquement acceptable.

Nos communautés consomment de plus en plus d'eau en la jetant après un premier et unique usage, alors que nous allons en manquer : il est temps d'utiliser l'eau plusieurs fois avant de la rendre au milieu naturel, si possible là où on l'a prise, et donc de récupérer nos eaux usées* comme cela se fait déjà dans quelques pays comme Israël par exemple.

Comme le remembrement*, après une période où les considérations environnementales n'encombraient pas les calculs des maîtres d'œuvre, s'ouvre une ère où l'on peut améliorer la vie des gens et des écosystèmes* grâce à des techniques et des pratiques d'irrigation enfin modernes.

J

Jachère

Autrefois la jachère était un mode de culture consistant à labourer une parcelle et à n'y rien semer afin de permettre à la végétation spontanée de s'installer et de dynamiser ainsi la biologie du sol*. On « laissait le sol se reposer ». La jachère pouvait être maintenue durant une saison comme plusieurs années. Il ne faut pas confondre une jachère avec une sole consacrée à la culture d'un engrais vert* dans le cadre d'un assolement*.

La politique européenne a aidé au développement des jachères afin de contribuer à la régulation des productions, des stocks et des prix. La jachère peut parfois être utilisée par certains élevages de manière passagère, sédentaire ou transhumante, en complément des prairies* cultivées et de la stabulation.

Mais la jachère est également devenue un moyen de réduire l'emprise des cultures intensives et même de retrouver des décors* champêtres. Elle est alors considérée comme la mise au repos sans aucun travail du sol d'une parcelle de manière quasi permanente. En pareil cas, la jachère peut évoluer vers une friche* et une succession écologique conduisant jusqu'à un milieu forestier.

Jardinerie

L'explosion des jardineries est une bonne affaire pour la croissance* économique et pour l'intérêt que nous portons aux plantes. Mais est-on certain que cela soit un bon point pour l'environnement* ? Car un corollaire évident du développement des jardins* et d'un habitat* individuel plus ou moins diffus, est l'étalement urbain* et un gaspillage d'énergie* dû à l'irrigation*, à la climatisation et aux déplacements.

Les jardineries sont aussi un accélérateur de diversité biologique favorisant l'éventuelle diffusion de plantes exotiques qui peuvent être indésirables pour les milieux naturels comme c'est le cas de la jussie, la jacinthe d'eau, qui cause de graves dommages aux plans et aux cours d'eau.

Il est étrange qu'alors que des campagnes vigoureuses sont entreprises pour la lutte contre quelques espèces envahissantes* (ou invasives), les jardineries soient exclues de ces campagnes.

Jardins

Quelle industrie* actuelle que celle des jardins ! Agents immobiliers, propriétaire fonciers, jardineries* et entreprises dites paysagistes prospèrent.

Certes, il est bon que chacun d'entre nous fasse l'expérience de la plante qui germe, pousse et fleurit, mais quel en est le prix ?

Le premier coût est foncier car un jardin nécessite de la place et, hormis les jardins de voisinage, jardins partagés* (autrefois jardins ouvriers), cet espace privatif est souvent une justification de la maison individuelle* avec pour corollaire l'étalement urbain*. Une habitation, y compris la surface des accès et des parkings*, demandera au minimum 4 ou 5 ares, et plus quand il s'agit d'une maison individuelle pourvue d'un jardin. Plus les surfaces individuelles sont élevées, plus sont importantes les voiries pour les desservir. Il faut rappeler qu'une surface équivalente à plusieurs stades de football est soustraite chaque jour en France de l'espace non bâti*. Une maison individuelle par famille pourvue d'un jardin contribue puissamment à cette artificialisation, alors qu'une même surface de jardin pourrait être utilisée dans un système de jardins partagés dans chaque quartier*. De tels jardins pourraient rester dans la partie agraire des territoires, sous la responsabilité de la collectivité ; leur utilisation n'entraînerait ni changement d'usage ni artificialisation définitive.

D'ailleurs, l'expérience montre que l'enthousiasme qui préside à l'installation d'un jardin domestique est assez souvent temporaire, surtout lorsque le nouveau jardinier se rend compte des obligations, contraintes et déceptions que provoque la pratique du jardinage, et quand on constate que les tomates qu'on a eu bien du mal à faire pousser mûrissent au moment où l'on part en vacances !

Un autre piège est celui de la confusion entre la nature, prise au sens très large d'espace non trop artificialisé, et jardin : si ce dernier n'est pas un jardin partagé, il est un accessoire domestique. S'il s'agit d'un jardin public, il est un objet urbain éminemment agréable et utile à bien des égards, mais n'a guère de rapports avec l'espace naturel. Certes, on a pu noter ici ou là un accroissement de la faune, notamment de l'avifaune dans les banlieues à jardins, mais il s'agit davantage d'une conséquence de l'absence d'activité agricole que d'un souci naturaliste des banlieusards.

Il sera sans doute difficile de se départir de la pression exercée par les milieux immobiliers qui maquillent en vert* un marché foncier juteux, que valident la plupart des discours politiciens sur ce que « souhaiteraient » les Français, pour enclencher une sérieuse réflexion environnementale sur les jardins privatifs associés aux maisons individuelles. Car la tendance actuelle est de tout mélanger à travers ce que j'ai pu nommer « naturbanisme* » et qui conduirait à oublier la sauvegarde et la gestion des espaces non bâtis*.

Un paroxysme de cette situation est le processus de diffusion de l'habitat*, le mitage*, surtout dans les banlieues des cités méditerranéennes, mais cela se répand ailleurs, où le développement des jardins, ou des espaces entourant les bâtiments, soumet à la fois les maisons et les forêts*, ainsi que les pompiers, au danger d'incendie*.

Cela n'ôte en rien la nécessité d'une végétalisation accrue des aires d'habitat, d'un dessin urbain intégrant davantage d'arbres* d'alignement, de squares, de jardins et de parcs* publics plutôt que des surfaces imperméabilisées par les voiries et les parcs de stationnement.

Jardins partagés ou jardins de voisinage

Au-delà de la nostalgie* romantique qui colore les évocations des jardins ouvriers se situe la réalité des jardins partagés qui pourraient – devraient – connaître un beau renouveau.

Autrefois les grandes compagnies publiques ou privées concédaient à leurs ouvriers des parcelles de terrain où ils pouvaient produire fruits, légumes, lapins et volailles, ce qui compensait quelque peu leurs bas salaires, mais produisait collatéralement une vie sociale et culturelle très riche. Ces espaces jardinés reprenaient la pratique ancienne des quartiers de jardins installés aux bords des anciens villages et bourgs ruraux densément groupés. Combien de relations, conjugales ou non, s'y sont-elles nouées ?

Certaines municipalités créent aujourd'hui des jardins partagés, et même quelques rares promoteurs privés en proposent aussi. Dans ces deux cas on y retrouve les avantages d'autrefois. Mais il peut arriver aussi que, faute de précautions*, les parcelles concédées ou acquises soient dévolues à des utilisations qui n'ont plus guère à voir avec le projet initial. Le jardinage s'efface au profit du bronzage et, bien plus grave, la cabane à outils se mue en cabanon, voire en pavillon. Des exemples montrent même l'apparition de véritables lotissements* de fait dans des zones que l'on ne souhaitait pas urbaniser.

L'expérience montre par ailleurs que l'argument du jardin lié à la maison, largement évoqué par les promoteurs immobiliers, est souvent contredit par la pratique des habitants qui délaissent peu à peu ou imperméabilisent des surfaces croissantes de leurs parcelles et renoncent à les entretenir, ce qui peut même conduire à des risques d'incendie* dans des quartiers* où l'on ne l'attendait pas.

Ces pratiques devraient nous conduire à imaginer des mesures de pérennisation et de protection des jardins partagés de voisinage au moyen de mesures réglementaires comme, par exemple, l'impossibilité de bâtir « en dur », la limitation des accès automobiles* et des parkings*, la limitation dans le temps de la disposition des lots, etc. Car le développement de tels jardins contribue aussi heureusement à la densité* des villes* et à la limitation de l'artificialisation des sols.

Jardins, squares et parcs urbains

La nature avec ses plantes et ses animaux existe évidemment dans nos bourgs et nos villes*, notamment dans les squares, les jardins publics et les parcs. Le problème est de savoir de quelle nature il s'agit, car la nature urbaine est bien différente de celle des espaces que la ville a remplacés. Ces différents équipements urbains ont eu une utilité environnementale avant même que l'on utilisât ce mot. Il s'agit aussi de lieux de confort* qui apportent à la fois détente et abris, ombre et fraîcheur, sources de rencontres et d'amitiés.

On a eu tendance a oublier ces lieux durant le demi-siècle passé car la planification urbaine avait préféré confier aux propriétaires des parcelles le soin des espaces verts, qu'il s'agisse de maisons individuelles* avec leurs jardins* privés ou d'ensembles* d'immeubles collectifs. Ces ensembles ne sont le plus souvent agrémentés que de quelques haies ou de quelques arbres*, les jardins d'enfants étant dotés d'appareils de jeu, balançoires, toboggans, tourniquets... Dans la plupart des cas il y manque la dimension environnementale qui rapproche la population des milieux vivants. Rares sont les lieux, comme les grands et célèbres parcs, le Bois de Boulogne à Paris, Central Park à New York, la Tête d'or à Lyon ou Hyde Park à Londres, où on se croirait dans la nature et où on se pose et se rencontre tout en surveillant les enfants. Les manifestations récentes et angoissantes des dérèglements du climat* ont montré la nécessité de réintroduire (ou d'introduire) les végétaux, les pelouses et les arbres des jardins public dans la ville. Il est donc urgent de revégétaliser l'espace urbain en remettant dans les rues et les avenues les arbres que l'on avait soit éliminés pour faciliter la circulation, soit confiés aux acteurs privés.

C'est aussi pourquoi il va falloir développer les jardins, les squares et les parcs publics non pas comme des forêts urbaines*, non pas comme une imitation de la nature, mais comme des objets proprement urbains, conçus comme tels, dont l'utilité est de se sentir bien, en sécurité, et de permettre aux enfants de jouer tranquillement dans des espaces où les oiseaux et les écureuils se sentent tout autant chez eux.

Jeunes

Peut-être Greta Thunberg sera-t-elle encore jeune et en activité au moment où on lira ces lignes. Elle a été une sorte d'égérie du discours sur les jeunes et l'environnement* : « les » jeunes du monde entier nous exhorteraient à embrasser une politique mondiale en faveur de la régulation climatique et du maintien d'une biodiversité* optimale. Certes, les bouleversements annoncés concernent davantage les jeunes que les générations d'adultes et de personnes âgées. Mais est-on certain qu'il s'agit du message de tous les jeunes et du monde entier ou bien cela ne regarde-t-il que ceux, minoritaires, qui sont conscientisés ? Il est vrai que l'on doit absolument appuyer ceux qui, enfin, reprennent et relaient les alertes lancées par les milieux scientifiques sur les dangers que font courir à l'humanité les dérèglements climatiques* ou biologiques. Mais dans ce combat politique essentiel et nécessaire en faveur d'un changement radical* de notre mode de vie, c'est l'ensemble de la société mondiale qui doit être mise en branle. Or au niveau national, en France, aucun groupe associatif, aucun parti politique n'associe les gens, et en particulier les jeunes des Aygalades à ceux du Roucas Blanc à Marseille ou ceux de Vaux-en-Velin (Rhône) à ceux de Neuilly (Hauts-de-Seine). Quant au niveau mondial, que savons-nous de ce que pensent les jeunes fils et filles de paysans du Burkina Faso ou du Bangladesh ?

Pour le moment je n'ai pas trouvé de programme politique qui aille dans le sens d'une mobilisation environnementale engageant tous les gens, et en particulier les jeunes, de telle sorte que tous puissent s'y sentir invités :

– les mouvements de jeunesse et autres colonies de vacances connaissent un étiage inquiétant, concurrencés qu'ils sont par les clubs privés, et peu encouragés par les pouvoirs publics, ce qui ne favorise pas les échanges que l'on a pu connaître autrefois et où, malgré une certaine cooptation* on pouvait voir s'opérer des rencontres improbables et s'engager des échanges productifs. Est-ce la cause ou la conséquence de la montée des individualismes ?

– les partis politiques les plus sincèrement ouverts aux questions environnementales n'évoquent les jeunes que comme une annexe, et ceux exclusivement dédiés à l'environnement n'abordent pas avec réalisme les questions politiques et sociales. Les uns se voient confrontés au défi « fin de mois - fin du monde », les autres attachent plus d'importance aux questions dites sociétales. Le parti qui proposera une voie politique commune empreinte de solidarité et d'entraide à ceux qui vivent, travaillent (ou chôment) dans les banlieues, fussent-elles pavillonnaires, ainsi qu'à ceux qui vivent dans les quartiers* confortables n'est pas encore né. Les mouvements de jeunes citoyens qui les prépareraient à construire cette société qui ne peut qu'être inclusive, fraternelle et démocratique, donc ouverte à tous et toutes et prête à la délibération* ne sont pas très visibles non plus.

L

Labour

Le labour est exécuté simplement par le jardinier qui, avec sa bêche, retourne le sol* de son jardin*, comme l'agriculteur* professionnel agit de même avec sa charrue.

Le labour de l'agriculteur a connu des modifications depuis l'araire, qui se limitait à scarifier la surface, jusqu'à la charrue à soc versoir dont l'action consiste à retourner le sol, à porter en surface les éléments des couches inférieures et à rapprocher la litière et les chaumes des lieux plus profonds où la vie serait plus active. Les agrologues, pédologues des champs cultivés, justifient cette pratique par l'accélération de la minéralisation des éléments organiques de surface, litières, fumiers, lisiers et chaumes, par le fractionnement physique des éléments du sol facilitant l'implantation des racines, la circulation de l'eau, de l'air et de certains organismes, comme des vers* par exemple, et l'assimilation des minéraux par la plante. Le labour, lui aussi, a connu des évolutions grâce aux modifications techniques, notamment pour la traction de la charrue. Le cheval ou le bœuf fournissaient un effort dont l'origine reposait sur la nourriture, le fourrage qu'il fallait produire en lui consacrant une bonne part des surfaces de l'exploitation* : il faut, grosso-modo, un hectare de fourrage pour un cheval. Le tracteur utilise du pétrole, mais son bilan énergétique ou carbonique est peut-être moins avantageux que ce que l'on croit. Peut-être utilisera-t-il bientôt le méthane ou l'hydrogène produits à proximité ? Aujourd'hui des essais ont lieu pour limiter ou même abandonner un mode de labour qui modifierait la dynamique naturelle pédologique des sols au risque de la dégrader : la récolte attendue devrait alors être limitée à ce que le sol peut permettre sans que son fonctionnement soit perturbé.

D'autres voies ont été explorées pour limiter le labour en utilisant des substances chimiques destinées à éliminer la concurrence entre la plante cultivée et les adventices (les « mauvaises » herbes). Les résultats, s'ils ont pu être appréciés dans le domaine de l'économie immédiate des exploitations, ont assez rapidement montré les limites du procédé pour des raisons de fertilité des sols amoindrie par l'exagération des doses d'intrants chimiques. Comme l'abandon des assolements* et des jachères*, cette simplification des systèmes culturaux a en effet rendu de plus en plus nécessaires des apports non biologiques aux sols, les engrais*, ce qui a accru leur artificialisation.

Les recherches et les études actuelles permettront sans doute de proposer des itinéraires techniques plus subtils et moins entachés d'idéologie d'un côté comme de l'autre.

Mais il ne faut cependant jamais négliger la production globale (et non uniquement locale) et la productivité des moyens en hommes et en capital nécessaires pour ne pas nourrir uniquement les habitants du voisinage* mais ceux du Monde tout entier.

Les autres

Contrairement au colibri* qui fait sa part sagement, même si elle est symbolique et n'accède pas à la dimension politique, nombreux parmi nous se justifient, presque comme des militants*, en arguant que puisque les autres se comportent mal, ils ne voient pas pourquoi eux se comporteraient bien : « Je ne réduirai pas ma vitesse en voiture puisque les ultra-riches ne se privent pas de leur avion privé », « Je ne vois pas pourquoi je limiterais mon chauffage alors que les commerçants abusent de la climatisation »... Je crains que de telles postures ne cachent simplement la désinvolture, l'égoïsme et l'individualisme.

Par ailleurs, la stigmatisation remplace souvent l'évaluation et la compréhension des actes ou des convictions des « autres », qui sont nos concitoyens et nos contemporains, et qui parfois pourraient nuire à notre collectivité.

Car de telles postures n'empêchent pas notre environnement* de se dégrader et surtout abîment le débat public. Il est bien entendu que critiquer ne justifie pas que « les autres » ne modifient pas leur manière de faire, mais il vaudrait mieux que comportements, action citoyenne et politique ne soient pas orientés que sur le confort* individuel et fassent leur place à l'environnement* et au bien commun. Il conviendrait plutôt de comprendre les conditions dans lesquelles vivent les gens et de les associer au mieux à la nécessaire appréhension environnementale de l'ensemble des pratiques, les leurs comme celles de la société tout entière. Cela nécessite des échanges patients où chacun accepte d'entendre tout le monde, des explications fondées sur la connaissance des mécanismes de l'environnement, et sans doute pour cela une formation* et une pédagogie* adaptées.

Ligniculture

La ligniculture est la culture du bois*. C'est l'organisation administrative qui l'a rapprochée de la sylviculture* avec laquelle elle n'a pourtant guère d'autre à voir que la production de bois. C'est une pratique agricole qui consiste à cultiver des plantations mono-spécifiques d'arbres* destinés à une récolte la plus rapide possible. Intermédiaire entre d'autres types d'arboriculture et des cultures pluriannuelles, la ligniculture peut revêtir la forme d'une sole de longue durée, sur des parcelles où reviendront par la suite d'autres cultures. En pareil domaine, la technique du forestier* sylviculteur cède la place à celle de l'arboriculteur, même si le produit attendu n'est pas de même nature. On pratique la ligniculture dans les plaines agricoles, quelquefois même irriguées, pour récolter du bois transformé en papier (eucalyptus), en emballage* (peuplier), en menuiserie, voire en ameublement (platane) ou en énergie* (saules...).

La forme des peuplements, les plantations alignées, peuvent toutefois prêter à confusion avec des modes de sylviculture comme la futaie régulière. Celle-ci, lorsqu'elle remplace la régénération naturelle et provient d'une plantation, s'opère généralement selon des alignements, les pratiques culturales n'y impliquent aucun travail du sol* ni fertilisation et, rarement, d'autres interventions, sauf peut-être des dépressages, des coupes d'éclaircie et des élagages durant la croissance du peuplement.

Limites

Comme dans tout domaine quantitatif, il existe des limites et des seuils*. Nos territoires* n'échappent pas à la règle car ils sont souvent définis par leurs limites, leurs frontières, plutôt que par toute autre considération.

Les institutions de notre Pays sont anciennes, nombreuses, quelquefois redondantes, voire concurrentes. Entre la commune et les régions, furent instituées les diverses formes d'intercommunalités, parmi lesquelles les métropoles*, les arrondissements et les départements. Mais ces territoires correspondent plutôt à des entités historiques, y compris lorsque leur histoire* se résume davantage à des décisions régaliennes, comme ce fut le cas des départements ou des régions, qu'à des considérations fonctionnelles qu'elles soient socio-économiques ou environnementales. Ce type d'organisation se retrouve dans la plupart des institutions, qu'elles soient associatives, syndicales ou politiques, ce qui accentue l'importance des limites dans la vie sociale.

Il en résulte nécessairement des incohérences dans le fonctionnement de ce que l'on nomme des « territoires vécus » ou des bassins de vie ainsi que dans les politiques d'aménagement du territoire* et environnementales. .

Les limites vont jusqu'à s'imposer à des échelles modestes comme celle des lotissements* ou des résidences* conçus comme des entités closes où l'on interdit des voiries reliant deux ensembles voisins comme si l'on recherchait à tout prix la privatisation et l'entre-soi.

Dans quelques rares domaines, on a su créer des organismes trans-institutionnels comme, par exemple, les agences de bassins hydrologiques, le territoire sur lequel les viticulteurs gèrent les AOP Côtes-du-Rhône, quelques rares parcs nationaux ou naturels régionaux ou quelques ententes interdépartementales (défense des forêts contre l'incendie, démoustication). Mais dans la plupart des cas les questions relatives à l'environnement* comme la politique du Conservatoire du littoral ou les agences régionales de la biodiversité* sont abordées dans des cadres définis par l'actuelle organisation territoriale*, alors que leurs problématiques relèvent d'espaces différents.

Je crois souhaitable que désormais les changements ou les réformes de l'organisation territoriale qui devront être proposés le soient avec un souci accru de l'environnement dans sa dimension tant socio-économique qu'écologique, quitte à ce qu'elles transgressent les actuelles limites institutionnelles.

Lobby

Le mot d'origine anglaise *lobby* (qui signifie antichambre) est employé pour désigner les groupes d'intérêts, des groupes d'influence ou des groupes de pression. Ces groupes interviennent auprès des médias, des milieux de la recherche et des pouvoirs publics afin d'y faire entendre leurs revendications ou de les influencer par divers moyens. Les groupes économiques, les entreprises comme certaines organisations non gouvernementales, sportives ou environnementalistes ont leurs lobbys. La question est, qu'au fur et à mesure, les pressions qui s'exercent naturellement dans tous les actes de la vie sociale et économique, de la politique, c'est-à-dire publiques et revendiquées, sont devenues de plus en plus subtiles, sophistiquées et secrètes. De ce fait de nombreux débats ont eu lieu, et cela continue, pour en encadrer et en limiter sinon l'action, du moins les dérives néfastes voire illégales et dangereuses. Il y a maintenant des lobbyistes patentés, répertoriés, pouvant agir officiellement et au grand jour dans différentes institutions comme l'Union européenne ou les États ; mais cela ne peut occulter les pressions demeurées secrètes que l'on ne saura jamais éliminer. C'est, une fois de plus, une question qui relève de la politique et du débat public : lobby n'est pas un vilain mot*, c'est un fait social.

Localisme

Les exemples abondamment cités des yaourts ou des purées de tomate ayant fait le tour du monde avant d'arriver sur notre table sont de nature à nous troubler. Une folie « économiciste » a en effet conduit certaines des étapes de la production à être localisées en des lieux très divers en vue d'obtenir de meilleurs prix de revient ; on appelle cela la chaîne de valeurs. Cela vaut pour toutes les productions, depuis l'automobile jusqu'à la confiserie. La crise du Coronavirus a mis en évidence la fragilité d'une telle organisation, confirmant ainsi l'aspect qu'on avait déjà ressenti dans notre alimentation et nos autres approvisionnements, qu'il s'agisse de médicaments*, de vêtements, ou d'équipements divers. Mais c'est la demande sociale qui a orienté majoritairement cette évolution : en effet, si une personne souhaite payer le moins cher possible son téléphone portable, il est peu probable qu'il puisse être produit près de chez elle.

La recherche de produits locaux et de circuits courts est aujourd'hui de plus en plus prônée notamment dans le domaine alimentaire, mais aussi dans ceux de l'habillement ou de l'ameublement. Il est sympathique d'aller cueillir quelques tomates dans son jardin*, quand on en a un et qu'on a le temps et le goût de le cultiver ou de se le procurer chez un maraîcher voisin, mais lorsqu'on vit dans une agglomération de plusieurs centaines de milliers, voire de millions, d'habitants, et donc de milliers d'hectares, il devient difficile de ne se fournir que de produits locaux. D'où l'idée de limiter (comment ?) la distance à laquelle se procurer nos aliments (lesquels) ? Il est bon de construire meubles, maisons et immeubles en bois*, mais où faut-il aller récolter (couper) les arbres* nécessaires ? Accepte-t-on volontiers que l'on récolte (coupe*) du bois dans son voisinage* ?

Oublions les habitudes et les goûts exotiques qui ne font pas la majorité de nos consommations, mais les envies* de produits hors saison (la primeur a de tous temps été une qualité appréciée) conduisent elles aussi à des gaspillages énergétiques. Des fraises pour Noël ne peuvent venir que d'ailleurs ou avoir été produites à renfort d'énergie*. Observons par ailleurs la réalité de nos besoins les plus élémentaires comme celui des céréales, des oléagineux, du sucre, des viandes ou du lait : peut-on raisonnablement produire, près de Marseille ou de Lyon, tout le blé nécessaire aux boulangeries, les huiles pour la cuisine, la viande et la charcuterie pour leurs millions d'habitants ? Dans les petites communes de campagne* ou de grande banlieue on peut, peut-être, subvenir à la demande de la cantine scolaire avec quelques agriculteurs* maraîchers qui fourniront à un moment de l'année les légumes et les fruits des menus. Avec quelques fermes urbaines, voire quelques toitures, on pourra se procurer des produits venant sur place mais n'imaginons pas que la métropole* « phosalyenne » (Aix-Marseille), sans doute la plus agraire de France, puisse réaliser son autonomie alimentaire. D'ailleurs, même si ses producteurs de fruits et de légumes renonçaient à leur clientèle nationale et internationale, il leur serait difficile de réorienter et de limiter tous leurs débouchés vers le seul territoire* métropolitain. Et il resterait également difficile de produire à proximité toute la viande et les produits laitiers nécessaires. A ce propos, l'état déboisé des collines* entourant nos grandes villes littorales méditerranéennes, Gênes, Marseille, Barcelone, Athènes, etc. est sans doute dû davantage au pâturage* et à la récolte de bois de chauffage des siècles passés qu'aux incendies* modernes.

La recherche d'approvisionnements locaux semble dépendre de deux familles de motivations :

– un souci d'économie sur l'énergie* consacrée au transport du produit du champ à la table (« de la fourche à la fourchette » dit-on à Bruxelles), et dans ce cas l'analyse de son coût doit intégrer la distance mais également les volumes, les ruptures de charge et les modes successifs de conditionnement. Il n'est pas dit que cela soit toujours évalué ;

– une satisfaction culturelle et légitime de consommer des produits locaux, nourriture, vêtements, outils divers, assortie bien entendu de la vigilance sur les conditions environnementales, c'est-à-dire sociales et écologiques de leur obtention. Il ne faudrait pas que derrière cette recherche de « local » se cachent des relents d'un nationalisme, ou même d'un régionalisme, repeint, maquillé* aux couleurs de l'environnement*. Par exemple, dans les régions frontalières, il paraît plus logique de consommer un produit venant d'une proche région du pays voisin que d'une lointaine région de notre propre Pays. Vaut-il mieux manger du Maroilles que du Parmesan à Toulon ou du Queso zamorano (Castille-Léon) à Bordeaux ? Faut-il préférer le Muscadet au Vermentino (Ligurie) à Cannes ? Mais où se procurer des ananas en France métropolitaine ?

Hormis le désir et le plaisir de déguster des produits dont la provenance nous est familière, la distinction semble devoir plutôt porter sur la consommation totale de l'énergie, c'est-à-dire sur l'émission de carbone*, nécessaire à l'arrivée du produit chez son utilisateur, qu'il s'agisse de le transporter ou d'en forcer la culture. Cela nous invite à imaginer une taxe sur l'énergie ajoutée* qui prendrait la place de la taxe à la valeur ajoutée* et qui limiterait par le prix la consommation de produits trop exotiques.

Mais est-on certain de la pertinence d'une posture qui, si elle devait se généraliser, irait à l'encontre de ce qui a fabriqué nos cultures, mélanges historiques d'autres pratiques, d'autres ressources et d'autres modes de vie ?

Lotissement

Le lotissement consiste à séparer des lots à l'intérieur d'un ensemble ou d'un terrain. On peut allotir un portefeuille financier comme un immeuble ou une parcelle urbaine, agricole ou forestière.

Mais, dans son acception la plus fréquente, ce terme qualifie un ensemble de bâtiments (surtout de maisons) établis sur un terrain qui a été débité en lots, vendus aux différents constructeurs. C'est une pratique très ancienne qui a présidé à l'établissement de la plupart de nos villes* et de nos villages : les immeubles qui bordent nos avenues et nos places, même les plus prestigieuses, sont pour l'essentiel bâtis sur des lots découpés dans des parcelles autrefois plus importantes le long de tracés définis par l'usage et la puissance publique.

Ainsi, contrairement à ce que l'on croit le plus souvent, lotissement n'est pas un vilain mot* et ne qualifie d'aucune manière un mode mineur de l'urbanisme* et de l'aménagement* urbain, pas plus qu'il ne désigne les seuls quartiers* de maisons individuelles*.

Mais, malheureusement, la plupart des lotissements récents ont été conçus comme des entités privatives, au sein de limites* et de clôtures qui interdisent leur intégration progressive aux agglomérations en matière de voirie et d'accessibilité. De plus, leurs règlements intérieurs interdisent des modifications architecturales ou foncières de sorte que, paradoxalement, il est plus facile d'installer un magasin moderne sur le cours Mirabeau (à Aix) ou sur la place de la Comédie (à Montpellier) que de construire un atelier ou un petit hôtel en regroupant trois ou quatre parcelles d'un lotissement.

Loup

Belle idée que de laisser sa place au loup qui revient tranquillement dans nos campagnes*. Il en va de même pour le vautour* fauve, le lynx, l'ours* et bien d'autres. Notre société me semble davantage désirer un retour des espèces sauvages dans nos campagnes et nos montagnes que le tourisme dans la stratosphère.

Belle idée aussi que de faciliter le retour des bergers dans les montagnes méditerranéennes, comme celle de Lure (Alpes-de-Haute-Provence), en les aidant à hauteur de plus de 70% de leur revenu au moyen de subventions et règlements régionaux, nationaux et européens. Le berger du Tréboux à La Rochegiron garde son troupeau durant tout l'été dans un territoire aménagé à grand prix d'études et d'expérimentations de plus de 10 ans, menées par les élus locaux, l'association des propriétaires forestiers, les services régionaux de la propriété forestière, de l'élevage, les administrations de l'État. On y a rétabli un décor bas-alpin dont les anciens se félicitent et dans lequel cohabitent l'herbe et le bois, avec les jasses (bergeries) reconstruites et les sources retrouvées. Le berger est producteur d'agneau de Sisteron-AOP, mais ses jeunes agneaux et ses agnelles, sont préférés aux brebis adultes par le loup. Aussi le berger est-il conduit à garder ses agneaux à sa bergerie voisine plutôt que de les laisser en parcours, avec, pour résultat, qu'ils sont nourris de manière moins naturelle et qu'ils ne vivent pas au large du pâturage. Lorsque les petites agnelles auront été nourries à la bergerie, il leur sera difficile, devenues adultes et mères, de s'adapter à l'herbe et au pâturage pour y élever leurs jeunes petits.

Comment résoudre ce paradoxe selon lequel, au nom d'une politique de retour à la nature, nous aurons laissé le loup se réinstaller et renvoyé les agneaux du parcours à la bergerie ? Il en va de même pour l'ours* des Pyrénées ou du vautour* fauve dans nos montagnes du Sud.

Lutte biologique

La lutte biologique est une méthode de lutte contre les nuisibles tels que les ravageurs des cultures (rongeurs, insectes*, acariens, nématodes, etc.), les maladies (fongiques, bactériennes, virales, etc.), ou les mauvaises herbes (plantes adventices) au moyen d'organismes vivants antagonistes. Elle se base sur l'utilisation de prédateurs (nématodes, arthropodes, vertébrés, mollusques), d'agents pathogènes (virus, bactéries, champignons, etc.), herbivores (ou phytophages), sans faire appel à des pesticides* ou à des médicaments* de synthèse. Nous subissons à peu près partout des déprédations, qu'il s'agisse de mites ou de souris à la maison, de rats dans les égouts des villes, de sangliers dans les cultures, d'insectes, de champignons et autres virus et bactéries. La lutte biologique est utilisée depuis très longtemps, de manière quasi implicite, par exemple quand le chien, un loup domestiqué de très longue date, protège un poulailler du renard.

Mais elle a principalement été utilisée jusqu'ici dans l'agriculture* malgré une forte propension à privilégier la lutte chimique. En effet si les entomologistes y travaillent au moins depuis le début du XXe siècle, la recherche n'a pas reçu toute l'attention et l'aide qu'elle aurait mérité. De ce fait, on n'a pas encore su résoudre les difficultés qui s'opposent à cette méthode, dont celles-ci :

– il faut d'abord connaître non seulement le parasite de l'espèce cultivée ou élevée et sa biologie, mais surtout ses compétiteurs et prédateurs habituels qui limitent son développement ;

– il faut savoir élever les prédateurs, donc en connaître également la biologie, les produire en masse suffisante et les transporter sur les lieux de leur lutte ;

– enfin, il faut être certains de leur spécificité pour qu'ils n'aillent pas atteindre d'autres espèces du voisinage, et d'en maîtriser la diffusion dans le temps et dans l'espace.

Il est donc indispensable que les milieux de la recherche reçoivent, enfin, les moyens nécessaires pour que les pratiques de lutte biologique remplacent les techniques chimiques dans des conditions acceptables pour les médecins, les hygiénistes, les agriculteurs et les éleveurs. C'est probable mais dans quels délais ?

M

Maison individuelle (isolée)

«… reverrai-je le clos de ma pauvre maison… ? » du Bellay (1522-1560) pensait-il en son XVIe siècle à l'explosion immobilière que nous avons connue après la Seconde Guerre mondiale ? Être propriétaire de son logement, et si possible d'une maison individuelle, autant que possible isolée des voisines, a été promu avec vigueur sans que l'on puisse affirmer si cela correspond réellement à un besoin*, et même à une envie*. La plupart des maisons individuelles actuelles sont isolées, même sur de petites parcelles au sein d'ensembles concertés ou non. Ce ne sont plus les maisons individuelles de nos villages et de nos bourgs, où le voisinage* et la contiguïté ont fabriqué les rues, les places et les quartiers* que l'on se plaît à visiter.

Lorsqu'on nous dit que posséder sa maison, entendue le plus souvent comme isolée des autres, correspondrait au souhait des gens, cela ne préjuge pas de la manière dont ce souhait est conçu. S'agit-il vraiment d'une envie fondamentale propre à la nature humaine ? Ne serait-ce pas plutôt un modèle véhiculé par la nostalgie* fantasmée de la vie d'autrefois ? Ou encore, et plutôt, par la conjonction de la facilité coupable des pouvoirs publics pour qui le plus simple était de laisser faire les individus sans que la collectivité n'ait à se soucier de cohérence ? Le principe des « chalandonnettes » de la décennie 1970, de nombreuses petites maisons individuelles promues sur des terrains allotis, isolés des agglomérations, par Albin Chalandon (1920-2020), alors ministre du Logement, est encore en usage aujourd'hui. Cela, en tous cas, a bien arrangé une série de personnes, parmi lesquelles les particuliers qui disposaient d'un terrain ou pouvaient s'en procurer un facilement, où qu'il soit situé. Certains ont même pu bâtir tout seuls leur maison, et les propriétaires fonciers pouvaient réaliser de sérieux profits en vendant telle ou telle parcelle, soit qu'elle fut héritée, soit qu'elle fut peu propice à l'exploitation agricole. Les promoteurs, les entrepreneurs immobiliers et leurs partenaires constructeurs d'immeubles et de réseaux disposaient d'une liberté identique.

Nous prenons enfin conscience des incohérences d'une telle pratique, d'une telle politique, de son aberration énergétique, et donc écologique, de la consommation d'espace par les voiries de desserte et par l'habitation elle-même. Sans oublier l'artificialisation des sols*, qu'ils soient bâtis (maison, garage, piscine*, terrasse, clôture...) ou non (jardin*, parking*, allées…), ainsi que l'explosion des déplacements individuels que cela induit. On commence à mesurer combien ce mode d'habitation ne contribue guère à la cohésion sociale des communautés auprès desquelles maisons, lotissements* et zones d'aménagement concerté* sont établis. On reconnaît enfin qu'il faut économiser l'espace et les sols*, densifier et optimiser l'usage des terrains déjà artificialisés. Mais, parallèlement, des discours et des pratiques se pensant écologiques nous distraient de cette nouvelle conscience :

– la promotion du jardin* particulier, autant par certains amis de la nature que par les entreprises de jardinage, de pépinière ou de commerce de jardinerie* s'applique essentiellement aux jardins privés proches de la maison ;

– la promotion de la construction de maisons faites de matériaux d'un coût énergétique modeste (paille, bois, torchis…), alimentées par des panneaux thermiques ou solaires et des éoliennes, environnées de parcelles se voulant d'autoproduction alimentaire. Mais ce sont tout de même des maisons individuelles isolées, souvent éloignées des villages et des bourgs et impliquant des déplacements individuels souvent importants ;

– les projets d'éco-quartiers ne sont que rarement des quartiers urbains en milieu dense. Ils regroupent plutôt des maisons du genre précédent maquillées en vert*; on y prévoit toujours parkings et garages, plutôt qu'arrêts de transport en commun*... ;

– les jardins de voisinage*, anciennement jardins ouvriers, ne sont guère promus, et il arrive même que leur création, en des lieux non prévus pour la construction, le soit pour conduire discrètement à des lotissements* de cabanons qui deviennent peu à peu de véritables lotissements délictueux de véritables villas.

On n'insistera pas sur la contradiction entre la politique qui met en avant la propriété de l'habitation familiale, et le fait de prôner, en même temps, la mobilité des gens que l'on invite à changer de lieu au gré de l'offre d'emplois, et de leurs descendants à qui l'on suggère de quitter la maison familiale et la région dès leurs études. Nous n'oublierons pas non plus la faible mixité* sociale que produisent les ensembles de maisons individuelles du fait de l'homogénéité des coûts et des modes de financement. Enfin, notons que les résidences secondaires*, souvent individuelles et isolées, procèdent de cette même logique.

Pourtant, les techniques actuelles de construction ouvrent la voie vers des formes plus confortables, plus collectives et plus économes d'espace que l'habitation individuelle. On peut concevoir des immeubles au sein desquels des mutations et des modifications peuvent s'opérer sans grands tracas, agrandissement de la surface, passage d'un seul plan à un duplex ou un triplex, création de grandes terrasses, etc. Ces pratiques fréquentes dans l'immobilier du bureau sont une illustration de ce que la liberté d'organiser sa vie personnelle et familiale ne serait pas réservée à la maison individuelle isolée. On peut multiplier dans des résidences* collectives des services partagés comme une laverie, des chambres d'amis, une piscine, etc.

Maquillage en vert, *greenwashing*

Le *greenwashing*, que je préfère appeler en français « maquillage en vert » plutôt qu'éco-blanchiment, consiste pour une institution ou un individu à revêtir sa communication et ses actions de marketing d'une apparence écologique. La pratique est courante, tant de la part de certaines institutions publiques que d'entreprises commerciales voire associatives. Elle ne se limite malheureusement pas aux grandes multinationales qui polluent excessivement la nature et l'environnement, mais qui, par leur puissance et leurs moyens, sont plus visibles et sans doute plus redoutables.

La pratique du maquillage en vert ne peut que se développer à tous les niveaux comme par exemple le *Nimby**, pas de ça chez moi, qui se pare souvent de motifs environnementaux en vue de conserver un confort* individuel qui n'a guère à voir avec l'environnement*. Elle peut tout autant se manifester pour appuyer des revendications ou des oppositions plutôt politiques qu'environnementales à des projets publics ou privés dont les fondements ont été loyalement et légalement établis. On en trouve des exemples dans le nom même de partis politiques voués à l'environnement et qui s'intitulent « verts », comme si une station d'épuration, la pureté de l'air ou la sobriété* d'un processus industriel pouvaient être verts.

Les références au vert sont devenues un paragraphe obligé de chaque candidature politique. Il appartient à ceux qui prônent une politique environnementale d'éviter toute confusion dans ce domaine, au risque d'en disqualifier l'objectif.

Matière plastique

Une matière plastique est un produit contenant une matière première susceptible d'être moulée et façonnée. L'usage de produits plastiques remonte à la plus haute Antiquité où l'on a utilisé des colles* et des résines issues des os, du lait, etc. Puis sont venues la bakélite, la galalithe, le celluloïd et le caoutchouc issu du latex végétal. Les matières plastiques, appelées simplement « plastique » couvrent pour la plupart une gamme très étendue et proviennent quasi exclusivement du pétrole. Elles présentent des propriétés appréciables qui n'avaient pas auparavant été réunies comme, outre la plasticité dans la fabrication comme dans l'usage, la transparence, la résistance aux chocs, etc. Mais lorsque leur provenance n'a plus été qu'uniquement d'origine pétrochimique, les matières plastiques n'ont pas été conçues pour être intégrables aux écosystèmes qui pourraient les métaboliser.

Aujourd'hui, même avec beaucoup de prudence, on ne saurait guère se passer de matière plastique, tant sont nombreux les objets qui en sont faits. En revanche, rien ne nous interdit d'en limiter l'usage chaque fois que cela est possible, par exemple éviter des emballages* extravagants utilisés pour un lacet de chaussure ou un morceau de fromage. D'ailleurs rien n'empêche que les objets en matière plastique dont nous ne pouvons nous passer soient obtenus avec une matière première non fossile et dégradable comme l'étaient la galalithe ou le celluloïd. Aujourd'hui la chimie* nous permet de fabriquer bien des objets à partir de matières non fossiles. C'est le bilan carbone qui devrait déterminer s'il est préférable malgré tout d'utiliser pétrole ou charbon pour fabriquer les plastiques dont nous avons réellement besoin.

Mais demeure la question essentielle de l'impossibilité quasi totale du recyclage et de la destruction des molécules de synthèse dont nous nous accommodons encore aujourd'hui. Car la matière plastique se délite physiquement pour donner, à la fin, des éléments minuscules, des nanoparticules, que l'on retrouve dans la nature, dans les organes des animaux et ... les nôtres. La collectivité mondiale est en train de prendre la mesure de l'incroyable pollution* que nous provoquons dans les océans où s'est créé un sixième continent de déchets plastiques.

Je ne peux pas imaginer que nos chimistes ne soient pas en situation d'inventer des matières plastiques fongibles et digestibles que les différents milieux pourraient métaboliser. S'ils ne le peuvent pas, alors que l'on cesse de fabriquer et d'utiliser ces matières non biodégradables !

Il se pourrait que des organismes jusqu'ici inconnus soient apparus qui métaboliseraient certaines matières plastiques. Ce serait une bonne nouvelle à deux conditions : que ce ne soit pas un prétexte pour multiplier de nouveaux produits de ce genre, et que les organismes en question limitent leur appétit aux seules matières plastiques.

Médicament

Alors que chaque jour apparaissent de nouveaux médicaments, alors que grâce à la médecine, et à l'hygiène, l'espérance de vie s'accroît en des lieux de plus en plus nombreux sur terre, s'accroissent parallèlement et paradoxalement les pollutions* dues aux médicaments !

Il est probable que cette question ne soit pas ignorée par les industriels de la pharmacie, mais il est de plus en plus important de l'intégrer au plus tôt dans la conception des médicaments.

Les médecins ont pour coutume de rappeler que le médicament est un poison pour le patient et que ses vertus dépendent de son usage et de son dosage. Il l'est aussi pour l'environnement* et on trouve dans les cours et les plans d'eau*, comme dans les sols* et les eaux souterraines, toutes sortes de substances médicamenteuses dont demeure le caractère de poison. Il peut s'agir de substances chimiques, organiques ou minérales, des antibiotiques, des hormones, etc., dont l'action peut mettre en danger des écosystèmes* entiers par des voies diverses comme la disparition d'espèces ou de familles d'organismes, la stérilisation reproductive, des dégradations héréditaires, des mutations.

Au moment où s'impose la nécessité d'un fonctionnement circulaire de nos écosystèmes*, où on doit s'attacher à recycler le plus possible les déchets* solides et les eaux usées*, les matières organiques fermentescibles et d'autres substances, il faut absolument s'assurer que chaque produit mis sur le marché, dont les médicaments, n'est pas susceptible de franchir l'étape du recyclage sans avoir été nettoyé de ses polluants chimiques ou organiques.

Il faut tout autant que chaque utilisateur ait le souci de ne pas utiliser ses médicaments au-delà des doses raisonnables prescrites, de ne pas les jeter n'importe comment lorsqu'il n'en a plus besoin, et de les remettre à un pharmacien qui est, en principe, le garant de son élimination.

Méditerranée

Les pays riverains de cette « mer du milieu » ont été le théâtre de l'une des principales histoires de l'Humanité comme nous l'a magistralement enseigné Fernand Braudel (1902-1985) dans ses nombreux ouvrages.

Le bassin méditerranéen fort de près de trente pays, riverains ou non, demeure un lieu majeur d'échanges démographiques, économiques, culturels et religieux. Il est un des trente-quatre principaux *hot spots* mondiaux de la diversité biologique du fait des caractéristiques de son climat et de sa position à la rencontre des trois continents de l'Ancien Monde. Les espèces animales et végétales y ont convergé tout au long de l'histoire*, spontanément ou introduites par les Hommes*, au point que l'on y trouve aussi bien des plantes ou des animaux venant de l'Asie la plus lointaine, notamment de nombreuses plantes cultivées, que des espèces sub-sahariennes s'y étant réfugié lors des derniers changements climatiques. On peut citer comme exemples l'Arganier *(Argania spinosa)*, arbre du Sahel demeuré au sud du Maroc à la fin de la dernière glaciation, ou encore des espèces s'étant déplacé vers le nord sans pour autant disparaître, se réfugiant en quelques niches comme, par exemple, les sapins dits « méditerranéens » (*Abies marocana, numidica, nebrodensis, cephalonica, nordmanniana, borisii-regis, bornmulleriana, alba*…). Mais nos vergers et nos champs sont également pleins d'espèces exotiques domestiquées, comme la plupart des arbres fruitiers (amandier, pommiers…), des légumes comme l'aubergine venant d'Inde ou des céréales comme le blé venant du nord de l'Himalaya.

Rappelons que le climat* méditerranéen se caractérise, pour le moment, par une saison humide, pluvieuse et froide l'hiver, et une saison sèche et chaude l'été. On le trouve en de nombreux lieux dans le monde, aux extrémités occidentales des continents et entre les 30 et 45es parallèles, dans les deux hémisphères (Bassin méditerranéen, Californies -Mexique et USA-, Chili, Province du Cap en Afrique du Sud, et Provinces d'Adélaïde et de Perth en Australie). On peut aussi considérer comme méditerranéens des pays proches de la Méditerranée qui n'en sont pas riverains, comme l'Irak ou le Portugal, où règne un climat méditerranéen.

Par son histoire le bassin méditerranéen est aussi un *hot spot* de l'urbanisme*, de l'art, de l'agriculture* et de l'aménagement du territoire* comme on peut le voir de Beyrouth à Barcelone, d'Istanbul à Tanger. Et, que ce soit au titre de leur climat, qui est en train de changer, ou à celui d'une forme de mondialisation, on voit se développer, bien au-delà du bassin méditerranéen au sens strict, les formes d'occupation du territoire qui y prospèrent depuis l'après-guerre. On peut observer quelquefois le terme de « méditerranéisation » jusqu'à être étonné en observant d'avion les piscines des quartiers* de villas autour de Londres, signes à la fois de l'évolution du climat et des modes de vie vers un modèle méditerranéen, complétant les évolutions des vignobles du Sussex ou le marché des vieux oliviers espagnols réformés au nord de la France.

A tous ces titres, on peut considérer les régions et les pays du pourtour méditerranéens comme des milieux à observer afin, à la fois, d'anticiper des pratiques territoriales qui seraient funestes dans les régions plus éloignées et d'en concevoir et d'en expérimenter, sur place, des mesures d'adaptation aux changements qui ne manqueront pas de s'y produire. Pour les Européens, la région méditerranéenne était une périphérie, l'essentiel se passait au Nord. Tout indique que, tant pour ce qui est de l'adaptation aux nouvelles conditions climatiques des milieux naturels que pour l'organisation des territoires qui va s'en déduire, cette région deviendra un modèle.

Ménager, ménagement

Olivier de Serres (1639-1719) titrait son ouvrage maître *Théâtre de l'agriculture et mesnage des champs*.

Le verbe ménager, autrefois « mesnager », signifie employer avec économie, avec réserve, avec soin, avec prudence. En Français ménager qualifie un paysan* travaillant sa propre terre et, en Occitan, celui qui cultive pour le compte d'un propriétaire. Je préfère ces termes à ceux de gérer ou de gestionnaire, et encore plus à l'anglicisme manager.

Et je les apprécie en ce sens qu'ils réunissent le soin, l'économie, la prudence et l'action.

C'est pourquoi je les trouve particulièrement adaptés à l'attention que nous devons tous porter à l'environnement*.

Métropolisation

Aujourd'hui, partout dans le monde, les pays connaissent le processus de la citadinisation* de leur population et de leur métropolisation. Ce terme maintenant largement utilisé recouvre au moins deux réalités qui peuvent coexister sur un territoire donné.

Dans un cas on appelle métropolisation l'apparition, au sein d'une ville* ou d'un ensemble urbain, d'une somme de services et d'activités de niveau supérieur conférant à cette conurbation un rôle dominant sur un large territoire. On parle alors de métropole mondiale (Paris, Londres, New-York), ou de métropole régionale (Marseille, Barcelone, Milan). La loi française MAPTAM du 27 janvier 2014 « de modernisation de l'action publique territoriale et d'affirmation des métropoles », confirme ainsi la présence de métropoles dans le territoire national.

Dans d'autres cas, les géographes qualifient de métropolisation le phénomène selon lequel les fonctions urbaines ne se localisent plus uniquement dans les centres des villes, mais se déconcentrent et se répandent sur des territoires* plus vastes, à la faveur des occasions foncières, de la généralisation des pratiques de déplacements individuels et du développement des techniques de communication. Dans le monde on compte maintenant des métropoles de plusieurs dizaines de millions d'habitants, comme Tokyo ou Le Caire et, sur notre vieux continent, on qualifie de métropoles des ensembles urbains assez lâches pouvant concerner plus de 500 000 habitants.

Cette dénomination peut conduire à des confusions qui peuvent être funestes car lorsqu'un politicien condamne les métropoles, il se garde bien dans son discours de définir le territoire* que cela qualifie. C'est pourtant, plutôt qu'un vilain mot*, le cadre de vie d'une part croissante, et bientôt peut-être majoritaire, de la population mondiale : les métropoles comportent des zones densément artificialisées (habitat*, bureaux, centres commerciaux, usines et ateliers, entrepôts, ports, aéroports, friches* urbaines ou agraires..) et les voiries correspondantes, ainsi que des espaces demeurés affectés à l'agriculture*, à la forêt* ou à des lieux que l'on a souhaité maintenir en l'état (falaises, calanques, lacs, étangs, marais…). A l'échelle* de l'individu, la métropolisation peut conduire à l'illusion d'une vie dans la nature alors même que cette vie n'est en rien reliée au fonctionnement des systèmes au sein desquels elle s'impose : un jardin* privé n'est pas une exploitation agricole* et un parc* urbain, si beau soit-il, n'est pas une forêt*; leurs occupants, qui ne sont ni agriculteurs* ni sylviculteurs*, peuvent même être tentés de régenter les pratiques de ces acteurs majeurs qui sont les ménagers* de tels espaces.

La métropolisation n'a pas encore inventé son écologie*, même si de plus en plus de scientifiques et de techniciens, biologistes, géographes, urbanistes, paysagistes y travaillent et explorent comment des écosystèmes* se mettent en place dans des pans entiers de l'espace où la présence humaine et l'artificialisation dominent les mécanismes naturels.

Encourageons-les.

Militantisme

Il y a un lien indéniable entre ce terme et le vocabulaire guerrier. Mais heureusement militer aujourd'hui ne signifie plus guère se battre. Dès l'adolescence il est recommandé aux jeunes* de s'engager en politique, dans la vie sociale et associative, en religion, etc. On peut se féliciter de ce que notre Pays connaisse un très grand nombre d'associations* de toutes sortes, mais on déplore en même temps que l'individualisme se développe, avec le consumérisme* et le scepticisme. On a même quelques raisons de s'inquiéter de l'évolution actuelle de l'abstention et de la désaffection de la vie démocratique. Mais on peut aussi observer quelques manifestations militantes qui tendent à revêtir un caractère combattant.

Se mobiliser pour ou contre une cause, c'est s'informer du mieux possible, diffuser cette information, recruter des alliés, plaider pour la cause que l'on tient pour bonne ou meilleure, intervenir auprès des pouvoirs publics, élus et administrations. Ce sont les ingrédients naturels du militantisme qui consolident la démocratie*. Mais militer ne peut pas remplacer la délibération* et en contester la pratique. Dans une société, quelle que soit son échelle*, dans un quartier*, une commune, une région, etc. il est des partisans et des adversaires de telle idée ou de tel projet. Le jeu démocratique doit bénéficier du militantisme des uns et des autres, qui implique que les partenaires ou les protagonistes échangent leurs arguments. Mais il exige que ces échanges soient approfondis et loyaux jusqu'à ce que l'instance délibérative soit en mesure de prendre sa décision.

Le domaine de l'environnement* ouvre d'immenses champs à ces débats, peut-être même les plus fondamentaux, et nécessite, outre l'honnêteté des militants dans la présentation de leurs données et de leurs arguments, que chacun entende les autres et accepte le résultat de la délibération une fois le débat achevé.

Bien entendu, cela ne peut être que si le maître d'ouvrage du débat en a assuré la sérénité. Lorsque le choix collectif a été opéré dans le strict respect des règles démocratiques, il peut toujours être critiqué par des militants, mais nul ne peut empêcher sa mise en œuvre.

Mitage

Dans bien des régions de notre Pays*, villes* et villages sont entourés de quartiers* qui ne sont ni vraiment agricoles ni vraiment urbains ; ce sont des banlieues lâches où les maisons ont été installées au gré des occasions foncières et de l'indifférence ou de la pusillanimité* des pouvoirs publics, d'abord de l'État avant la loi de décentralisation (1982) puis des communes. Le terme de mitage a été avancé au cours de la décennie 1970 dans les Bouches-du-Rhône, département du littoral provençal où cette extension urbaine a connu, et connaît encore, un redoutable développement. Le fondement en est l'usage du droit de propriété « Je suis chez moi et je fais ce que je veux », et l'inconscience de nos prédécesseurs qui n'imaginaient pas, après la Guerre de 1939-1945, que la liberté de s'installer allait conduire aux risques d'inondation*, d'incendie*, d'avalanche, de glissement de terrain, à l'artificialisation et l'imperméabilisation des sols*. Non seulement le mitage a accentué le développement du trafic automobile* individuel, le gaspillage d'énergie* et la dissolution de la vie sociale des collectivités, mais il rend bien plus difficile les opérations de secours lors des incendies et des inondations.

Le mitage est aggravé par le développement des résidences secondaires* qui, malgré des textes de plus en plus sévères, continue de se développer comme on peut le voir notamment sur tous les littoraux et dans les stations de montagne.

Mixité (1)

Si le terme de mixité est le plus souvent utilisé dans le domaine social, il est plus largement défini comme le caractère de ce qui est formé d'éléments de natures différentes. Quoi de plus mixte qu'un écosystème* naturel ou cultivé ? Les écologues* nous ont montré que plus un système est mixte et varié, plus il est susceptible de résilience*. On trouve dans chaque milieu non bâti des milliers d'espèces microbiennes, fongiques, végétales et animales, soit permanentes soit de passage comme les reptiles, les autres animaux terrestres ou aériens et tant d'autres. De ce fait, l'approche écologique nous invite à une grande ouverture pour ce qui est de la prise en compte des entrées comme des sorties d'espèces des écosystèmes*, que ce soit par des mécanismes naturels comme les processus de dispersion des espèces elles-mêmes, mais aussi par des phénomènes météoriques qui, par la pluie ou le vent, peuvent apporter graines et pollens, par le transport par les animaux migrateurs, par des accidents anthropiques comme le dérèglement climatique* ou l'introduction esthétique d'espèces allogènes, ou encore par la volonté économique d'un producteur agricole ou forestier* qui souhaitera diversifier son catalogue cultural.

La situation actuelle de nos espaces non bâtis* est le fruit de millénaires d'apports. Si leur aspect varié est apprécié, il est quelquefois considéré par certains comme un grave danger en raison du risque de concurrence des espèces envahissantes* avec les espèces indigènes. Même s'il n'y a qu'une chance sur mille qu'une espèce devienne vraiment envahissante au point de détruire ou de transformer radicalement un écosystème, il vaut mieux s'efforcer d'éviter ce risque. D'où la nécessité de veiller à ce que les invasions soient limitées en nombre et en conséquences, ce qui implique une grande prudence car l'élimination d'espèces jugées indésirables est très coûteuse. Sous ces précautions la mixité demeure donc essentiellement une richesse pour les écosystèmes, et ses vertus valent autant pour ce qui est des sociétés humaines.

Mixité (2)

Après sept décennies d'application explicite, puis implicite, des principes définis par la Charte d'Athènes* (1933) qui proposaient que l'on distinguât et séparât les fonctions d'habiter, de travailler, de se distraire et donc de se déplacer, on semble reconnaître les bienfaits de la mixité sociale qui implique le mélange des fonctions, des gens et des lieux qui leurs sont dédiés. Ces principes nous ont conduits à construire les « grands ensembles* » et les lotissements* dans les banlieues. Dépourvues d'emplois et de services privés comme publics, ces périphéries des villes* sont occupées par les centres commerciaux, les immenses zones industrielles qui se sont étoffées de zones de bureaux, de plateformes logistiques et même d'hôpitaux ou de campus universitaires ! Au point qu'il est difficile aujourd'hui d'imaginer implanter un atelier de menuiserie ou de plomberie au sein d'un quartier* affecté à la résidence* ! Quant aux cités universitaires, quand il y en a, au lieu d'être réparties dans le tissu urbain, voire au sein de certaines résidences*, leurs gestionnaires, publics comme privés, s'attachent à les maintenir groupées au prétexte d'une gestion plus simple. Chacun son couloir*!

Cette spécialisation se poursuit jusqu'à l'étalement des « fermes* » solaires ou éoliennes en pleine nature ou en pleins champs, alors que cela en affecte le fonctionnement écologique. On devrait plutôt implanter systématiquement les panneaux solaires dès maintenant sur tous les nouveaux immeubles et sur tous les bâtiments industriels et commerciaux existant et à venir, avant d'en envahir les terrains non bâtis*. On pourrait également, à l'instar de ce qui se fait dans des zones portuaires, comme par exemple à Rotterdam ou à Fos-sur-Mer, installer de nombreuses éoliennes dans les zones strictement industrielles et commerciales sans que cela en affecte l'aspect et le décor*.

Or si l'on souhaite développer une société plus solidaire, on ne peut que promouvoir tous les mélanges possibles, un peu à l'instar des écosystèmes*. Cela apparaît dans des mouvements du genre « La ville du quart d'heure » selon lesquels on doit trouver dans son voisinage* à peu près tout ce qui anime notre vie, le travail, les services, les loisirs, la détente, les sports*, les amis et le hasard. Il est nécessaire que l'on généralise ces approches non seulement au niveau du quartier* mais également à celui de l'ensemble et de l'immeuble où l'on devrait accueillir des habitants de toutes catégories sociales, d'origines et d'âges différents et où, comme avant, un magasin, un atelier, un cabinet médical ou un bureau trouveraient place au rez-de-chaussée et aux premiers niveaux, les habitants résidant au-dessus, le long de la rue ou de l'avenue toutes deux ombragées. A l'heure où s'écrit cet abécédaire, certaines communes envisagent des modifications allant dans ce sens. Sera-ce si difficile lorsqu'on aura pris conscience que l'autre système (l'actuel) ne marche pas ?

N

Naturbanisme

Le souci environnemental qui s'exprime de plus en plus de nos jours peut revêtir des dimensions surprenantes, dont celle de « la nature en ville » ou de la « renaturation », terme qui se substitue souvent à celui de végétalisation, et qui, comme l'expression de « forêt urbaine* », relève de l'oxymore. Certes, les mécanismes naturels s'exercent partout, en ville comme ailleurs, et au sein même de chaque organisme, mais de quelle nature parle-t-on lorsqu'il s'agit de l'accueillir dans nos villes* (et nos villages) alors même que durant des millénaires on s'est efforcé d'en chasser la nature sauvage* ? Y acceptons-nous les animaux sauvages, sangliers, loups*, renards, les débordements des rivières, l'envahissement des voiries et des espaces publics par des ronces ou par les masses de graviers roulés par les orages* ? Nous pouvons constater que la sédentarisation commencée il y a bien longtemps a eu, entre autres effets, celui d'aménager la nature pour accroître la sécurité physique et économique des Hommes*. La distinction entre nature et culture a d'ailleurs été largement explorée, tant par les naturalistes que par les philosophes et les scientifiques. Cela ne signifie nullement que les mécanismes de la vie ont cessé de se manifester dans les espaces urbanisés, les bons comme la bonne santé ou la paix sociale, et les moins bons comme les accidents telluriques, météoriques, climatiques et la pollution*, mais dont les sociétés s'efforcent de maîtriser les effets.

Apporter de la nature en ville* revient à y introduire ou y conserver des êtres vivants en tant qu'éléments mêmes de sa composition. Il s'agit surtout de végétaux : arbres* d'alignement et d'ombrage, pelouses et jardins* d'agrément ou de détente, jardins* potagers pour y exercer des activités de production, de pédagogie* ou de loisirs, habillages végétaux d'immeubles ou de monuments à des fins d'esthétique et de confort* thermique, espaces de réparation des effets physiques de l'urbanisation comme par exemple des bassins de retenue des orages et d'infiltration des eaux*, etc. Tout cela est d'autant plus nécessaire que nous avons connu une longue période de minéralisation de la ville. On a abattu des arbres* pour faciliter la circulation et le stationnement automobile*, imperméabilisé les sols pour se protéger de la boue, négligé les espaces verts* pour des raisons budgétaires, etc.

Notons au passage que cultiver des arbres en ville implique que l'on cesse de bouleverser le sol* et leurs racines* à chaque intervention sur les réseaux enterrés d'eaux* propres ou usées, de gaz, d'électricité et de câbles divers. Il faudra bien se résoudre à construire des ouvrages techniques unifiés pour qu'une fois pour toutes on n'ait pas à remettre la pelle mécanique en route dès qu'une fuite d'eau succède à un branchement de câble qui suit un raccordement de gaz…

Rapporter des éléments naturels en ville ne nous dispense pas de maîtriser l'étalement urbain*, l'artificialisation excessive et le gaspillage des sols*, l'exportation hors de la ville des nuisances que l'on se refuserait de réduire localement (activités industrielles et commerciales, eaux usées*, ordures et déchets*…).

Une tendance actuelle se fait jour qui consiste non seulement à tolérer les « herbes folles » de la ville, des trottoirs et des interstices, ce qui est en effet poétique, mais à les développer. Cela me paraît plus esthétique qu'utile à la gestion de la biodiversité. Car privilégier la nature, c'est d'abord le faire là où elle a le plus de chances de s'exprimer librement, donc hors des lieux fortement artificialisés comme la ville où, en tout état de cause, elle sera toujours en situation précaire. C'est avant tout dans les campagnes*, les champs et les forêts* qu'il faut privilégier la nature, en cessant d'en confisquer les surfaces et en aidant, ou au moins en ne dérangeant pas, ceux qui ont la charge de leur ménagement*, de leur entretien et de leur mise en valeur dans l'optique d'un aménagement* et d'un développement* durables.

Nostalgie

Le dictionnaire définit la nostalgie comme un « état de langueur causé par l'éloignement du pays natal ». Ce terme recouvre le mal du pays* mais aussi le temps passé, comme si « c'était mieux avant ». On éprouve de la nostalgie dans bien des situations où nous sommes confrontés à des changements de notre environnement*. De tels sentiments nous conduisent souvent à réfuter une évolution, une idée, un projet, ou à s'opposer à une réalisation qui, par ailleurs, serait utile, voire indispensable à la vie en commun ou au bien-être du plus grand nombre, sans pour autant porter atteinte à l'environnement* mais qui dérange les habitudes ou le confort* de certains. Les dérèglements climatiques* vont, sans aucun doute, entraîner des modifications notables dans nos décors* habituels, y compris dans la manière d'occuper et d'utiliser l'espace, qu'il s'agisse des pratiques agraires, de la gestion des forêts* et des autres milieux naturels, des eaux*, propres ou usées* mais se raréfiant, ou du dessin des villes*....

Par ailleurs, il faut avoir conscience de ce que les spécialistes* nomment le « syndrome des références glissantes », à savoir le fait que la référence de chacun est l'état de l'environnement qu'il a connu dans son enfance. Mais cet état était déjà souvent différent de celui qu'avaient connu ses parents, qui était leur référence à eux, et ainsi de suite. C'est ainsi que de génération en génération, on ne se rend pas spontanément compte de la dégradation de l'environnement.

Il est donc nécessaire à celui qui s'implique dans son voisinage*, et donc dans son environnement, de faire référence à l'histoire*, même récente, afin de comprendre à quoi est due la situation qu'il déplore. Mais l'historien, même amateur, se doit de bannir la nostalgie de son outillage méthodologique.

Nuisance

Une nuisance caractérise généralement un fait (une source) perceptible, provoquant une souffrance vécue et subie. Parmi les nuisances on compte le bruit, l'exposition à de la poussière, à des fumées, à des vibrations, au dérangement, à de mauvaises odeurs, à des déjections, boues d'épuration ou déchets* divers, à l'exposition à des eaux* ou à de l'air pollué, ou encore à un éclairage nocturne indésirable ou intrusif, etc. Il n'y a pas encore de définition consensuelle largement partagée du concept de nuisance. Les nuisances sont difficiles à mesurer car leurs effets dépendent en partie de leur appréciation subjective par celui qui y est exposé. Il n'empêche que ce terme qualifie souvent une situation que l'on souhaite éviter. On s'efforce alors d'assimiler la nuisance à une pollution* que l'on peut mieux évaluer. On pourrait être tenté de remédier à une nuisance par le fait que, provoquée par un individu ou une entreprise, il lui suffit d'en supprimer la cause. C'est d'ailleurs ce qui arrive souvent par la parole et la discussion, ou parfois par un arbitrage amical ou juridique. Mais ce terme peut être aussi un de ceux qui permettent de maquiller* un simple désagrément en argument écologique.

Nymby, pas de ça chez moi

Ce terme est maintenant bien connu : « *Not in my backyard* », pas dans mon jardin ou pas de ça chez moi. Il exprime des réactions opposées par des citoyens à des réalisations et des projets souvent publics, quelquefois privés, utiles, légaux et conformes aux souhaits du plus grand nombre, mais qui dérangent tel ou tel groupe.

Voilà un piège qui peut discréditer des actions en faveur de l'environnement* car certains groupes, associations* ou partis environnementalistes travestissent de telles postures en arguments fondés et sérieux, les maquillant en vert* ce qui permet, en retour, à des promoteurs de projets contestables de tenter de disqualifier d'éventuelles critiques raisonnables en les présentant comme « nymbiesques ».

Une obligation de toute action en faveur de l'environnement* est de renier systématiquement toute manifestation de ce genre.

O

Opinion, opinions

Une opinion est un jugement, un avis, un sentiment qu'un individu ou un groupe éprouve sur un sujet ou des faits, et ce qu'il en pense. Ce peut être aussi l'ensemble des idées d'un groupe social sur des problèmes politiques, économiques, sociétaux, moraux, etc.

En démocratie*, les opinions s'expriment et s'affrontent pour aboutir, après délibération*, à la décision publique. Dans la vie inter-personnelle et privée elles font de même et conduisent le plus souvent à des négociations et des compromis, quelquefois à des affrontements ou des ruptures. Il est naturel qu'en matière d'environnement* les gens aient des opinions différentes sur des objets ou des projets de leurs proches, de leur collectivité territoriale ou de l'État. Les opinions sont fondées et construites en même temps sur les connaissances pratiques ou techniques, les convictions idéologiques ou politiques et les préférences culturelles ou de confort*. Le problème en matière d'environnement est que ce dernier embrassant tous les aspects de la vie, une bonne prise en compte des opinions nécessite débat et délibération bien davantage que communication* ou pédagogie*

Plus les gens sont informés, mieux sont construites leurs opinions et mieux leur confrontation à d'autres approches s'en trouve facilitée, d'où la nécessité que la meilleure formation* possible soit dispensée au plus grand nombre. Or jusqu'à maintenant l'environnement n'entre guère dans les programmes de formation, même aux plus hauts niveaux, alors que la qualification ne cesse de croître dans presque tous les domaines élémentaires de la vie : ingénierie, génie civil et industriel, architecture, médecine et pharmacie, administration, gestion, etc. : « chacun son couloir* ». C'est sans doute une des raisons pour lesquelles, à défaut de reconnaître que l'on ne sait pas tout, on s'en tient à son opinion, à celle « d'influenceurs », de lobbys* ou de l'opinion publique* qui a tout pour être une somme de méconnaissances !

Opinion publique

Quel acteur de notre vie commune !

Cela m'effraie plus que cela m'agace* car chaque jour ou presque, à la radio ou à la télévision, j'enregistre des dires de spécialistes*, journalistes, militants* ou politiciens, tous plus ou moins informés de la complexité des sujets environnementaux qu'ils abordent, mais je ne trouve que rarement des réponses aux questions de la majorité de nos contemporains. Par exemple, si on résume la complexité d'une situation par l'expression-choc « fin du mois - fin du monde », cela ne permet pas pour autant aux gens de se faire une opinion sur l'état de l'environnement* puis de la partager pour construire l'opinion publique. J'ai la conviction que si les gens peuvent admettre, à travers tel ou tel sondage, que les dérèglements climatiques* sont d'une grande importance, ils n'ont pas pour autant le sentiment qu'ils y peuvent grand-chose. Il en est de même pour ce qui est de l'érosion* de la biodiversité*. Pour eux, la conséquence de ces bouleversements, c'est ce qui va les toucher directement : « le prix de l'essence va augmenter, il va falloir changer ou se priver de voiture, je cours le risque d'être menacé par un incendie* de forêt* ou une inondation* ». Pour autant rien ne semble préparer nos contemporains à prendre conscience des causes de ce qu'ils ont à craindre et des mesures qu'ils ont à prendre individuellement et collectivement pour aborder l'avenir. C'est que là où nous vivons, où nous élevons nos enfants, rien de tangible ne nous aide à envisager, avec nos voisins ou nos collègues, le devenir probable de notre environnement*. Il n'y a pas (plus) de lieu proche de nous où se débat la vie commune. Les délibérations* s'opèrent loin de nous et sans nous au sein d'assemblées dont nous ne savons pas grand-chose. Les partis politiques n'ont plus les sections locales que l'on a pu connaître autrefois et où se construisait la vie civique. Les associations*, actives et souvent compétentes, sont constituées par cooptation*, mais souvent avec des objectifs de défense et de confort* plutôt que par souci de la vie commune. Les mouvements de jeunesse ont été remplacés par des clubs qui peuvent être destinés à encadrer des jeunes* en difficulté sociale ou, à l'autre bout de la société, procurer aux plus favorisés des services de qualité en matière culturelle ou sportive.

De ce fait, on peut craindre que les meilleures mesures proposées par les meilleurs d'entre nous, savants ou personnes publiques sensées mais dépourvus d'audience, apparaissent comme élitistes, totalitaires ou les deux à la fois.

On ne peut alors que se méfier de ce qui est présenté par tel ou tel comme relevant de l'opinion publique alors qu'elle n'a malheureusement pas les moyens ni de se constituer, ni de de se manifester à l'abri des redoutables réseaux dits sociaux, des lobbys et des complots. En particulier on peut même entrevoir les pièges que tendent les référendums*.

Orage

Un orage est une perturbation atmosphérique de faible durée qui se manifeste par un vent impétueux, de la pluie ou de la grêle, des éclairs et du tonnerre. Dans certaines régions, particulièrement sous climat méditerranéen, peuvent se manifester des orages torrentiels dont le seuil de pluie pouvant causer des dommages par des inondations* immédiates en une heure ou dans les heures immédiatement suivantes, fut longtemps considéré comme de l'ordre de 50 mm d'eau. Cette mesure est maintenant largement dépassée car on observe de plus en plus d'orages où tombe en deux jours la valeur de deux mois de pluie, affectant des régions qui jusqu'ici ne connaissaient pas de tels phénomènes.

C'est ainsi qu'adviennent plus fréquemment des crues* qui peuvent surprendre car les eaux* peuvent s'écouler en des lieux où il ne pleut pas, le bassin versant arrosé se trouvant plusieurs kilomètres en amont, comme ce ne fut longtemps le cas qu'au Maghreb ou dans les déserts, mais qui maintenant advient fréquemment en Europe. Le développement des crues dévastatrices, du moins en Europe, semble lié à un accroissement de la durée des pluies sur des parties de plus en plus importantes de territoire, conséquence vraisemblable du dérèglement* du climat*. Il est probable que le changement du régime des pluies, et donc des crues, va nécessiter des mesures majeures à la fois dans la réglementation des établissements humains et dans la régulation des écoulements, incluant sans doute des ouvrages locaux de retenue des écoulements, des barrages* et des espaces d'expansion des eaux.

Organisation territoriale (1)

Nos collectivités territoriales sont l'héritage d'une longue histoire* : les communes prirent la suite des paroisses, les départements furent créés à la Révolution et les régions au début du XXe siècle. Hormis les communes, issues de longues évolutions au sein de territoires* eux-mêmes d'histoire compliquée, les départements et régions furent avant tout mis en place pour faciliter l'action de l'État plutôt qu'en vue d'une décentralisation*. Gaston Defferre (1910-1986), ministre de l'Intérieur, promoteur de la décentralisation de 1982-1983, voulait donner aux maires et aux présidents de départements et de régions le pouvoir qu'avaient auparavant les préfets, mais il ne se souciait guère d'organiser une gouvernance démocratique de ces territoires. Les réformes successives promouvant des structures de coopération interterritoriales (syndicats de communes, ententes interdépartementales, communautés de communes, communautés diverses, pays, etc.) ont été promulguées dans l'optique d'améliorer les interventions techniques et administratives qui pouvaient l'être mais, sans grande prise en compte particulière de l'environnement*. La délibération* y est presque toujours escamotée, les citoyens étant plutôt des administrés, tandis que des parties significatives des territoires* y sont oubliées (petites communes, quartiers*, hameaux, écarts...).

Il faudrait prendre distance avec le mythe selon lequel la commune serait l'élément de base de la démocratie. En effet les communes sont d'une extrême variété allant de 100 habitants (et quelquefois moins) à 2 millions, et sont pour la plupart rassemblées en intercommunalités de manière assez aléatoire. Si le maire demeure la personne la plus appréciée du personnel politique français, il est aussi « à portée d'engueulade » pour ne pas dire plus grave. Mais son conseil municipal ne délibère plus guère que pour approuver, ou entériner, des décisions prises le plus souvent au niveau intercommunal par un conseil qui n'est pas désigné par le suffrage direct, mais au second degré par les communes. De la sorte, la délibération sur les sujets quotidiens ou hebdomadaires échappe tant aux citoyens des quartiers et des écarts des villes de quelque importance (plus de 20 000 habitants) qu'à ceux des autres communes de l'actuelle intercommunalité.

Quant à l'environnement*, il n'a guère compté jusqu'ici dans la délimitation des collectivités territoriales et sa gestion en est rarement facilitée. Seuls les parcs* nationaux, les parcs naturels régionaux et autres grands sites, créés pour des motifs environnementaux, échappent à ce travers.

On n'intégrera pas l'environnement dans la vie démocratique et pratique sans une révision sévère de notre organisation territoriale qui mette en exergue l'adéquation entre l'échelle* des approches environnementales et l'association des gens à la délibération.

Organisation territoriale (2)

Pour une meilleure prise en compte des nouveaux modes de vie, qu'ils soient urbains, périphériques, campagnards ou ruraux, et de l'intégration des nécessités de la vie sociale, de l'économie et du fonctionnement des écosystèmes*, il faudrait réintégrer la délibération* subsidiaire dans les actuels conseils municipaux et créer des conseils de quartiers élus. Ces derniers seraient des collectivités élémentaires dotées d'un conseil délibérant et d'un budget. Cela n'empêcherait en rien de confier la réalisation et la mise en œuvre des décisions à une nouvelle forme de communauté, réunissant les communes de moins de 20 000 habitants, les quartiers des plus grandes villes* et les écarts. Ces nouvelle communautés, délimitées et établies à la suite d'un débat démocratique, deviendraient les collectivités locales majeures, dotées de deux chambres délibérantes, l'une élue au suffrage direct, l'autre représentant les collectivités élémentaires, d'un exécutif distinct et de services communs à l'ensemble des collectivités et à la communauté. Pouvant (devant) être différentes des actuelles intercommunalités, elles recevraient les compétences des actuels conseils départementaux qu'elles remplaceraient et celles des actuelles communes qui ne seraient pas confiées aux régions. Elles s'entendraient par voie démocratique sur les limites de leur région qui serait également administrée par un exécutif distinct du pouvoir délibérant lui-même assumé par deux chambres, l'une élue au suffrage direct l'autre désignée par les communautés.

Les régions cesseraient alors d'être des circonscriptions administratives pour devenir des collectivités territoriales représentatives de leurs habitants et de leur environnement* et la délibération y aurait toute sa place.

La décentralisation* remplacerait la déconcentration.

Organisme génétiquement modifié

Dès les débuts de l'agriculture* et de l'élevage* les paysans* ont pratiqué une sélection des produits qu'ils attendaient de leurs efforts. D'où la profusion, aujourd'hui en péril, de races animales et de variétés végétales. Ces pratiques ont longtemps consisté en l'observation, dans les cultures et les récoltes des différents terroirs*, de produits présentant de meilleures performances que les autres, à en récolter les semences (végétales et animales) ou les boutures et d'en faciliter la reproduction. Cette sélection était implicite au départ, mais elle est devenue systématique chez les paysans, puis s'est développée avec les progrès de la génétique qui en ont permis le développement. Cette évolution s'est, bien entendu, accompagnée d'une dimension commerciale qui a malheureusement eu pour effet une simplification et un appauvrissement de l'éventail des races et des variétés. Avant même que l'on découvrît les gènes, leurs caractéristiques et les mécanismes intimes de leur combinaison, on avait déjà mis en pratique de manière empirique l'amélioration génétique en vue d'accroître la productivité des pratiques culturales ou d'élevage. Celle-ci est donc une activité soumise à l'économie plus qu'à tout autre objectif, d'autant plus que le brevetage du vivant semble devoir s'imposer faute d'une opposition politique significative.

Depuis le siècle dernier de nouvelles découvertes ont permis d'encore mieux comprendre les mécanismes intimes de la génétique et de multiplier les hybridations. Cela a permis d'accélérer la sélection et l'amélioration souhaitée des races et des variétés, mais a été un pas nouveau dans leur manipulation. On a ainsi pu distinguer tel gène conférant à l'individu qui en est muni telle ou telle qualité et en favoriser la transmission à un autre, soit par la voie de la reproduction sexuée, soit par une intervention directe au sein du noyau de la cellule. On a également tenté d'intervenir par les techniques de biologie moléculaire comme ce fut le cas dans la découverte de riz à paille courte résistant au Mistral et d'un platane résistant au chancre coloré. On a même entrepris de reconstituer ainsi des races animales disparues en allant intégrer leurs gènes anciens parmi ceux des races voisines existantes et qui en étaient issues.

Aujourd'hui les techniques numériques, l'intelligence artificielle, permettent d'accélérer l'observation des mécanismes de la sélection génétique spontanée en limitant les manipulations physiques des gènes. Nous nous trouvons donc globalement engagés dans une démarche mondiale qui consiste à développer les manipulations génétiques à des fins très diverses, comme adapter une espèce à de nouvelles conditions édaphiques ou climatiques, accroître sa résistance à des maladies, à la compétition ou à la prédation, améliorer la productivité d'une culture, reconstituer des espèces ou des races perdues.

C'est vertigineux au point qu'une part importante de l'opinion* se refuse à cautionner une telle démarche, allant même jusqu'à détruire des outils de recherche et des cultures expérimentales. Certes il s'agit pour une bonne part de pratiques et d'opinions* plus que de connaissances, mais les scientifiques eux-mêmes sont partagés. Il existe en effet des risques sérieux de dissémination de gènes s'échappant des espèces génétiquement modifiées pour aller s'installer dans des espèces sauvages non-cibles avec le risque de modifier leur génome et leur niveau d'adaptation au sein des écosystèmes. Si les risques sont faibles pour les espèces d'origine exotique comme les tomates, les pommes de terre, le maïs ou la dinde, ils peuvent par contre devenir sérieux pour les espèces indigènes et poser des questions de santé publique. Les organismes de recherche savent toutefois bâtir des protocoles de sécurité et devraient mériter notre confiance.

Les précautions d'usage ne nous empêchent pas, malgré tout, d'importer des produits issus de manipulations génétiques venant de pays moins scrupuleux, comme les aliments protidiques venus d'Amérique. Ces réserves nous interdisent malheureusement de développer une recherche qui pourrait pourtant revêtir une grande utilité en médecine ou en agriculture* ou plus largement en biotechnique.

Revenant à notre cher platane, l'arrêt des recherches n'a permis de produire qu'un seul clone résistant au chancre coloré (*Ceratocystis platani)* de sorte que les cours et les places de Provence ou du Languedoc, de même que les bords du canal du Midi, dont les 40 000 platanes ont dû être abattus, se voient aujourd'hui couverts d'arbres de toutes sortes, dont aucun n'a la belle ombre du platane que nous aimions tant.

Il me semble que cette question est de celles qui nous déroutent car elle n'a pas fait l'objet d'une discussion ouverte dans un débat public raisonnable, démocratique et serein où les arguments scientifiques et un raisonnement sérieux remplaceraient l'invective.

Ours

L'ours brun marsicain (*Ursus arctos marsicanus*) est demeuré dans les Abruzzes, à guère plus de 150 km de Rome, de Naples et de Pescara en Italie, alors que les ours de Toscane ou du Piémont ont été éradiqués comme dans les Alpes françaises. Il a été fortement protégé dès la création du Parc national des Abruzzes et s'installe peu à peu dans le territoire voisin du Parc national du Gran Sasso. Pourquoi les quelques ours bruns des Pyrénées françaises (*Ursus arctos arctos*), leurs cousins, demeureraient-il malvenus ? Pourquoi leur protection et leur réintroduction prévues par la loi posent-elles tant de problèmes ? Parce que nos campagnards et nos montagnards se sont habitués depuis le XXe siècle à ne plus avoir à protéger leurs animaux d'élevage* contre les grands prédateurs et se prémunir d'un danger qui n'est pas toujours fantasmé. Dans les Alpes du Sud, le dernier ours a été tué en 1936 à La Mure (Isère). Les gens s'étant globalement citadinisés, même en campagne*, ces prédateurs ont disparu de leurs soucis. L'envie de nature ou de sauvage* peut se manifester d'une nouvelle manière qui souhaiterait les voir revenir.

Mais alors, les éleveurs que l'on loue par ailleurs comme les « jardiniers » du décor* se voient tenus à reprendre des mesures de garde qui entraînent des contraintes qu'ils se félicitaient d'avoir abandonnées pour vivre, durant toute la période d'estive, une vie plus confortable chez eux en famille, que seuls dans des cabanes en pleine nature.

La question de l'ours, comme celle du loup*, montre combien il est difficile de trancher, surtout quand on ne pratique pas soi-même le pastoralisme, la vie paysanne locale ou le naturalisme. Si l'on excepte l'option du retour du sauvage partout il ne reste que deux solutions à la présence de l'ours :

– le maintien de zones réservées à la liberté du sauvage, d'où toute activité humaine serait exclue, ce qu'en anglais on appelle le *land sparing*, la réservation de l'espace,

– la coexistence de ces animaux et des activités humaines qui, pour des raisons de sécurité et de qualité de la vie des humains et des contraintes économiques et sociales, doivent être aidées par la collectivité publique, ce qui nous éloigne du sauvage ; c'est ce qu'on appelle le *land sharing*, le partage du territoire. Les ménagers* de l'espace rural acceptent-ils de jouer ce rôle d'agent public et en deviendront-ils peu à peu les acteurs ?

Notons au passage cette contradiction lorsqu'on utilise l'ours, ou tout autre animal de ce genre, le loup par exemple, comme attraction touristique : quoi de moins sauvage que le tourisme* ?

P

Parcs, sites et réserves

Bien avant que la Commission mondiale des aires protégées désigne, dans la décennie 1950, une des six commissions de l'Union internationale pour la conservation de la nature consacrée à la protection des zones naturelles pour « promouvoir l'établissement d'un réseau représentatif mondial de zones protégées terrestres et marines », de nombreux pays avaient déjà délimité et institutionnalisé des parcs et des réserves de milieux naturels pour les soustraire le plus possible aux interventions humaines. Cela remonte à la seconde moitié du XIXe siècle aux États-Unis d'Amérique, où fut créé le Parc de Yellowstone en 1872. En France en 1913, à l'initiative du Touring club, a été créé le Parc de la Bérarde (Hautes-Alpes) qui devint en 1923 le Parc national du Pelvoux, puis en 1973 le Parc national des Écrins, qui concerne également le Département de l'Isère. Dans la période récente, et selon les normes en vigueur aujourd'hui, ont été créés les premiers parcs nationaux, la Vanoise et Port-Cros, en 1963. Les parcs naturels régionaux, quant à eux, ont été créés en 1966 à l'initiative de la DATAR* à Lurs (Alpes-de-Haute-Provence). On a également institué les grands sites de France, dont le réseau date de 2000 et dont le label a été accordé par l'État en 2003. En complément des parcs, dont l'objectif est une gestion des territoires mettant en avant le développement* durable et l'environnement*, les grands sites proposent une approche privilégiant la protection du patrimoine historique, archéologique, esthétique et environnemental.

Entre temps a été dressée une catégorisation de territoires protégés comprenant six groupes, depuis la réserve intégrale de nature jusqu'à l'aire protégée de ressources naturelles gérée.

Au sein de ce catalogue, la France a principalement inscrit les parcs nationaux, les parcs naturels régionaux, les grands sites et, de manière plus spontanée, on a créé des réserves à l'initiative d'organisations non gouvernementales, de collectivités territoriales ou d'établissements publics. Les réserves, nationales ou régionales, ainsi que les arrêtés de biotope concernent généralement des surfaces assez réduites mais d'un intérêt patrimonial particulier. Elles n'excèdent qu'exceptionnellement les limites d'une commune, et le propriétaire ou le ménager* conduit un programme que la collectivité approuve et souvent appuie. Parmi les réserves figurent les réserves biologiques intégrales forestières généralement gérées par l'Office national des forêts et celles confiées aux conservatoires des espaces naturels. Nombre d'entre elles bénéficient du label de Réserve naturelle de France, mais il en est d'autres. Certains propriétaires privés ont même un plan de gestion à dominante naturaliste, faisant de leur domaine une réserve particulière.

Parcs et grands sites concernent, quant à eux, des surfaces bien plus vastes et, de ce fait, impliquent de nombreuses communes à travers une charte et une structure interterritoriale regroupant communes, départements et régions. Des nuances existent dans les objectifs, les structures de gestion mais, dans l'ensemble, parcs et sites de notre Pays sont des modèles en vue d'une prise en compte adéquate de l'environnement dans les politiques publiques. Les parcs naturels régionaux sont même une spécificité française et ont été conçus comme des « modèles d'aménagement* fin du territoire ». La récente réforme du statut des parcs nationaux a d'ailleurs rapproché leurs objectifs de ceux des parcs naturels régionaux.

La création de telles institutions s'est souvent faite avec l'opposition des habitants des territoires* concernés mais, dans leur grande majorité, les parcs et sites sont entrés dans le paysage* institutionnel, et les gens, non seulement s'en sont accommodés, mais maintenant s'en félicitent, au point que rares sont les communes ayant désiré quitter un parc.

J'ai la conviction que la manière de gérer nos territoires que permettent de tels outils est, comme cela avait été suggéré, un modèle de plus en plus nécessaire d'autant plus que les questions d'environnement entrent en masse dans le débat public. On a pu dire naguère que « tout allait devenir parc ». Pourquoi pas, en effet, lorsque la deuxième métropole de France Aix-Marseille-Provence, que j'appelle « Phosalye », comporte en son sein le Parc national des Calanques, le Grand site de Sainte Victoire et participe aux Parcs naturels régionaux des Alpilles, du Luberon et de la Sainte-Baume ?

Pare-feu

Voir Coupure de combustible.

Parking

Il n'y a guère, une ou deux places de garage étaient requises pour chaque nouveau logement, tandis que des parkings publics étaient (et sont encore) construits dans les centres villes, l'objectif étant de canaliser les automobiles* et de les maîtriser. L'expérience montre que, loin d'atteindre cet objectif, ces pratiques ont eu pour effet de faciliter la voiture en ville* et d'en multiplier le nombre. On en vient à installer des garages de proche périphérie que l'on associe à un accès facilité au transport en commun*. En attendant la disparition de l'automobile privée et individuelle qui est inéluctable, cette solution paraît raisonnable, à ceci près que les parkings de dissuasion contribuent eux aussi largement à l'étalement urbain* et à l'artificialisation des sols*! N'oublions pas que chaque installation d'artisanat*, d'industrie*, de logistique, de commerce, de sport, de santé, et même d'enseignement supérieur, dispose de son propre parking alors qu'elles sont souvent voisines et pourraient les partager.

Dans nos proches périphéries, nous disposons déjà d'immenses surfaces déjà artificialisées que sont les ouvrages routiers, échangeurs, rocades et pénétrantes. Ceux-ci occupent des sols appartenant à la collectivité qui pourraient être excavés à loisir, avec toutes les précautions nécessaires quant au fonctionnement du sous-sol (nappes), afin d'y situer les parcs à voitures et autres gares routières nécessaires, ce qui économiserait dépense foncière ou expropriation et aurait, en outre, l'avantage de ne pas affecter le décor*.

Lorsque les automobiles privées auront disparu, de tels parcs souterrains pourront accueillir les entrepôts qui, encore aujourd'hui, stérilisent des surfaces importantes.

Pastoralisme

Le pastoralisme désigne l'élevage* pratiqué en plein air sur des pâturages et des parcours, ainsi que la relation d'interdépendance entre les éleveurs, leurs troupeaux et les milieux exploités. Cette relation a débuté il y a plus de 10 000 ans avec la domestication de certains animaux vivant en communauté, mammifères et quelquefois oiseaux. Le pastoralisme a décliné dans le monde occidental avec l'exode rural et la mécanisation de l'agriculture* mais, en France, l'activité pastorale a survécu et s'est même orientée vers les zones d'accès difficile, notamment en montagne, ou dans les zones de déprise rurale*, même dans des territoires* métropolisés. Le pastoralisme propose un mode d'utilisation de l'espace que notre société recommence à prendre en considération lorsqu'on cherche des formes nouvelles de production agricole dans lesquelles la part de dépendance à la chimie* et à l'énergie* fossile devrait décroître. Le pastoralisme est par ailleurs apprécié en tant qu'il produit un décor* rural apprécié. On peut même voir promu un pastoralisme urbain ! Durant les siècles passés les politiques et pratiques forestières avaient tendu à exclure le pâturage des espaces boisés*. Une telle exclusion témoignait d'une époque, aujourd'hui presque révolue, où les bois étaient liés au pouvoir, seigneurial ou régalien, et d'où les paysans* devaient être exclus, relique aussi d'un temps où le forestier* régentait son territoire, essentiellement réservé à la production de bois et de gibier plutôt qu'aux aliments du troupeau. De nos jours, les approches écologiques invitent à considérer d'un autre œil les interactions entre l'animal et le milieu naturel, qu'il s'agisse de stimuler la variété des écosystèmes* ou de contrôler la masse végétale pour diminuer le risque et la gravité d'éventuels incendies*, d'avalanches ou de glissements de terrain. On a d'autre part réévalué la production animale, lait et viande en milieu forestier, comme pouvant égaler voire excéder la production de bois. Le pastoralisme est souvent encore associé à la transhumance, pratique saisonnière en usage dans bien des régions montagneuses du Monde où, là aussi, se confrontent ou se combinent les tendances à l'exode rural, les demandes touristiques et les désirs de nature. En France, on connaît bien les questions posées au pastoralisme par le retour du loup*, de l'ours* et d'autres prédateurs, mais on en entrevoit difficilement des solutions simples. Il demeure en outre que la viande et le lait issus du pastoralisme rencontrent des difficultés de commercialisation car, d'une part, les prix de revient sont souvent plus élevés que dans la production intensive encore massivement dominante et, d'autre part, une nouvelle tendance invite à moins consommer les produits animaux. Marie-Antoinette élevait des moutons mais mangeait du gibier.

Pays

Pays est un mot qui désigne tout autant :

– un lieu que l'on chérit « Ô moun pays, ô Toulouse... » de Claude Nougaro (1929-2004),

– pour qui l'on s'engage « Défendre son Pays »,

– une image poétique « Mon pays c'est l'hiver » de Gilles Vignault,

– que le territoire, plus ou moins défini et délimité, que l'on s'approprie ou que l'on cherche à promouvoir.

Le pays est devenu une réalité administrative et politique à partir de la Loi Voynet d'orientation pour l'aménagement et le développement durable du territoire (1999). L'expérience a montré que cette appellation était souvent donnée à des ensembles de communes où la considération politique et administrative primait largement sur toute idée fonctionnelle, culturelle et environnementale.

C'est aussi un outil commercial permettant de distinguer l'origine d'un produit agricole comme un vin ou un poulet « de pays ».

Faute de précautions sur son usage et ses significations, avec les mots voisins de paysan* et de paysage*, il peut être un piège dans un raisonnement qui se voudrait sincèrement favorable à l'environnement*.

Paysage

Il ne faut pas confondre le paysage et le décor*. Alors que l'acception courante du mot désigne le paysage comme l'espace qui s'offre au regard, elle ne désigne en fait qu'un décor. C'est alors une approche momentanée et statique qui ne concerne que l'état dans lequel se trouve le dit espace au moment où on l'observe.

Le paysage a un autre sens pour celui qui vit et intervient sur le territoire* : il est l'état d'un processus dynamique susceptible de changer en fonction du rythme du temps et de l'importance des actes qui y sont accomplis, que l'on cultive un champ, construise un quartier* ou une route ou qu'on gère une forêt*. La culture va nécessiter la succession de différentes étapes suivant les saisons : préparation du sol*, semis ou plantation, maturation, récolte. La route va entraîner une modification de l'usage des terres, se border de végétation nouvelle ou quelquefois de bâtiments, la forêt va se développer puis être récoltée, l'évolution des villes peut conduire à des destructions-constructions d'immeubles, etc.

Ainsi si l'on confond décor et paysage, on ne rend compte ni de la dynamique ni de la résilience* des constituants des territoires. C'est pourquoi, pour un géographe, un urbaniste, un paysagiste, un écologue*, un agronome* ou un forestier*, le paysage se définit à la fois par l'ensemble des éléments qui le constituent et par les mécanismes qui animent chacun d'eux au sein de l'ensemble. L'écologie* des paysages est d'ailleurs maintenant une branche dynamique de la science écologique, utile à l'aménagement*, les écosystèmes* étant en perpétuelle évolution.

La prise en compte du concept de paysage dans une politique de gestion et d'aménagement du territoire* doit donc permettre une mise en perspective qui intègre les évolutions qui se manifestent, soit naturellement quand la végétation se développe et modifie le panorama, soit du fait des actes de la gestion comme une récolte, un changement de culture (un verger se voit remplacé par une culture annuelle), une éclaircie ou une coupe* de bois dans un peuplement forestier, une rénovation ou une extension urbaine, la création d'une voie nouvelle. Mais en dépit de l'importance à la fois économique et patrimoniale des usages du territoire et des besoins de la société, nos contemporains semblent souhaiter majoritairement que la situation actuelle demeure, selon eux, ce qu'elle aurait toujours été. De ce fait bien des politiques publiques se déterminent aujourd'hui par rapport à l'aspect instantané de ce que l'on voit. Le décor – instantané – prend le pas sur le paysage – dynamique. Cela vaut autant pour la ville* que pour la campagne* et, au siècle dernier, ont fleuri les textes destinés à protéger les aspects des décors plutôt que les mécanismes à l'œuvre au sein des territoires concernés.

La protection des quartiers* urbains a encouragé le développement extérieur de zones artisanales, commerciales ou industrielles, dont on perçoit maintenant le caractère néfaste à la vie sociale et à l'environnement*, sans compter la stérilisation de nombreuses terres agricoles ou forestières. Par ailleurs, protéger des habitats* naturels jugés précieux, a pu retarder l'adaptation d'actes de gestion forestière ou pastorale au dérèglement climatique* ou à la protection contre l'incendie*.

Dans ces cas, c'est bien le manque de considération pour la dynamique écologique, économique ou sociale qui a conduit les différents acteurs, publics ou particuliers, chacun dans son couloir*, à des décisions de très court terme concernant un décor, en fin de compte nuisibles au paysage.

Quelques indices laissent toutefois entrevoir que, dans certains nouveaux territoires comme les parcs ou certaines intercommunalités, des acteurs se saisissent d'une réalité plus systémique et dynamique, quelquefois à travers de véritables délibérations*. L'émergence de telles pratiques laisse espérer que l'on prenne le paysage davantage en compte que le décor.

Paysan

Il n'y a guère l'appellation paysan était sinon une insulte du moins une marque péjorative. On était désigné comme cultivateur sur sa carte d'identité, éventuellement agriculteur*, puis exploitant agricole*, mais pas paysan : il fallait exciper d'une profession plutôt que d'un état. Paysan ne qualifiait d'ailleurs pas seulement les agriculteurs et les éleveurs, mais aussi les autres acteurs de la vie campagnarde, artisans* ou négociants et de la vie collective du pays*.

En 1977, un groupe de chercheurs, le Groupe de Dijon (INSAA-INRA), dans un article « Pays, paysans, paysages » mettait en évidence la correspondance, dans les Vosges, entre les savoirs des agriculteurs* et la structures des paysages* agraires caractérisant un pays. L'appellation de paysan a revêtu une dimension syndicale, dans la foulée des activités militantes des amis de José Bové, leader emblématique de la Confédération paysanne, qui a suivi en 1987 la Confédération nationale des syndicats de travailleurs paysans (CNSTP), créée en 1981 en dissidence de la Fédération nationale des syndicats d'exploitants agricoles

(FNSEA). Puis, en 1999, Ségolène Royal, ancienne ministre de l'Environnement, a repris ce slogan qui a eu pour intérêt essentiel de montrer l'aspect dynamique du paysage qui dépend des actions conduites dans un territoire donné.

Aujourd'hui, le mot paysan fait partie du vocabulaire, tant du marketing que des écologistes*, pour qualifier les producteurs locaux et leurs produits issus d'une agriculture* se voulant plus biologique que l'agriculture raisonnée que prône la FNSEA. Il est un de ces termes qui tente, souvent avec succès, de créer des liens entre certains producteurs et des consommateurs citadins soucieux d'environnement*. Mais si les travaux académiques ont pu faire apparaître le lien historique et fonctionnel entre le paysan et le paysage, c'est-à-dire l'environnement*, l'acception actuelle ne semble guère plus qualifier un lien entre le paysan et le pays, c'est-à-dire la collectivité humaine et son territoire.

On peut donc douter de la pertinence de ce nouvel usage d'un tel terme dans un monde où la population active dédiée à la production agricole est devenue largement minoritaire, y compris au sein de territoires* non encore urbains, bien que citadinisés*.

Pédagogie

En principe la pédagogie s'adresse aux enfants. Maintenant elle nous est destinée à tous, en particulier par les politiques qui s'efforcent de nous expliquer après coup que telle ou telle décision est heureuse, qu'il nous faut la comprendre et l'accepter car ce serait la seule possible. Mais s'agit-il de pédagogie ou de communication* ? C'est en tout cas une marque de plus de l'éloignement des citoyens avec la délibération*.

La pédagogie conserve cependant sa nécessité car les questions environnementales, comme bien d'autres, demandent des connaissances de plus en plus riches. En effet, on ne peut plus s'en tenir au simple bon sens car bien des mécanismes sont contre-intuitifs. On peut, par exemple, opter pour l'achat d'un objet en pensant économiser du carbone, alors que l'on ne dispose pas, loin de là, de la connaissance complète de son processus de fabrication et de l'origine de l'énergie* et des matières qu'il a fallu mobiliser pour le fabriquer et nous l'apporter. Ou encore citer cette institutrice qui invitait ses petits élèves à arracher des plants de pins d'Alep après un incendie pensant, à tort, que cette essence est envahissante* et dangereuse alors qu'elle est indigène et pionnière, facilitant l'implantation, par la suite, d'autres espèces participant des écosystèmes* locaux, notamment les chênes verts et pubescents.

La démocratie* exige que chacun ait reçu la meilleure formation possible, y compris en matière d'environnement*. Il est tout autant indispensable que les professionnels de la pédagogie que sont les enseignants et certains cadres associatifs disposent de la formation et de l'information la plus précise possible afin que leurs messages correspondent à la réalité environnementale du lieu où ils exercent.

Un exemple qui m'est familier est celui de la forêt*, élément majeur de nos milieux de vie et de nos environnements. Le discours d'un scandinave, féru de forêt suédoise ou norvégienne ne convient pas nécessairement à un étudiant algérien ou sénégalais, tout comme la déforestation de l'Amazonie ou du bassin du Congo n'a guère à voir avec l'exploitation d'un taillis de chênes verts dans le Gard. L'environnement de chacun est biologiquement, écologiquement et socialement intimement lié au lieu où il vit et, si l'inspiration de sa prise en compte est universelle, sa pratique est locale. Autrefois, les inspecteurs des Eaux et Forêts donnaient quelques cours dans les Écoles normales d'instituteurs et, ce que l'on appelait « étude du milieu » dans les classes pilotes* de l'enseignement secondaire, devrait aujourd'hui retrouver sa place. Cet enseignement a permis à quelques classes d'âge – dont la mienne – d'observer sur leur territoire* le cadre réel de la vie des gens, à travers toutes les disciplines, depuis « l'histoire-géo. » et les sciences naturelles jusqu'aux mathématiques et au dessin. Chaque citoyen ne peut devenir biologiste, chimiste ou géographe et posséder toute la gamme des connaissances utiles à l'appréhension de son environnement. Il est donc indispensable que ceux qui savent donnent patiemment au plus grand nombre, chaque fois que cela est utile, et particulièrement aux élus qui délibèrent et décident, les informations les plus justes possible, plutôt que leur opinion*, afin que les choix puissent être faits par tous en parfaite connaissance de cause.

Permaculture

La permaculture est un mode de culture qui vise à insérer les espèces dont on désire récolter les fruits dans des systèmes qui respectent davantage la biodiversité* que ne le fait l'agriculture* traditionnelle. Cela conduit à faire pousser ces plantes parmi les autres plantes spontanées de la parcelle. La carotte doit trouver sa place, comme la pomme de terre, la courgette et autres, parmi les plantes spontanées. L'inspiration des promoteurs de la permaculture vient du libre fonctionnement la nature (que l'on nomme aussi bio-mimétisme ou éco-mimétisme). C'est une méthode qui fait place à la fois à des principes d'écologie* et aux savoirs de certaines sociétés traditionnelles. Elle vise à imiter la diversité, la stabilité et la résilience* des écosystèmes naturels. Cette pratique ne se prive pourtant pas d'une certaine artificialisation* des supports et des sols* puisqu'elle est, entre autres, pratiquée sur les toits d'immeubles ou sur des friches urbaines ou industrielles. Ses promoteurs prétendent que la confection de sols est parfaitement conforme à l'esprit de la permaculture, qui considère qu'agir sur les conditions initiales du système « humains-nature » est souvent la condition sine qua non permettant d'engager celui-ci dans une voie de progression écologique garantissant sa durabilité et sa résilience*.

Mais il ne semble pas que les techniques actuelles de la permaculture aient permis des réalisations autres que du maraîchage sur des petites surfaces, car elles nécessitent une importante main d'œuvre. Or les besoins de l'humanité en aliments comme en matières premières demandent des rendements importants qui justifient que l'on accélère la recherche dans ce domaine. Il est souhaitable en particulier qu'on (r)établisse un équilibre entre les plantes cultivées et les autres espèces vivant sur et dans le sol, pour des raisons économiques en plus du simple aspect physiologique et biochimique de la nutrition de la seule plante souhaitée.

Sans doute parviendra-t-on à mettre au point des techniques permettant des rendements et des productions répondant mieux aux besoins du plus grand nombre, tout en favorisant davantage la vie et la résilience des écosystèmes*.

Pesticide

Pesticide est un mot assez récent, dérivé du mot anglais *pest,* qui désigne les ennemis des êtres vivants, insectes, champignons, virus et bactéries, etc. en y incluant même les plantes adventices (les mauvaises herbes), voire des prédateurs comme certains oiseaux, les rongeurs ou les herbivores sauvages. On parle quelquefois aussi de pesticides au lieu de médicaments* dans la médecine vétérinaire.

L'utilisation de produits chimiques pour lutter contre maladies et prédateurs, le soufre ou l'arsenic par exemple, remonte à au moins un millénaire avant notre ère. Au cours de l'histoire l'usage de produits de plus en plus élaborés s'est développé jusqu'à l'époque contemporaine où l'on a utilisé des insecticides* de synthèse comme, entre autres, le DDT (dichlorodiphényltrichloroéthane) dans la lutte contre le moustique vecteur du paludisme. Ce produit a cependant été interdit en raison des dégâts qu'il causait, comme l'a révélé dès 1962 Rachel Carson (1907-1964) dans son livre *Le printemps silencieux.*

La liste des produits phytosanitaires n'a cessé de s'allonger jusqu'à atteindre une limite d'acceptabilité* de la part des populations qui en contestent le bien fondé. De nombreux éléments concourent à une méfiance, souvent justifiée, à l'égard de l'utilisation d'intrants chimiques ou biochimiques dans les cultures et l'élevage, même si la sécurité alimentaire n'a jamais été aussi grande qu'en ce moment dans nos pays européens. Il y a plusieurs raisons à cela, parmi lesquelles la liaison industrielle indéniable entre ces produits phytosanitaires et les armes de dévastation chimique utilisées depuis la Grande Guerre (gaz, napalm, défoliants, etc.), les accidents occasionnés par ces produits chez des agriculteurs* et de réels dégâts causés à la santé de certains groupes de personnes par une pratique négligente des traitements des cultures ou de la distribution. Cela conduit à une mobilisation contre la chimie*, et pesticide est devenu lui aussi un vilain mot*.

On doit absolument trouver des produits de nature à soigner les humains, les animaux et les cultures qui n'altèrent ni leur santé ni celle des écosystèmes*. On ne pourra guère éviter d'utiliser, en attendant le moins possible, ceux qui, aujourd'hui permettent malgré tout de sauvegarder la sécurité et la santé de la plupart des gens.

Les chercheurs travaillent avec acharnement à cette substitution, mais sont-ils assez nombreux et leur en donne-t-on les moyens suffisants ?

Piscine

Il y a quelques années, je militais pour que l'on construisît une piscine municipale dans mon village. Le maire, socialiste, que j'interpellais régulièrement à ce sujet me dit un jour « Tu m'ennuies avec ta piscine, tu n'as qu'à t'en faire une chez toi ! ». J'habite effectivement en Provence, une région de France proche de la mer où il y a le plus de piscines privées... La piscine tend à devenir la pièce supplémentaire d'été des pavillons et des villas de nos banlieues périphériques, mais continue de manquer gravement dans le catalogue des équipements collectifs, soit au sein des ensembles* d'habitation, soit au niveau du quartier* et même de la commune. Une piscine collective, privée comme publique, présente des avantages sociaux – on s'y rencontre –, économiques – on en partage les coûts – et écologique en mobilisant bien moins d'eau que l'ensemble des piscines privées qu'elle remplace. Aux États-Unis d'Amérique, pays du libéralisme, nombreuses sont les résidences* collectives privées pourvues d'une piscine partagée, ce qui reste rarissime chez nous pour des raisons avouées (les charges seraient trop lourdes), alors même que la somme des charges des piscines particulières est largement supérieure aux coûts d'une piscine collective. Mais la privatisation de la piscine relève aussi d'un individualisme et d'un quant-à-soi moins avouables.

En outre les piscines mobilisent des quantités d'eau relativement importantes. Par exemple en Provence-Alpes-Côte d'Azur leur réserve globale est de l'ordre des contenus cumulés des bassins de Saint-Christophe et du Réaltort et du réservoir Marseillais du Vallon Dol qui approvisionnent la cité phocéenne. Mais surtout, comme toutes les annexes des maisons individuelles* isolées, la piscine accapare une surface artificialisée qui aggrave l'étalement urbain* et ses conséquences.

On voit apparaître sur le marché des piscines privées où le traitement des eaux s'opère de manière biologique, ce qui requiert un peu plus de surface. Il s'agit du maquillage en vert* d'un objet qu'il n'est guère souhaitable de promouvoir si l'on prétend à l'écologisme. Il serait bon en revanche que les piscines collectives soient multipliées et conçues selon le principe d'un traitement biologique.

Pluridisciplinarité

L'Arlésienne ! La nécessaire spécialisation à laquelle nous oblige le développement des connaissances scientifiques et techniques nous conduit à ne plus pouvoir (savoir ?) comprendre la réalité dans laquelle nous agissons, à demeurer dans notre couloir*. Cette hyperspécialisation se manifeste caricaturalement dans le domaine médical où chaque spécialiste* en vient à s'interdire tout diagnostic qui ne relève pas de son domaine, même s'il est avant tout médecin et on a fait du « généralisme » une spécialité. On demande de l'interdisciplinarité dans tous les champs de la vie publique et sociale mais, en même temps, nous exigeons de plus en plus de précision, de spécialisation, et nous fustigeons la réunionite* qui ferait perdre du temps aux décideurs.

C'est que nous n'avons pas appris à échanger et à partager avec les autres, nos condisciples, à l'école depuis le primaire jusqu'au supérieur. Nous avons plutôt appris à nous comparer aux autres, voire à les défier, et à sortir les premiers de la compétition qu'est devenue la formation*. Ce n'est pas parce qu'on est le meilleur taxonomiste qu'on apportera davantage à notre cadre de vie, à notre voisinage ou à notre environnement*. Mais c'est en apportant, parmi tous les autres spécialistes*, à ses compagnons de projet ou simplement à ses concitoyens, ses éléments de taxonomie que cela permettra de compléter leur éducation commune.

Les classes nouvelles* ont été, durant un temps malheureusement trop court, un modèle de ce que devrait être la formation à la pluridisciplinarité. Si nous y revenions ?

Plus jamais çà

Cette expression est la marque la plus spontanée de l'emphase* qui s'exprime à l'occasion des accidents environnementaux comme les incendies de forêts* ou les inondations*. On peut l'entendre de la part de la personne choquée et lésée par un sinistre, mais de là à ce que les responsables politiques ou administratifs l'emploient systématiquement ! De plus, les personnes concernées par ce qui les a frappées reviennent le plus souvent sur les lieux pour reconstruire leur bien endommagé ou détruit, ce que recommandent d'ailleurs certaines assurances, mais les élus n'en modifient pas pour autant, sauf à y être contraints par la loi, leurs projets d'urbanisme* et d'aménagement* qui ont pu être à l'origine du sinistre. Enfin, aux niveaux politiques les plus élevés, où l'on continue de proclamer le « plus jamais ça », la procrastination domine quant aux mesures majeures à prendre pour renverser les tendances de consommation dans lesquelles nous demeurons engagés. En fait, c'est comme un exorcisme, mais cela ne contribue en rien à un changement des pratiques.

Pollution

La pollution est la dégradation ou la destruction d'un milieu, pouvant aller jusqu'à concerner la biosphère tout entière, par l'introduction d'entités (physiques, chimiques ou biologiques) ou de radiations qui en altèrent le fonctionnement. La pollution est presque toujours d'origine humaine mais elle peut aussi provenir d'événements telluriques ou météoriques qui engendrent d'importants déplacements d'éléments solides, liquides ou gazeux. Ce n'est pas un phénomène nouveau, pas plus que sont nouveaux les moyens et les mesures mis en œuvre au cours de l'histoire pour limiter la pollution, depuis la constitution des décharges de déchets* préhistoriques jusqu'à la construction des admirables réseaux d'eaux usées* des villes* antiques des Ancien et Nouveau Mondes. Mais, comme le reste, la pollution s'est accélérée avec le développement industriel, alors que les mesures de protection et de réparation n'ont pas toujours suivi l'accroissement des quantités des produits polluants. Il existe des gradations dans la pollution, depuis la nuisance* qui peut être abordée comme relevant des relations sociales et être résorbée à l'amiable entre celui qui la provoque et celui qui la subit, jusqu'à la quasi destruction d'un milieu par le cumul des dégradations, physiques, chimiques et biologiques que l'on peut observer en de trop nombreux lieux défavorisés de notre planète.

Des exemples funestes comme ceux des catastrophes* de Bhopal en Inde, de Seveso en Italie ou encore de Tchernobyl en Ukraine, n'ont peut-être pas suffi à ce que nous changions radicalement les modes de production industrielle. Toutefois, nous disposons maintenant de plus en plus de mesures juridiques et réglementaires ainsi que d'outils techniques pour interdire de provoquer des pollutions et, le cas échéant mais malheureusement encore peu fréquemment, pour réparer les dégâts. Cela peut nécessiter des interventions très importantes qui, elles-mêmes, demandent des connaissances scientifiques et techniques devant encore être développées, des mesures juridiques les mettant à la charge des auteurs, ce qui justifie que tant de personnes et d'institutions soient vigilantes et actives dans la surveillance des méfaits dus à la pollution.

Mais, là encore, on peut parfois déplorer des références démesurées aux textes, voire aux usages, pour tenter d'empêcher tel ou tel acteur économique ou telle ou telle personne d'exercer régulièrement son métier ou de réaliser un projet qui peut s'avérer utile et sans danger : ce qui peut déranger certains n'est pas nécessairement une nuisance ou une pollution. En pareil cas, et avant d'entreprendre quelque action que ce soit, qui ne peut être que légale, il est bon d'évaluer la réalité du dommage éventuellement causé au voisinage, ainsi que la résilience* du milieu.

Pouvoir d'achat

Le pouvoir d'achat mesure ce que peut consommer un ménage ou un individu grâce à son revenu. Cet outil est devenu un instrument politique car il permet de relativiser l'importance des revenus face aux standards de la consommation. Mais une approche environnementale nécessiterait qu'on précisât de quel achat il s'agit : pouvoir d'acheter quoi ? Cette nuance ne semble s'appliquer qu'aux personnes les plus modestes et on se rappelle la référence fâcheuse aux écrans plats ! Mais la question doit être posée à tous : doit-on avoir le pouvoir d'acheter une voiture d'occasion de faible cylindrée ou un gros véhicule tout-terrain ? Doit-on obligatoirement acheter « de la marque » dernier cri ou peut-on garder le même vêtement plusieurs saisons ? Récemment on a rajouté l'idée de « reste à vivre » car le pouvoir d'achat n'est pas totalement un pouvoir lorsque, précisément pour vivre, il faut d'abord disposer d'un minimum de biens et de services comme un logement, de l'eau, du confort thermique, de la nourriture, des vêtements, etc. L'observateur politique ou scientifique du pouvoir d'achat fixe donc une sorte de limite à ce que l'économie doit au minimum procurer à chacun. Ainsi a-t-on décidé qu'un téléphone mobile appartient maintenant au minimum requis, alors que cela ne concerne pas encore l'isolation thermique de l'habitation !

Pour que l'approche écologique prenne sa place aux côtés de l'économique il faudra revoir la définition et l'usage de ce concept. Cela ne pourra se faire que dans un strict cadre politique en prenant soin d'éviter toute considération morale mais en précisant tout de même le minimum dont chacun doit pouvoir disposer. En ces temps où commence enfin à se généraliser le souci d'une mutation économique en faveur d'un environnement* mieux traité, il ne peut être admis que le pouvoir d'achat tienne une place majeure dans le débat politique si l'on ne prend pas soin d'en préciser le sens. La distinction « fin du monde-fin du mois », si elle est un terme astucieux du débat politicien contemporain, n'aide en rien à la recherche de nouveaux modèles de vie.

Prairie

La prairie, contrairement à ce que l'on pourrait croire, est une culture de plantes fourragères principalement composée de poacées (autrefois graminées) et de fabacées (ex légumineuses), destinée à être pâturée ou fauchée. René Dumont avait professé que « l'herbe ça se cultive ». On peut la confondre avec ce qu'en d'autres continents on nomme « prairie », à savoir de vastes surfaces couvertes d'herbe, souvent des poacées, que l'on considère comme des milieux naturels, avec des pelouses elles aussi considérées comme naturelles, ou encore avec des jachères*, des friches* et des landes utilisées comme parcours. Les prairies peuvent être permanentes ou temporaires, ensemencées ou non, avec toutes les gradations. Comme leurs pratiques culturales sont discrètes et peu fréquentes l'activité biologique du sol* y est plus librement dynamique que dans des terres de culture annuelle ou pluriannuelle. Il n'empêche que leur exploitation, coupe ou pâturage, entraîne une exportation de matière organique que compense généralement un apport d'amendement* organique ou chimique venant abonder l'apport naturel des animaux qui s'y nourrissent. Cette pratique inscrit la prairie dans l'activité agricole. On irrigue également les prairies lorsque c'est nécessaire. La prairie n'est donc pas, pas plus que la forêt*, un habitat* naturel parmi les décors* agraires, mais résulte des choix de ceux qui ont la charge de l'espace rural et qui en vivent.

Précaution

La précaution est la prudence, la prévoyance minutieuse que l'on manifeste pour éviter ou atténuer un mal, un inconvénient, un désagrément ultérieur pressenti. Vingt ans après qu'une grande conférence de l'ONU ait proposé en 1972 le terme d'écodéveloppement, à la suite d'accidents industriels et d'erreurs, de fautes, de choix techniques et politiques malencontreux, les pays participants ont adopté, dans la déclaration de Rio de 1992, un principe de précaution qui vise à permettre aux décideurs de prendre des mesures de protection lorsque les preuves scientifiques relatives à un danger pour l'environnement* ou la santé humaine sont incertaines. Celui-ci a par la suite revêtu une forme juridique.

Ce principe qui reprend de vieux préceptes du genre « réfléchir avant d'agir » s'imposait avant notre époque où l'usage est souvent de déclarer « comme nous ne savons pas quoi faire, dépêchons-nous de le faire » ou « assez de paroles, des actes ! ». La précaution est fondamentale, mais son principe est quelquefois détourné au profit d'intérêts particuliers de personnes ou de groupes qui souhaitent simplement s'opposer à une décision ou à un projet d'intérêt collectif ; précaution n'est pas prétexte. Nous en connaissons tous au moins un exemple. Cela pose à nouveau la question de la différence entre les dimensions réelles de notre environnement et les éventuels désagréments qu'on peut en redouter, qu'il s'agisse d'un projet urbain, de l'usage de terrains pour des activités particulières, qu'elles soient agricoles (le bruit des tracteurs dérange, ce barrage souhaité par les agriculteurs ou la commune nuirait à la vie de la rivière), sportives (ce stade va créer du trafic automobile et du bruit), de service public (la piste de desserte contre les feux de forêts détruit la biodiversité*, la nouvelle ligne de train ou de métro nuit à l'agriculture*), artisanales (le bruit et le trafic engendrés nuisent à la qualité de la vie), etc. L'appareil réglementaire ne cesse de s'étoffer en vue d'accroître les précautions et donne à la collectivité davantage de moyens pour se protéger. On ne peut que s'en féliciter.

Mais parallèlement, pour tempérer l'usage du principe de précaution, la population devrait disposer de meilleurs moyens démocratiques pour décider d'un projet et pour délibérer, ce qui est rarement le cas. Les parties prenantes sont rarement toutes associées à la délibération*, et c'est pourquoi tel ou tel groupe, telle ou telle personne, prend conscience trop tard de décisions prises à son insu et qui la dérangent. Elle peut exciper du principe de précaution en tant qu'ultime moyen de s'opposer à un projet qui, pourtant, peut être utile à la majorité et ne nuit nullement au développement* durable du territoire*. L'enquête publique et les qualités du commissaire qui en est chargé ne permettent pas toujours de trancher ces débats de sorte que la meilleure assurance pour que les précautions soient prises me semble être une sage et patiente délibération.

Productivisme

Le productivisme est un système d'organisation de la vie économique dans lequel la production est donnée comme objectif premier. Ce terme est souvent employé pour disqualifier des actions qui ne tiendraient pas suffisamment compte des effets de la production en matière sociale ou environnementale. Mais comme tant d'autres vilains mots*, plutôt que de dénoncer telle pratique qui serait fautive, le mot productivisme sert à dénigrer des familles entières d'activités qui apportent pourtant un bénéfice réel à leurs opérateurs et à la société. Pourtant un artisan*, un entrepreneur ou un commerçant est parfaitement en droit de s'efforcer d'accroître la productivité de son travail et d'attendre un revenu de son activité. L'agriculture* dite productiviste nous apporte tout de même des aliments abordables et de qualité, et il ne paraît pas condamnable que l'agriculteur* en retire un profit légitime tant qu'il n'enfreint pas la loi.

Propriété foncière

La question de la propriété foncière n'est quasiment jamais évoquée au cours des débats relatifs à l'environnement*, sinon pour opposer à tel ou tel l'intérêt collectif de son terrain, comme par exemple le fait que la forêt* devrait être accessible à tous pour la promenade et la délectation*.

La Constitution reconnaît à tous le droit de posséder un bien immobilier et d'en faire usage sous réserve de respecter les lois et les règlements. C'est ainsi que les Codes de l'urbanisme, de l'environnement, minier, rural, forestier* et sans doute bien d'autres en encadrent l'exercice. Mais hormis l'expropriation pour cause d'utilité publique, et quelques modes de limitation particuliers comme le droit de préemption, le sol* demeure un bien dont la valeur est soumise aux lois du marché. Pourtant, la puissance publique prend souvent des décisions unilatérales dont l'effet sur les prix des terrains est immédiat. Telle classification d'un terrain dans un plan local d'urbanisme* peut en augmenter considérablement le prix, telle implantation publique ou privée autorisée mais considérée comme source de nuisances, route, voie ferrée, installation industrielle, éolienne… peut dévaloriser radicalement une propriété. Notre droit prévoit explicitement que l'expropriation fait l'objet d'un dédommagement par la collectivité, mais la servitude d'utilité publique est gratuite. La « dyspropriation », c'est-à-dire la privation d'une partie de l'usage de son bien par une décision publique, n'existe pas dans nos codes. Peut-être cela aiderait-il à un aménagement des territoires* plus serein ?

Au cours de l'histoire moderne on a assisté, surtout depuis la mise en application de la loi d'orientation foncière (1967) instaurée durant les « Trente glorieuses », à l'accroissement des inégalités des valeurs foncières provoqué par les plans d'urbanisme. Un terrain pouvait voir son prix décupler suivant qu'il était constructible ou non et que son coefficient d'occupation des sols était plus ou moins élevé. Cette flambée des prix a conduit autant à l'étalement urbain* qu'à des pertes de rentabilité de bien des exploitations agricoles. Elle a également influé sur des décisions de réservations foncières pour des urbanisations futures comme pour la création de réserves de nature. En d'autres termes l'absence de considérations foncières a joué, et joue toujours, un rôle majeur dans la modicité des mesures environnementales prises aux moments de la planification spatiale. Aujourd'hui, alors que le prix des terrains apparaît comme un frein majeur à un aménagement* durable du territoire* et à la cohésion sociale en consacrant des inégalités criantes entre les centres des villes, les banlieues et les périphéries, il ne semble pas que les propos politiques, même les plus environnementalistes, s'attardent sur la politique foncière. Il nous faudrait pourtant faire aujourd'hui ce qu'aurait dû faire la loi de1967, à savoir le gel en l'état des valeurs foncières, donnant ensuite à la collectivité publique le bénéfice des plus-values procurées par ses décisions, quitte à dédommager les éventuelles moins-values.

Symétriquement la perte d'intérêt que portent nos contemporains à leurs biens fonciers, dont une part croissante ignore les propriétés rurales, agricoles ou forestières qui leur reviennent après deux, trois ou quatre générations d'héritages et d'indivisions, commence à poser d'énormes problèmes qu'il serait dangereux d'abandonner au marché. Les Sociétés d'aménagement foncier et d'établissement rural (SAFER), comme les agences et les conservatoires fonciers, s'ils rendent bien des services aux agriculteurs et à certaines collectivités publiques, ne sauraient à eux seuls affronter le gigantesque défi foncier qui se prépare pour ce siècle.

Nous devrions nous en préoccuper le plus tôt possible.

Punitif

Je ne souhaite pas savoir qui a lancé cette expression « d'écologie punitive » : quelle double erreur ! Tout d'abord rappelons que l'écologie* est une science qui est gratifiante pour le scientifique comme pour le public. Elle n'est pas plus « punitive » que l'entomologie ou l'astrophysique ! Ce qui a pu être considéré comme punitif serait plutôt la contribution demandée pour limiter telle ou telle pratique, mais un impôt* n'est pas une amende. Lorsque le Parlement vote une loi, elle doit être appliquée ; si elle est injuste, elle doit être abrogée et le Parlement sanctionné par le vote populaire. Mais pour être puni il faut avoir commis une faute ! Utiliser sa voiture n'est pas une faute, c'est même souvent une nécessité. Polluer une rivière est une faute et la loi, et non l'écologie, la punit.

Pusillanimité

De quel niveau de pusillanimité faisons-nous preuve en matière d'environnement* ! Depuis le « je sais bien mais...» jusqu'à l'évacuation électorale d'une mesure de sagesse, mais qui toucherait au confort* de tel ou tel, nous vivons encore des pratiques et des postures qui, en toute bonne foi, sont censées justifier non seulement l'absence de décisions mais souvent des mesures prises à l'encontre de notre environnement*. On sait depuis longtemps que l'automobile* individuelle ne pourra être l'outil universel de déplacement au XXIe siècle, mais aucun État ne prend les mesures nécessaires à son remplacement et chacun en développe l'industrie. On sait depuis longtemps aussi que la diffusion de l'habitat* à faible densité n'est pas soutenable mais on continue d'artificialiser les sols*, hectare après hectare, au nom de nécessités diverses et souvent discutables, allant de la promotion de l'emploi jusqu'à l'innovation architecturale proche de la nature. Ce n'est pas pour autant que, nous et nos élus, proposons des mesures pour en changer : cela coûte de l'argent, des voix d'électeurs, des adhérents ou simplement un effort. La pusillanimité collective peut provenir de plusieurs milieux, associatif, syndical ou politique. Elle est tout autant individuelle lorsqu'une décision à prendre pourrait provoquer des changements, voire des sacrifices, dans notre mode de vie et notre confort*.

Il est vrai qu'à tout instant il faut faire des choix qui, naturellement, se heurtent à des oppositions. Mais il suffirait souvent de les poser clairement et de les mettre en discussion avant d'en délibérer pour que, peu à peu, nos attitudes changent en faveur d'une meilleure prise en compte de ce qui nous est commun, à savoir notre environnement.

Q

Quartier

Un quartier est le quart de quelque chose. C'est aussi la partie d'une ville* ou d'un village ayant une personnalité, une physionomie propre, une certaine unité. Dans les tendances actuelles à l'euphémisme* on privilégie ce mot pour désigner les banlieues ou les faubourgs où se posent des problèmes sociaux et quelquefois de sécurité publique. Mais oublions ce sens, car quartier n'est pas un vilain mot* et on n'a pas encore compris que le quartier est le lieu de base de la vie sociale où l'on pourrait saisir les premiers éléments de notre environnement*, et où celui-ci pourrait connaître sa première approche démocratique. Dans ce cas, je préférerais à ce mot de quartier celui de voisinage*.

Dans bien des lieux se sont créés des comités d'intérêts de quartier (CIQ), associations défendant les intérêts de leurs adhérents autant et plutôt davantage que les intérêts collectifs. Ces CIQ, réunis par adhésion voire par cooptation*, et ne pouvant prétendre à la représentativité démocratique des habitants du voisinage, réagissent aux décisions prises par la puissance publique plus qu'ils ne les provoquent. Ils proposent quelquefois des mesures utiles au quartier, mais n'ont pas le pouvoir de décision. Il est également suggéré que les communes créent des conseils de quartier. Car c'est à ce niveau géographique que devraient se tenir les délibérations* élémentaires à propos de sujets de proximité comme les ordures ménagères, la circulation, la qualité de l'air, le bruit, et où tout ce qui concerne les habitants, les voisins, se trouverait confronté aux contradictions que nous devons surmonter sans cesse. Dans une modernisation de notre organisation territoriale*, le quartier, collectivité élémentaire, pourrait être « l'école primaire » de l'environnement et de la démocratie* pour peu que l'on ne se contente pas d'en écouter distraitement les représentants défendant, au mieux, leurs intérêts et que l'on accepte qu'ils soient élus et représentatifs, qu'ils délibèrent de ce qui concerne l'ensemble de leurs voisins et en contrôlent la mise en œuvre.

Quartier résidentiel

N'est-il pas étrange que l'on oppose les banlieues, les grands ensembles*, les cités HLM et autres lotissements* aux quartiers résidentiels ? Ne réside-t-on pas dans son quartier* quel qu'il soit ? Les quartiers résidentiels ne seraient-ils pas plutôt ceux réservés aux plus fortunés ? Ce terme ne cacherait-il pas une forme implicite de la ségrégation sociale ? On ne peut guère, en même temps, prôner la mixité*, qui est une des conditions d'un bon équilibre environnemental et social, et continuer à séparer nos espaces de vie de telle manière.

R

Racines (1)

Les racines des plantes sont leur organe d'ancrage physique dans le sol* (le plus souvent car il existe quelquefois des racines aériennes) et leur appareil de nutrition destiné à capter et assimiler l'eau* et les éléments minéraux nécessaires à leur croissance* et à leur développement*.

Ces organes participent à l'activité du sol de manière complexe :
– mécaniquement, en fractionnant le sol, et même le sous-sol et la roche-mère, et en améliorant leur capacité physique à abriter plus de vie et à assimiler plus d'humidité,
– biologiquement, par l'osmose qui permet aux minéraux d'alimenter la plante par le truchement des organismes du sol, parmi lesquels les champignons (mycorhizes), les animaux, mais aussi d'innombrables micro-organismes.

L'enracinement des plantes, en particulier des arbres* en milieux artificialisés, est fondamental. Si, comme cela semble se confirmer, nos contemporains attachent de l'importance aux arbres dans la ville*, il est indispensable que leurs racines trouvent dans le sol de quoi y vivre et se développer. Dans l'optique d'une diminution radicale* de l'artificialisation des sols et d'un nécessaire accroissement des densités*, cela implique que chaque acte de construire ou d'équiper s'assortisse de réserves de sol adéquates en surface et en profondeur. Par exemple, en installant des galeries techniques destinées à recevoir, une fois pour toutes, les réseaux de câbles et de conduites et des puits d'enracinement traversant les étages des sous-sols sous les dalles des places, terrasses, entrepôts et parkings* souterrains que l'on ne va pas manquer de multiplier.

Racines (2)

Les racines sont aussi souvent la métaphore plus ou moins poétique de l'origine de personnes, de groupes ou de cultures. Malheureusement, cette image présente naturellement un caractère de fixité qui va à l'encontre de l'objet recherché. Exciper de ses racines, provençales, baoulées, andines ou autres, semble indiquer que l'on demeure ancré dans son milieu d'origine plutôt que de s'enraciner là où on a choisi de vivre : mieux vaudrait parler des sources d'où l'on vient...

D'ailleurs, la métaphore est discutable car si les plantes ont des racines qui les attachent au sol*, elles proviennent de graines dispersées bien au-delà de leur espace d'origine. Ainsi comme les plantes, les Hommes* peuvent venir d'un lieu lointain, soit personnellement, soit par leurs géniteurs et, comme les cours d'eau*, ils proviennent de sources différentes et de leurs affluents. Peut-être, s'enracineront-ils ou poursuivront-ils leur cours ?

Radical

Le terme radical renvoie à la racine*. Il qualifie quelque chose qui appartient à la nature profonde, à l'essence d'un être, d'un objet ou d'un système.

Il a une signification scientifique lorsqu'il s'agit d'un radical chimique ou linguistique.

Mais dans le langage courant il fait le plus souvent référence à une posture qui se réclame d'une certitude quelquefois fondée sur la connaissance, mais qui peut seulement procéder d'une opinion*.

Dans notre Pays le radicalisme a produit un parti politique qui refusait les concessions, et qui est assez rapidement devenu centriste. Mais les positions radicales continuent de s'exprimer au sein de quasiment tous les partis, de droite comme de gauche, y compris au sein même de leurs minorités extrêmes.

Il en va de même dans les mouvements écologistes* où les radicaux, insistant sur l'urgence* et l'intransigeance, mettent en avant telle ou telle pratique, dans tel ou tel domaine, qui serait à imposer ou à proscrire absolument et au plus tôt, sans référence ni à ceux qui en sont les acteurs, ni aux raisons qui les y conduisent

De telles manières ne peuvent servir l'environnement* car, précisément, celui-ci est fait de l'ensemble des éléments qui entourent chacun d'entre nous et notre collectivité. Telle mesure, telle pratique, telle réglementation ne vaudra que si elle s'inscrit dans les écosystèmes* dont elle entend orienter l'évolution, et la société est un écosystème. Si l'approche radicale peut être utile dans la recherche des causes d'un dysfonctionnement de notre société, donc de notre environnement, elle est souvent nuisible à l'instauration de l'échange, du débat démocratique et du partage qui doivent conduire à la délibération*.

Rationnement

Le mot effraie. J'appartiens à la génération qui a connu les tickets de l'après-guerre ; ce souvenir, assez vague mais amplifié par les récits, rend délicate la prise de conscience de cette pratique qui est pourtant à l'œuvre.

Dans ma commune, l'eau*, gérée par une régie, est facturée selon trois tranches, avec une consommation de base qui est d'un prix modeste, une deuxième est plus chère et une troisième bien plus chère. Il en va de même pour l'électricité qui coûte moins cher durant les heures creuses. Le train, ou l'avion coûtent plus ou moins cher selon qu'on les prend tel ou tel jour ou à telle ou telle heure. Nous sommes donc bien habitués au rationnement commercial qui réserve en fait aux plus privilégiés la possibilité de consommer à loisir.

Et ne cachons pas les rationnements implicites que nous impose la vie sociale, comme, dans bien des cas, l'assignation de fait à résidence imposée par le prix des logements, et toutes les ségrégations que nos politiques de redistribution ne résorbent pas.

Dans le domaine de l'environnement* un rationnement pourrait être heureusement envisagé, qui ne porterait pas nécessairement plus atteinte à l'égalité républicaine que la progressivité de l'impôt* sur le revenu ou la facturation de l'eau par tranches. Prenons le prix du carburant pour exemple. De nombreuses personnes ont été contraintes à se loger loin des centres-villes et des lieux où sont proposés les emplois. Compte tenu de l'organisation urbaine de leurs habitats*, elles vivent dans des quartiers* peu denses où il est quasiment impossible d'organiser les transports en commun*. Elles sont donc contraintes d'utiliser un véhicule individuel, ce qui entraîne une consommation de carburant qu'il faudrait pourtant réduire. L'augmentation du prix des carburants accroît de manière douloureuse le coût de ce transport inévitable. Un traitement systématique et uniforme de cette question n'a permis d'améliorer ni les autres modes de transport, ni la limitation de la consommation de carburant. Mais un rationnement serait possible qui garantirait un prix du carburant modeste pour ceux qui recevraient, selon des modalités à mettre en place, des bons d'achat correspondant à des besoins mensuels (ou trimestriels) d'une voiture de taille modeste. Le reste de la consommation resterait soumis à une facturation libre, voire dissuasive. La personne souhaitant utiliser un véhicule de grosse cylindrée, ou celle qui consacrerait ses loisirs à des déplacements lointains et répétés, pourrait alors avoir à payer le prix fort. Il peut en aller de même dans les domaines où se confrontent les nécessités de la vie des plus modestes et celles d'une gestion sobre des ressources énergétiques (matériel mécanique de l'agriculture* et des jardins*, chauffage domestique, pratiques sportives, tarifs aériens, etc.). De toute façon, il est d'ores et déjà nécessaire de consentir des efforts pour atteindre les nouveaux objectifs environnementaux que nous imposent les changements en train de se produire dans notre environnement*. Si l'on ne souhaite pas y parvenir par des méthodes autoritaires et aveugles portant atteinte à nos libertés, il serait judicieux d'envisager démocratiquement des rationnements permettant d'associer la justice sociale et le soin écologique.

Reboisement

Le reboisement est ce que l'on attend souvent le plus des forestiers* alors qu'en même temps on leur reproche de mal reboiser. On le leur demande après des accidents comme les incendies*, les glissements de terrain ou d'autres atteintes aux sols* et au décor*, la forêt* étant alors reconnue comme un pansement nécessaire. Il arrive aussi qu'on leur reproche de reboiser, même si l'opération s'inscrit dans une démarche sylvicole, car elle est préjugée productiviste*. Dans le premier cas, on reconnaît tout de même au forestier un savoir-faire démontré de longue date et remarqué notamment dans la restauration* des terrains en montagne (RTM) qui a connu une période faste à partir du Second Empire dans les montagnes du sud de la France. Les reboisements RTM se sont poursuivis jusqu'à nos jours. Ils sont d'ailleurs pratiqués abondamment dans les pays méditerranéens du sud de l'Europe, au Maghreb et aux Proche et Moyen Orient. Dans notre pays, les résultats de ces travaux sont largement oubliés tant a été grande la qualité des peuplements qu'on pourrait maintenant être tenté de considérer comme naturels, comme par exemple dans le Mont Ventoux (Vaucluse) ou le massif du Rialsesse (Aude). Ces investissements confirment que la couverture forestière des versants est un puissant garant contre l'érosion* et un outil efficace pour retenir les eaux* de ruissellement. L'opinion* attend aussi le reboisement après les feux de forêts*, car on croit que la disparition du couvert végétal est irréversible et l'on ne soupçonne guère la capacité de la végétation à reprendre sa place. Il arrive souvent que la reprise spontanée de la végétation soit plus rapide que certains reboisements, mais l'opinion exprime souvent une telle hâte de voir le décor* se rétablir que la population fait pression sur les collectivités et l'État pour que des reboisements soient rapidement entrepris. On va même parfois jusqu'à organiser des collectes d'argent largement médiatisées... Cela peut être quelquefois utile mais, après des décennies d'expérience, on sait maintenant qu'il faut attendre quelques années avant d'envisager d'entreprendre des reboisements, sachant que la résilience* des milieux boisés peut être puissante.

Il est toutefois des cas où l'urgence* est évidente et où l'intervention s'impose, en particulier lorsque les sols* sont fragiles ou ont été emportés. Dans ces cas il est souvent nécessaire d'effectuer des travaux plus ou moins importants affectant le sol et le sous-sol de manière à donner aux plants les moyens de s'enraciner et de croître (griffage, labour*, plessis, gabions, bourrelets, banquettes...).

On procède aussi à des reboisements dans les cas de pollution de sols que l'industrie a maltraités.

Le boisement n'est alors plus un pansement mais une thérapie.

Dans d'autres cas un sylviculteur* peut être conduit à reboiser des parcelles ayant été exploitées et où il est jugé bon, soit de substituer une autre espèce à l'espèce récoltée, par exemple remplacer des sapins souffrant des dérèglements climatiques* par des cèdres réputés plus adaptés à l'aridité, soit d'enrichir un peuplement existant d'une essence dont on espère le développement, comme par exemple l'introduction de feuillus dans un peuplement de résineux* ou plus simplement en espérant accélérer la reprise après une coupe* à blanc. Mais le sylviculteur* est souvent soupçonné de vouloir transformer ses parcelles en machines à produire du bois*, comme si cultiver la forêt était une abomination.

Il est vrai que dans le cadre du Fonds forestier national, créé en 1946 par le Conseil national de la Résistance pour dynamiser la production de bois dans la France renaissante, on a pu constater des boisements monospécifiques plus ou moins heureux, avec les fameux « timbres-poste » de toutes petites parcelles ou au contraire de grandes parcelles de douglas ou autres résineux. Mais, depuis lors, soit ces peuplements sont arrivés à maturité et ont été exploités, soit ils ont été négligés par les successeurs des planteurs et, dans les deux cas, sont revenus dans le circuit forestier ordinaire, au point que la plupart d'entre eux apparaissent comme naturels. Ils ont tout de même participé à l'incroyable extension de la surface forestière du Pays, qui ne compte aujourd'hui pas moins de 18 millions d'hectares dont près de 4 millions en régions méditerranéennes.

Le reboisement n'est plus guère de mise ces derniers temps, mais les perspectives du changement climatique laissent penser qu'il faudra sans doute s'y remettre dans le cas où nous serions contraints d'envisager des introductions de provenances ou d'espèces mieux adaptées à plus d'aridité. Il faut espérer que les savoir-faire des pépiniéristes et des entrepreneurs auront été préservés et qu'il n'y aura pas à réinventer ce que nos prédécesseurs avaient mis au point aux siècles derniers.

Reconstitution des milieux incendiés

La reconstitution des milieux incendiés n'est pas toujours bien assurée par des reboisements*, contrairement à ce l'on pourrait croire. De nombreuses études et l'expérience elle-même montrent que la plupart du temps, les mécanismes naturels de régénération agissent mieux que le reboisement, surtout si l'on prend des mesures de prévention de l'érosion*. Si on désire une réapparition rapide des décors* abîmés, il est plutôt souhaitable d'intervenir par une culture appropriée de la végétation renaissante : il faut faire de la sylviculture*! Il est dommage que, soit par bonne volonté, soit par souci publicitaire, on oriente des financements importants vers des reboisements plutôt que vers la conduite des peuplements qui se reconstituent. Mais on sait aussi que dans un contexte de dérèglements climatiques*, on observera vraisemblablement des changements dans la végétation et, peut-être, l'apparition d'écosystèmes* qui s'adapteront aux nouvelles conditions bioclimatiques.

Ce n'est que lorsqu'une forêt de production a été détruite, et que son ménager* entend remettre sa culture en état, qu'il peut être raisonnable d'entreprendre un reboisement avec des espèces qui seront mieux adaptées au nouveau climat.

Pour toutes ces raisons s'impose une gestion des forêts et des milieux naturels, une sylviculture particulière, qui s'ajoute et se combine à celles pratiquées jusqu'ici et à celles, nouvelles, que l'on entrevoit maintenant comme, par exemple, la réduction de la densité des peuplements.

De même, la destination de parcelles forestières en évolution spontanée vers une maturation des peuplements, et encore plus vers le retour à une hypothétique forêt primaire*, compte tenu de l'évolution des conditions bioclimatiques et des nouveaux modes d'occupation des territoires*, implique que de tels espaces soient protégés du feu et que des équipements conséquents (pistes, coupures de combustible*, réserves d'eau*...) le permettent.

Référendum

Je suis inquiet d'entendre proposer de plus en plus souvent d'instaurer et de généraliser la pratique du référendum d'initiative populaire ou citoyenne. Je ne trouve pas que ce soit une bonne idée pour la raison que c'est, en fait, un recul de la démocratie*. En effet, une telle procédure, en prétendant donner la parole aux citoyens à propos d'une décision ou d'un projet, consacre le fait qu'il a déjà été décidé et arrêté sans qu'on leur demande leur avis et sans débat public ni délibération*. Car, dans la pratique, c'est lorsque tout est prêt pour la mise en route que les gens s'expriment et souvent s'opposent. C'est, de leur part, une facilité car ils ont, en principe, la possibilité de se tenir informés et de participer aux délibérations* qui aboutissent au projet.

Mais, de fait, les décisions sont maintenant de plus en plus souvent prises dans des circonstances qui échappent au contrôle des citoyens. La collectivité ou le particulier, maîtres d'ouvrage, se trouvent alors confrontés à des manifestations, des recours, tous légaux mais aussi, parfois, à des actions qui franchissent les limites de la loi et qui peuvent même procéder de motivations qui ne sont pas toujours directement liées à l'objet de la manifestation.

La voie la plus efficace et la plus démocratique pour prendre en compte les souhaits des gens est de les associer à la délibération ou aux travaux qui la préparent, ce qui nécessite de rapprocher les lieux de la délibération des citoyens, dans le quartier* ou la commune (si elle n'est pas trop grande), et d'élargir le cercle des citoyens concernés, par exemple par le biais de commissions extra-municipales, extra-départementales ou autres.

Reconnaissons tout de même que l'actuelle vogue du référendum peut avoir pour effet positif de mettre l'accent sur la modicité de l'attention portée à l'avis des citoyens. La solution est de les associer dès le début plutôt que d'essayer de leur faire admettre les décisions prises sans eux. Car une démocratie* vivante et efficace se fonde bien davantage sur la participation des citoyens que sur leurs réactions après coup.

Remembrement

Le remembrement est le processus par lequel on réunit différentes parcelles en une seule plus grande afin d'effectuer une redistribution rationnelle pour l'habitat*, l'agriculture* ou l'aménagement urbain. C'est un usage assez répandu et naturel pour organiser son propre territoire*. C'est surtout le remembrement rural qui a connu et connaît encore des vicissitudes. D'abord individuel, chacun cherchant à agrandir son patrimoine et à en faciliter l'exploitation, le remembrement est devenu un outil public au fil des siècles. L'époque romaine en a connu les premières réalisations, puis les féodaux et les abbayes l'ont pratiqué, enfin les régimes modernes des monarchies puis des républiques l'ont codifié. Les champs clos d'autrefois étaient essentiellement le résultat du fractionnement foncier mais ont eu comme produit collatéral les décors* et les paysages* champêtres que l'on regrette maintenant. Le remembrement a accéléré le passage des champs clos aux champs ouverts et a permis une modernisation de l'agriculture. Mais il a également favorisé ce que l'on peut qualifier aujourd'hui d'hyper-modernisation, notamment en devenant un puissant outil d'équipement du territoire, rural, routier et urbain. La taille des parcelles a été accrue en fonction des besoins de la mécanisation agricole, les voiries de desserte ont été redessinées et quelquefois le remembrement rural a accompagné la modernisation des grandes voiries routières, autoroutières et ferroviaires, ainsi que des grands ouvrages hydrauliques et urbains. Bien des remembrements ont bouleversé la vie des anciens agrosystèmes faits de dénivelées, de haies, de mares et de canaux de drainage. Ce n'est qu'à partir du dernier tiers du siècle dernier que le souci environnemental a commencé à se manifester dans le public, alors même que la plupart des grands travaux avaient déjà été réalisés, même si les scientifiques, ornithologues, écologues* et autres naturalistes avaient alerté leurs contemporains depuis longtemps. Il demeure que les questions foncières continuent inexorablement de s'aggraver par le simple fait de la multiplication des successions héréditaires et de la déprise économique et sentimentale des biens ruraux. Des millions d'hectares de terres agricoles ou forestières ne sont plus revendiqués par leurs propriétaires, ce qui conduit, dans le meilleur des cas, à des occupations de fait et, plus largement, à un abandon des cultures et des actes de gestion. La question se pose maintenant non pas de revenir sur les dessins territoriaux antiques, mais d'inventer de nouveaux modes d'organisation foncière qui permettent à la fois une culture efficace de terres agricoles consacrées à des productions plus soucieuses que naguère de l'environnement, une gestion des massifs forestiers orientée vers les objectifs que leur donnent nos sociétés, production, diversité, capture du carbone, accueil, pédagogie, et une nouvelle dynamique écologique d'ensemble des territoires*.

Résidences

Une résidence est un lieu où on réside. Mais ce mot qualifie aussi et couramment un immeuble ou un ensemble d'immeubles isolé sur une parcelle, elle-même plus ou moins isolée dans le dessin urbain. La parcelle peut avoir ou non une clôture, voire un code d'accès, ou n'être délimitée que par des haies ou quelques parterres plus ou moins végétalisés et entretenus.

Avant la Seconde Guerre mondiale, des ensembles immobiliers existaient soit sous forme d'habitations à bon marché (HBM, devenues HLM), soit comme « villas » généralement établies à la place d'anciennes villas individuelles. Dans les deux cas, ces ensembles s'inscrivaient, en principe, dans le tissu urbain le long d'une avenue ou d'une rue, contrairement à ce qui se produisit par la suite où l'implantation devenait aléatoire au gré de la disponibilité foncière ou, pire, de la discrimination sociale.

Leur généralisation a donné lieu à une nouvelle forme urbaine dont le maître mot semble avoir été l'oubli de la rue, contrairement aux choix espagnols par exemple où la rue ou le boulevard sont demeurés la règle. L'habitat* s'est trouvé séparé de la plupart des commerces, des artisans* et des lieux de culture qu'offre généralement la rue, l'avenue ou la place. On avançait alors le prétexte de l'urbanisme* moderne que prônait la Charte d'Athènes* et la séparation des fonctions.

Le résultat a été que les résidences privées (copropriétés) de taille modeste ont cumulé les inconvénients de la promiscuité entre des appartements empilés sans précautions, l'illusion de la sécurité, l'individualisme et l'éloignement progressif des services et de la vie de la ville. Les autres types de résidences, les « grands ensembles », les « quartiers* » et les « cités », la plupart du temps constitués uniquement de logements sociaux et de copropriétés subventionnées ont ajouté à ces inconvénients un plus grand isolement, et une mixité* encore bien plus faible.

Il ne faut pas s'étonner de que cela ait eu pour effet d'accroître l'envie* des gens d'aller habiter ailleurs, en centre-ville pour les privilégiés et les retraités aisés, on a nommé cela la « gentrification », et en périphéries dans des lotissements* et autres ZAD* de maisons individuelles* pour les autres. Et cela explique sans doute aussi pour certains le choix d'acquérir une résidence secondaire*.

Résidence secondaire

Notre Pays est un de ceux où il y aurait le plus de résidences secondaires. Posséder une telle résidence conduit les ménages à disperser leurs moyens consacrés à l'habitat* et, souvent, à restreindre les ressources allouées à la maison principale, où l'on réside le plus régulièrement, au profit d'une autre où l'on ne se rend que rarement.

Cette pratique a connu un développement extraordinaire dans les décennies passées et se fonde en grande partie sur plusieurs familles de raisons :

– l'origine des Français est largement rurale à quelques générations près et certains ont conservé une vielle maison héritée de leurs parents ou grands-parents. Ils y retrouvent leurs souvenirs, leurs « sources », la rénovent et l'entretiennent ; cette maison est souvent située en campagne* ou dans un village ;

– dans certaines régions, la bourgeoisie urbaine d'origine rurale pratiquait la double résidence et, à la belle saison, les familles s'installaient à la campagne, le chef de famille demeurait en ville et faisait la navette au moins le dimanche. On qualifie ces deux types de résidences de maison de campagne ;

– le développement des tourismes* de mer ou de montagne s'est accompagné de l'ouverture d'un marché spécifique de résidences, exalté par la mode et les modèles mondains. Ces résidences ont transporté le mitage* bien au-delà des zones urbaines, sur les littoraux et en altitude, lieux autrefois jugés inhospitaliers.

Pour justifier la résidence secondaire, on nous parlera de traditions ou de maisons de famille, de rapport à la province, alors même que dans bien des cas les maisons de ce genre sont revendues par les héritiers dès le premier partage... On dira également que ces résidences procurent de l'activité économique en des lieux où elle aurait disparu ; maçons et autres artisans* en vivraient... Mais on regrette que le développement des résidences secondaires ait aggravé le marché foncier jusqu'à interdire de s'y loger à ceux-là mêmes qui pourraient y vivre à demeure. On regrette aussi que la saisonnalité de la fréquentation ne permette pas la maintenance des services, privés ou publics, nécessaires aux résidents permanents. Enfin, on constate que la flambée des prix du foncier nuit au maintien et à l'installation des agriculteurs*! Le développement des résidences secondaires ne me semble pas être d'une si grande utilité sociale tout en modifiant radicalement la vie locale et l'environnement*.

Je suggère qu'à un raisonnement économique élémentaire du genre « combien cela me coûte-t-il en définitive ? », qui ferait déjà apparaître d'autres possibilités de vacances en famille à moindre coût, on ajoute le raisonnement écologique qui permettrait d'estimer l'empreinte d'une telle pratique. Ne vaudrait-il pas mieux, au plan individuel, disposer toute l'année dans sa résidence principale des avantages que l'on recherche dans sa résidence secondaire et prendre des vacances selon d'autres modèles ? Ne vaudrait-il pas mieux, pour ce qui est des territoires* concernés, développer des résidences hôtelières ou associatives, qui permettent une activité plus permanente au cours de l'année, des emplois moins saisonniers et une vie locale renouvelée ? On peut penser aussi que l'éventuelle généralisation du travail à distance puisse ouvrir de nouvelles perspectives et un nouveau désir de résidence nomade et relancer un nouveau marché que l'on ne saura pas maîtriser si l'on ne prend pas la précaution de l'anticiper.

Résilience

A l'origine, la résilience désigne la capacité d'un matériau subissant une déformation de reprendre sa forme lorsque la cause de la déformation cesse. Cette définition a été ensuite étendue à la capacité d'un corps, d'un organisme, d'une espèce, d'un système, d'une structure à surmonter une altération de son environnement et à reprendre sa forme antérieure lorsque cesse l'altération. Cela s'applique couramment aux systèmes vivants, espèces ou milieux, au point que le mot est devenu un concept important de la théorie écologique. C'est une notion que connaissent implicitement la plupart des paysans*, des forestiers* et des bergers, mais que ne ressent pas aussi bien le grand public et les élus, même parmi les plus investis dans l'environnement*. C'est que le temps de référence d'un citadin d'aujourd'hui diffère de celui des mécanismes naturels : le pont de Gênes a été reconstruit en guère plus d'un an, alors qu'un verger ne donne ses premiers fruits que quelques années après sa plantation, et qu'une forêt* brûlée demande deux ou trois décennies avant de réapparaître au regard du promeneur. Une intervention humaine ou météorique sur un milieu peut être effacée plus ou moins complètement selon les délais nécessaires aux mécanismes de sa reconstitution. Si la reconstitution est totale, c'est que le milieu est résilient et que l'intervention a été mesurée. C'est ainsi qu'ont pu se perpétuer des pratiques agricoles, forestières ou pastorales durant des siècles : il suffit d'interrompre la pratique et d'attendre que le milieu reprenne ses précédentes caractéristiques. C'est d'ailleurs en partie ce qui justifiait autrefois la jachère* où on laissait la terre « se reposer » durant quelques années. Les délais peuvent être plus ou moins longs suivant que l'intervention a été puissante et dégradante. Il se peut même que le retour à l'état antérieur devienne impossible. La résilience d'un système peut donc être comprise comme une mesure de sa capacité à recevoir des modifications culturales ou autres, et à reprendre sa forme et sa dynamique dès après l'intervention.

Cela peut également être utilisé comme l'évaluation de l'acceptabilité* environnementale d'un projet. Si l'on ne souhaite pas transformer définitivement un lieu (construire un immeuble, une route, etc.) mais l'utiliser pour tel ou tel projet passager (un culture agricole, une retenue d'eau…), il est nécessaire de confronter sa résilience au temps et aux moyens que l'on entend se donner pour que celle-ci puisse s'exprimer si on le désire.

Mais il faut éviter de confondre résilience et adaptation, ou résilience et résistance.

Résineux

Un arbre résineux est un arbre qui produit de la résine, qu'il soit conifère comme le pin maritime (*Pinus pinaster*) ou feuillu comme le liquidambar (*Liquidambar orientalis*). Il arrive souvent que ce terme soit plutôt attribué aux conifères, pins, sapins, cyprès, cèdres, mélèze, etc. avec une sorte de défiance, comme si ces espèces n'étaient qu'issues de plantations à fins productives, les feuillus étant les arbres « naturels », alors qu'ils existent bel et bien à l'état spontané comme les sapinières, les mélézins ou les pinèdes scandinaves. En fait, les résineux ont été largement utilisées dans les reboisements en raison à la fois des caractéristiques techniques de leur bois, en particulier pour le bâtiment (charpentes, menuiseries), et de leur caractère souvent pionnier dans la restauration des sols*. Il est vrai que, hormis dans les régions où ces espèces sont spontanées et indigènes, bien des peuplements de résineux servent d'accueil aux espèces feuillues qui naissent et se développent sous leur couvert. C'est ainsi que les forestiers ont adopté des modes de culture s'appliquant à des peuplements naturels comme la hêtraie-sapinière, où le hêtre se développe sous le couvert du sapin, y prend place peu à peu et, une fois récolté, laisse de nouveau la place au sapin. On peut observer la même chose en région méditerranéenne où, sous le pin d'Alep, se développent chênes vert et pubescent, frênes à fleurs et autres érables qui, si l'épandage urbain et/ou l'incendie* n'interrompent pas le processus, prendront leur place, accompagnés de leurs commensaux systémiques.

Les résineux peuvent entraîner une acidification des sols*, rendant leur biologie et donc leur fertilité moins riche, mais cet inconvénient n'est pas à craindre dans les milieux alcalins (calcaires) et s'est avéré assez marginal lorsque l'on a eu à affronter l'acidification due aux émissions acides massives qu'avaient provoquées les industries* à la fin du siècle dernier. On évitera donc d'employer le terme de résineux comme vilain mot* avant d'avoir évalué leur utilité et leur devenir.

Restauration des sols

Bien des sols ont été abîmés au cours de l'histoire par des événements géologiques ou météoriques (glissements de terrains, avalanches, inondations*, submersions...) ou par des interventions humaines comme le surpâturage, de mauvaises pratiques agraires, la pollution chimique ou biologique, les terrassements intempestifs, l'imperméabilisation, etc. Il existe des techniques pour restaurer les sols, certaines à redécouvrir parmi les pratiques traditionnelles, d'autres à inventer en faisant un effort de recherche suffisant. Les paysans* traditionnels puis les forestiers* ont largement agi de par le monde pour fabriquer ou réparer les sols*.

Prenons en exemple les banquettes (bancaous) ou terrasses que l'on observe un peu partout dans le Monde et qui ont des origines très anciennes, même si elles ont été développées assez récemment en Europe, au moment où l'explosion démographique n'a pas correspondu aux nouvelles techniques de l'agriculture*, c'est-à-dire après le XVIe siècle. Leur principe est de « faire du sol » là où il n'y en a guère, en rassemblant sur des surfaces réduites ou en des bourrelets le peu de terre meuble qui reste sur la surface de la parcelle. De cette manière, les eaux* de pluie sont un peu mieux retenues et les plantes ont davantage de profondeur de sol pour s'implanter et s'approvisionner.

Les paysans l'on fait à la main et avec leurs animaux de travail sur des millions d'hectares au cours de l'histoire, les forestiers* les ont imités durant les derniers siècles, particulièrement le XIXe et le début du XXe, dans le cadre de la restauration des terrains en montagne* (RTM). Depuis l'apparition des tracteurs, on a pu augmenter considérablement l'apport d'énergie* aux sols pour en accélérer la genèse. C'est aussi dans la défense et reconstitution des sols (DRS) que ces techniques ont été mises en œuvre par les forestiers du Maghreb et des autres pays méditerranéens, particulièrement sur les terrains en pentes, où le ruissellement et l'érosion menacent le plus.

On se délecte volontiers des décors* qui ont été ainsi créés en Provence, en Toscane, en Catalogne ou en Crète, comme au Pérou, en découvrant souvent après un incendie combien ces terrains avaient été transformés, artificialisés, fabriqués, avant d'être abandonnés et gagnés par la forêt. Pourtant on accepte moins volontiers que les forestiers aient reboisé les Pyrénées Orientales, les Cévennes et l'Aigoual, le Ventoux et les Alpes du Sud en accompagnant l'exode des paysans* qui, à l'époque, seraient sans doute partis un peu plus tard pour rejoindre les villes* de la côte ou la capitale. Mais on oublie que ce sont les graves glissements de terrain et les inondations* qui avaient été constatées, ainsi que les accumulations de sédiments jusque dans les ports, comme celui de Bordeaux, qui ont justifié l'intervention publique au milieu du XIXe siècle. Cela a adouci durant le siècle dernier les premières manifestations des dérèglements climatiques* auxquelles nous assistons. Ces dernières nous invitent à revenir sur ces techniques pour, si possible, les actualiser et en accroître l'efficacité.

Dans les régions méditerranéennes* et d'autres régions, comme au Sahel par exemple, l'histoire nous a légué des sols dégradés, abîmés, voire détruits qui pénalisent les paysans et les territoires* pour ce qui est de la rétention des eaux et du développement d'écosystèmes de nature à amoindrir les chocs des dérèglements climatiques déjà à l'œuvre. Certes certains terrains dégradés peuvent offrir au naturaliste des faciès écologiques originaux et précieux, mais il reste d'immenses espaces où il est permis de restaurer des sols, même de manière artificielle si cela ne coûte pas d'apport énergétique nocif. Si certaines pratiques agraires ont pu être à l'origine de la dégradation des sols, il devient de plus en plus nécessaire de récupérer les sols que les négligences urbaine et industrielle ont sacrifiés pour installer des entrepôts, des décharges, pour ouvrir des carrières, ou qui ont été abandonnés sans soins après des chantiers routiers ou de travaux publics. De tels sols se comptent en milliers d'hectares. On s'en occupe certes quelquefois pour des raisons esthétiques, mais la plupart sont négligés. Or, même si ces sols font souvent preuve d'une résilience* étonnante, ils mettent trop de temps à se reconstruire lorsqu'ils le peuvent, et ne jouent pas le rôle qu'on pourrait en attendre en tant qu'écosystèmes* actifs dans la préservation de la diversité et dans les mécanismes de stockage du carbone*. Les reconstituer permettrait en outre de trouver des utilités à bien des déchets minéraux ou organiques qui pourraient utilement en constituer le support physique et vivant. Il y a là une branche éco-technique* que nous devrions absolument développer, tant dans la recherche que dans les technologies.

Réunionite

Comment peut-on à la fois revendiquer plus de participation citoyenne et fustiger la réunionite ? C'est que quelquefois, comme aurait dit un homme politique « Si vous voulez enterrer un problème, créez une commission », une réunion permet de temporiser, de se dédouaner ou de procrastiner. Mais le principe de la réunion permet aussi de répondre à une demande croissante de participation de la part des citoyens. Ainsi a-t-on vu se multiplier des commissions prévues par les textes, sauf que dans la plupart des cas, les nombreuses réunions statutaires ne sont pas des moments d'échanges mais l'occasion de défendre des points de vue ou simplement les positions institutionnelles des participants.

On commet une erreur en croyant, ou en feignant de croire, que ces réunions de concertation* sont des lieux où s'exprime la créativité, car elles sont rarement organisées dès le début du processus de préparation d'un projet, moment où il serait possible de débattre de son opportunité même, de sa priorité face à d'autres projets et auquel toutes les parties prenantes seraient associées. C'est généralement un maître d'ouvrage ou un groupe restreint d'institutions intéressées,

État, collectivité territoriale, commune, organisme professionnel ou associatif, qui prépare un projet et, souvent croyant bien faire, le propose à la concertation une fois qu'il est largement préparé, voire « bouclé ». Le processus de concertation, même si celle-ci se déroule statutairement, ne peut pas recueillir autre chose que des réactions plus ou moins favorables et quelquefois susciter quelques amendements, mais elle ne va généralement pas jusqu'à la remise en cause de l'intérêt ou de la priorité du projet. De ce fait les participants, s'ils n'ont pas eu assez tôt la possibilité de faire valoir leur point de vue ou leurs options, n'ont pas plus d'utilité que tous ceux qui, concernés ou simplement intéressés, n'ont pas été invités à la réunion. D'où une frustration qui peut conduire à des réactions d'hostilité, à des oppositions, voire à des manifestations et à dénoncer la réunionite comme du temps gaspillé.

Il me semble qu'il serait plus sage que dès la première idée d'un projet, quel qu'en soit l'auteur, soit organisée une séance, le plus largement et publiquement réunie, où les prémisses du projet seraient mises en débat, et que le mécanisme de sa conception ne soit mis en marche qu'après. Ceci permettrait de recueillir dans les meilleures conditions les idées du plus grand nombre, puis d'associer d'autres personnes aux participants statutaires des réunions suivantes. L'imagination et la création trouveraient alors une plus grande place et le mot réunionite cesserait d'être un vilain mot*.

S

Sanctuaire

Dans un pays laïque comme le nôtre, quelle idée que d'utiliser cette traduction de l'anglais *sanctuary* qui signifie réserve ! Ce que désigne ce mot n'a rien à voir avec ce que nous appelons « sanctuaire » en français, si ce n'est une emphase* en faveur de certains territoires jugés précieux. Si cette pratique a pu être un habile moyen de communication aux débuts de la préoccupation naturaliste, elle conduit tout simplement à une banalisation de l'idée, car tout devient sanctuaire pour peu que « je » ne souhaite pas qu'on y touche ! Je doute que cette pratique contribue à de saines délibérations* concernant nos environnements*.

Sauvage

Au-delà de la fondamentale question philosophique, le citoyen, l'acteur qu'est chacun d'entre nous, se heurte à tout instant à la confrontation entre le sauvage et la culture. Elle est présente dans les conversations et les médias, et paradoxalement elle n'apparaît guère dans les débats politiques. Pourtant elle sous-tend bien des idéologies et des postures sans engendrer de réflexions quelque peu partagées au sein des lieux où, en principe, on délibère.

Le débat pratique moderne aurait commencé au milieu du XIXe, selon la plupart des historiens, aux États-Unis d'Amérique entre John Muir (1838-1914), préservateur de la nature, et Gifford Pinchot (1845-1936), conservateur. Le premier souhaitait interdire toute intervention humaine sur les milieux jugés naturels, le second entendait intervenir pour, à la fois, conserver les potentialités du milieu au profit des humains et « aider la nature en hâtant son œuvre ». Cette inspiration nord-américaine s'est tout de même exprimée en vue de la protection de la nature après qu'aient été évincés les occupants précédents du continent, leur culture et leur rapport à la nature, ce que déplorait Muir...

Importée en Europe, continent transformé durant des millénaires par une présence humaine industrieuse, cette question de la préservation *versus* conservation est aussi au cœur de courants de pensée différents. En France comme en bien d'autres pays, alors que l'on entend lutter contre la désertification des campagnes* et le désert* français, on se prend à rêver à un ré-ensauvagement de la nature. Reprenant le concept anglo-saxon de *rewilding*, francisé en « ré-ensauvagement », cela consiste à intervenir sur les écosystèmes* artificialisés pour que s'y réenclenchent les mécanismes biologiques spontanés qui avaient été interrompus. Autant sont indispensables une politique et des pratiques qui préservent et favorisent la résilience* des milieux et des écosystèmes et qui garantissent de ne pas excéder les capacités de nos territoires en matière d'émission de gaz à effets de serre et de diversité biologique, autant paraissent artificiels les souhaits que certains expriment d'un retour radical* à une sorte de vie sauvage. En effet, il nous faut bel et bien accepter de maintenir les mécanismes biologiques par des mesures à la fois administratives et techniques et en délimitant des espaces qui seraient réservés et éventuellement en éliminant les objets qui y auraient été installés et qui pourraient nuire au fonctionnement de leurs écosystèmes. Promouvoir du sauvage nécessiterait des mesures rigoureuses, en particulier la régulation de la fréquentation des terrains dont les dimensions seraient nécessairement étendues et dont les périmètres seraient mis en défens et en les protégeant, à leur périphérie, contre les incendies* et autres accidents anthropiques.

Ces territoires outre leur utilité scientifique et pédagogique auraient des effets positifs sur le reste du Pays en tant que pépinières d'espèces et de systèmes qui, protégés, pourraient en féconder les parties anthropisés, comme les réserves marines favorisent les populations voisines exploitées par les pêcheurs. Mais il n'est pas certain que, hormis en certains lieux bien délimités et en nombre réduit, nos contemporains acceptent la multiplication de réserves, de sanctuaires*, où ils ne pourraient pénétrer, non pas pour s'y divertir et s'en délecter*librement comme partout ailleurs, mais uniquement sous certaines conditions.

Il est donc probable que, si l'on parvient à mettre en place quelques territoires* ainsi délimités et, malgré tout, ménagés*, il faudra surtout s'accommoder de la présence des territoires peu peuplés dont nous disposons en Europe. Il peut s'y développer spontanément une sorte d'économie du désert*, fondée à la fois sur la vie fruste mais choisie de quelques-uns et un certain tourisme sobre. En ces « déserts » il ne faudrait pas toutefois compter trouver le confort dont on dispose sur le reste du territoire, et la collectivité se verrait contrainte à y maintenir de manière plus artificielle qu'ailleurs la sécurité à laquelle tous ont droit.

Seuils

Nos repères économiques, sociaux, réglementaires et même environnementaux, s'organisent par seuils successifs. Les impôts* sont calculés par tranches de revenus et il suffit d'un euro pour changer de tranche. La plupart des droits sociaux, accès à des aides ou à tel type de logement, sont limités à des tranches de revenus définies de manière discrète, c'est-à-dire non continue. Dans les entreprises, certaines mesures sociales dépendent, à l'unité près, du nombre de salariés comme, par exemple, l'existence ou non d'un comité d'établissement. Il en est de même dans les dosages admis de pratiques ou de matières dangereuses ou nuisibles que les collectivités ou les entreprises peuvent utiliser ou rejeter. Cela peut conduire à des situations regrettables où, telle ou telle institution préférera s'en tenir à une pratique habituelle plutôt que de franchir de très peu le seuil autorisé, ce qui lui permettrait de progresser mais la ferait changer de catégorie sans pour autant que cela présente les inconvénients attribués à la classe suivante tout entière.

La présence de telle ou telle espèce au sein d'un écosystème* ne peut pas être évaluée selon sa seule quantité, voire de manière binaire présence-absence, mais plutôt de façon plus subtile et fonctionnelle en fonction des nombreux critères qui caractérisent le système en question. Cela s'applique aussi bien à des espèces cultivées ou élevées qu'à des espèces sauvages et nécessite que, dans chaque cas, soit évalué l'accroissement ou l'affaiblissement du dynamisme qu'engendre leur présence. Par exemple comment compare-t-on les effets d'un pâturage à ceux de la présence libre d'espèces sauvages sur la dynamique d'un territoire*, sur la biodiversité* de ses systèmes végétaux, sur l'évolution des sols* et sur l'émission de CO_2 ? Sait-on mesurer les effets de leur coexistence ?

Nous avons maintenant les capacités d'évaluer de manière continue toutes sortes de phénomènes, grâce aux modes de calcul (algorithmes) que nous permet l'informatique. Les calculs d'imposition comme les dosages, les évaluations démographiques ou numériques ne nous obligent plus à utiliser les tableaux et les registres du temps de la plume sergent-major, pas plus que de la règle à calcul, pour situer un fait, un droit ou une obligation dans un système continu.

Nous devrions profiter davantage de ce que nous ouvre l'intelligence artificielle pour mieux évaluer comment fonctionne, vit et évolue notre environnement*.

Silo

Voir Couloir

Sobriété

On voudrait nous faire croire que la transition écologique se fera sans efforts ! Quelle erreur ! Depuis le siècle dernier l'essentiel de l'action politique a consisté à améliorer le niveau de vie du plus grand nombre jusqu'à penser que tous pourront vivre comme les plus fortunés. Ce furent la reconstruction, les « Trente glorieuses », puis la société de consommation, et l'on se rend compte maintenant que nous en sommes venus à la société du gaspillage ; du moins dans les pays les plus « avancés ». Les écologistes* nous signalent, année après année, le jour du dépassement, date à laquelle nous atteignons la limite de ce que notre planète nous offre de consommer. Ce jour arrive plus tôt chaque année et nous savons qu'une faible minorité d'entre nous accapare ces biens. Il n'est donc tout simplement pas possible de continuer à nous servir sans mesure et la répartition du gaspillage des privilégiés ne suffira jamais à satisfaire tous les autres. Chacun doit donc réfléchir à ce qui lui est nécessaire, utile, agréable mais possible de faire ou de posséder, non pas en tant qu'individu mais en tant que citoyen du Monde, sans que cela vienne à manquer aux autres. Chacun doit comprendre également que cela ne peut relever de son seul choix, mais dépend d'une décision politique et démocratique. Il ne suffit même plus de rechercher les plus grandes « solidarité, égalité et fraternité » possible, il nous faut absolument satisfaire nos besoins dans la limite de ce que notre environnement* planétaire nous permet de produire et de partager. Pour cela il nous faut mettre en œuvre toute la science possible, et toutes les techniques qu'elle permet, afin de trouver comment se procurer de quoi partager sans mettre en péril notre capital mondial commun. Et nous savons que les 8 milliards d'Hommes* que nous sommes ne peuvent déjà même plus se comporter comme les médians d'entre nous. C'est donc un autre modèle qu'il nous faut rechercher qui peut se qualifier de sobre plutôt que de punitif*. Il ne s'agit pas de « revenir à la bougie », il faut simplement limiter, par la loi démocratique si nécessaire, toute décision qui entraînerait le déséquilibre global entre nos ressources et notre consommation. Nombre d'entre-elles, prises dans l'urgence*, ne sont acceptables que si l'on se préoccupe de leurs effets induits ou collatéraux. Est-on certain, par exemple, que l'électrification généralisée que l'on nous annonce n'engendrera pas une consommation d'énergies* qu'il ne sera pas possible de produire sans effets néfastes sur l'environnement* ?

Il semble plus prudent d'axer nos efforts sur une économie d'énergie obstinée, par la restriction de notre consommation dans tous les domaines possibles : alimentation, chauffage, réfrigération, transport*, habillement, mesures d'isolation, construction sobre : plus de façades vitrées mais des fenêtres raisonnables, plus d'étalement urbain* mais des appartements agréables à habiter...

Des leviers importants sont la lutte contre le gaspillage alimentaire, contre l'excès d'équipements personnels et domestiques, l'organisation des déplacements des personnes et des biens, etc.

Peut-être faudra-t-il, pour nous habituer à vivre autrement, nous résigner à des pratiques comme le rationnement*, que l'on a connues il n'y a pas si longtemps et à une transformation de la fiscalité remplaçant la TVA* par la taxe sur l'énergie ajoutée* ?

Mais il ne faudra mettre en œuvre toutes ces mesures démocratiquement qu'après en avoir longuement délibéré. Nous n'avons pas encore commencé.

Société civile

Dans le concert politique et social est apparu peu à peu un acteur qui, ni élu ni fonctionnaire, fait entendre une voix que l'on se doit de prendre en compte : c'est le citoyen, qui est soit une personne qui peut être notable, intellectuelle, universitaire, journaliste, dirigeante syndicale ou entrepreneuriale, mais qui peut être aussi membre militant* d'un groupe informel ou associatif ou simplement un individu isolé. On n'a pas encore trouvé d'autre qualificatif que celui de « société civile » pour désigner cette large famille de citoyens. Dès 1925, on avait même créé dans cet esprit un Conseil économique et social, devenu en 2008 Conseil économique, social et environnemental. C'est, depuis 1946, une institution de la République, outil de la représentation de la société civile dont on peut regretter que, devenu institution, il ne soit paradoxalement plus guère perçu comme la représentant ! Il est vite apparu que, dès lors qu'un citoyen s'inscrit dans la mouvance d'un groupe, d'une association*, d'un syndicat ou de toute autre organisation, il en intègre tout naturellement une part notable des orientations, risquant ainsi de perdre une part de sa spontanéité et de sa créativité. Cet état de fait me paraît justifier les tables rondes ou autres conventions citoyennes* au sein desquelles chacun est libre de ses intuitions et de ses propositions, sans représenter quelque institution que ce soit. Il revient ensuite aux institutions de s'en saisir ou non, et de les apporter au débat et à la délibération*. Mais on peut craindre aussi que si la société civile est considérée séparément des institutions politiques et administratives, ces dernières se trouvent paradoxalement taxées d'incivilité ! On en vient à réclamer à toute occasion des référendums* locaux pour que les gens réagissent, mais une fois que la décision est prise ou sur le point de l'être.

Tout cela me semble dû au fait que les décisions et délibérations* se sont trouvées peu à peu éloignées des citoyens qui sont à la fois absents des lieux de la démocratie* et de moins en moins associés aux choix qui engagent les collectivités, du niveau local du quartier* et de la petite commune jusqu'au niveau national et européen. Dans la plupart des cas où se sont produites des contestations, comme dans les zones à défendre (ZAD)* par exemple, on peut penser que celles-ci n'auraient pas connu de telles violences si des délibérations avaient été tenues à temps et si on avait su associer les parties prenantes à la conception des projets, aux délibérations, puis aux décisions. Par ailleurs, si ces parties prenantes acceptaient plus facilement de figurer parmi les élus démocratiques, elles rendraient leur place aux acteurs de la société que l'on n'aurait plus besoin de qualifier de civile.

Sole, assolement

Une sole est une étendue de terre labourable destinée à une certaine utilisation pendant une période donnée de la rotation des cultures. Judicieusement, les agriculteurs* ont longtemps pratiqué des successions dans les cultures avec alternance des céréales, des légumineuses, des oléagineux, des cultures sarclées ou des jachères*. Cette pratique se nomme assolement. Si la pratique a été momentanément abandonnée au profit de cultures identiques renouvelées de manière continue pour des raisons de facilité économique et grâce à l'une utilisation systématique des engrais* de synthèse, les agriculteurs reprennent peu à peu conscience de la nécessité fonctionnelle de varier l'occupation des sols* par des espèces et des productions différentes. Parmi les soles peuvent figurer des jachères qui, contrairement à une certaine idée, ne sont pas permanentes mais temporaires. Les jachères permanentes deviennent des friches*.

Sols

Les sols constituent un des éléments majeurs de la vie de notre planète et sont pourtant souvent négligés par notre société. Les naturalistes nous ont montré que le sol est un constituant fondamental des écosystèmes* au sein duquel réside la plus grande part de la diversité biologique. Peuplé de micro-organismes, de champignons, d'insectes et de bien d'autres animaux, le sol est le théâtre d'une vie souvent bien plus importante que celle que l'on observe en surface, et il est de ce fait un des acteurs majeurs de l'assimilation et de la fixation du carbone*; on dit même de manière imagée que le sol est vivant. Pour les agriculteurs* et les sylviculteurs*, il est le milieu nutritif auquel ils confient les plantes qu'ils cultivent.

Les sols se sont stratifiés en couches appelées horizons. Les plus anciens et les plus évolués en présentent quatre, à la surface un horizon organique, c'est-à-dire là où se dépose la matière organique morte (restes d'êtres vivants : feuilles, cadavres, déjections...), un horizon mixte, situé près de la surface du sol, où la matière organique s'incorpore à la matière minérale, un horizon d'accumulation de la matière minérale plus en profondeur et un horizon constitué de la zone d'altération de la roche-mère géologique.

Depuis le Néolithique, il y a près de 12 000 ans, le sol est utilisé pour l'activité agricole et forestière en tant que milieu vivant. Selon les régions, les sols ont été plus ou moins artificialisés jusqu'à être considérés comme un simple support physique des plantes cultivées ou des objets urbains et industriels. Le passage de la cueillette à l'agriculture* s'est traduit très tôt par une intervention humaine avec une ouverture physique de la partie supérieure du sol destinée à installer des plants ou à semer des graines : ce furent les premiers labours*. Ces pratiques ont pour effet de modifier le fonctionnement spontané des sols et de leurs habitants fongiques, micro-organiques et animaux, en particulier pour ce qui est des vers de terre* : leur nombre varie de 1 à 4 millions par hectare, selon qu'il s'agit de forêts*, de prairies* ou de cultures. Au cours de l'histoire, les agriculteurs ont modifié les techniques du labour passant de l'araire à la charrue, de la scarification à une manipulation plus radicale de la partie supérieure du sol. En certains lieux, comme les collines*, les basses montagnes, les *badlands*, il se peut qu'il n'y ait pas ou plus de sol, soit que l'évolution géologique ne l'ait pas encore permis comme c'est le cas sur les coulées volcaniques, soit que l'érosion* ait succédé à des maladresses anthropiques, défrichements abusifs, surpâturage, incendies*, comme ce fut le cas, entre autres, tout autour du Bassin méditerranéen. En pareils cas, nombreuses sont les civilisations de par le monde où les paysans* sont intervenus pour construire ou reconstruire des sols. Là, les agriculteurs ont ramassé les sols trop peu épais en terrasses ou en banquettes de manière à obtenir des surfaces planes suffisantes de terre cultivable, offrant les ressources pédologiques nécessaires aux cultures notamment sur les terrains à forte pente.

En d'autres lieux c'est l'irrigation* qui a enrichi, voire créé des sols grâce aux limons véhiculés par l'eau*, comme ce fut le cas dans la plaine du Nil, irriguée (inondée ?) par le grand fleuve, ou en Crau (Bouches-du-Rhône) où l'eau de la Durance, apportée par le canal de Craponne depuis le XVIe siècle, a permis la constitution historique du sol de la Crau verte d'où provient le célèbre foin de Crau.

Ailleurs, les forestiers* sont plutôt intervenus dans le cadre de la Restauration* des terrains en montagne (RTM) ou de la Défense et restauration des sols (DRS) pour rassembler et fractionner les substrats en vue d'accélérer ou d'enclencher la création d'un sol, la pédogenèse, ou simplement pour faciliter la pénétration des eaux et des racines des arbres.

Dans la perspective d'un accroissement de la séquestration du carbone* en réponse au réchauffement climatique, on oublie souvent, que dans les forêts, le sol recèle plus de carbone que la partie végétale aérienne visible, de sorte que si un défrichement libère énormément de CO_2, une coupe de bois*, lorsqu'elle est judicieusement exécutée, n'affecte pas systématiquement le carbone du sol.

Dans tous ces cas, si on a su autrefois utiliser de manière locale et modeste toutes sortes de rebuts de la vie agricole, domestique ou artisanale dans l'amendement* des sols, on n'a pas encore entrepris de traiter de manière massive les rejets organiques de notre monde actuel. La composition désordonnée des ordures ménagères et industrielles et des eaux usées*, ainsi que les précautions* souvent exagérées évoquées dans ce domaine, ont comme empêché toute recherche sérieuse sur l'utilisation des sols comme outil de digestion et de valorisation de nos déchets* ou sur la fabrication de sols nouveaux. On peut accepter de stériliser un sol pour en faire un parking* ou une décharge, mais on ne pourrait pas utiliser un terrain abîmé pour y fabriquer artificiellement un sol vivant ?

Ces constructions de sols reviennent pourtant à ce qu'agir sur les conditions initiales du système « humains-nature » est la condition sine qua non qui permet d'engager le sol dans une évolution biologique garantissant sa durabilité et sa résilience*. Les évolutions récentes de l'agriculture* et les nécessités nouvelles auxquelles nous conduisent les dérèglements climatiques*, nous invitent à encourager la recherche en vue de rendre nos sols encore plus utiles, à les protéger contre les pratiques funestes, à en améliorer les structures et les performances ou même à en créer là où il n'y en a pas (ou plus). La critique des labours exagérément violents, trop profonds et répétés est largement engagée, mais leurs substituts non chimiques n'ont peut-être pas encore été tous explorés. Le retour à des assolements plus fréquents est également en vue. En revanche il ne semble pas que la permaculture*, qui préconise la création accélérée de sols, permette des réalisations autres que du maraîchage sur de petites surfaces, nécessitant une importante main d'œuvre.

Enfin, de nombreuses surfaces demeurent stériles ou peu fertiles comme les « badlands », les terres érodées, les friches urbaines, industrielles, les anciennes carrières ou les voiries délaissées : autant d'espaces qui demanderaient beaucoup de temps pour voir s'y manifester la résilience* ou s'y enclencher spontanément la pédogenèse naturelle. Quelquefois même la détérioration biochimique du sol est irréversible et peut nécessiter son remplacement radical*.

Je pense qu'il est opportun d'investir de l'énergie* sur ces terrains pour y fabriquer du sol, à l'aide de travaux mécaniques et d'amendements qui lui permettraient d'abriter, sous la surface comme au-dessus, une vie plus utile à la végétation et à la fixation et la séquestration du carbone.

Mais un bilan énergétique de telles interventions est indispensable.

Spécialiste

Le spécialiste est une personne qui a des connaissances dans une ou, éventuellement, quelques disciplines précises. La formation* qui nous est généralement dispensée nous conduit à une certaine spécialisation. Lorsqu'il s'agit d'exécutants (ouvriers, employés) leur spécialisation est précise, pour les techniciens (artisans* et salariés) elle est également assez circonscrite, mais on peut regretter qu'elle demeure majeure lorsqu'elle concerne les ingénieurs* et autres cadres. En principe la culture générale, scientifique et technique devrait s'accroître au fur et à mesure de la durée de la formation, mais son acquisition est laissée à l'initiative de chacun alors même que la sophistication des connaissances exige de plus en plus d'attention à des sujets de plus en plus précis. Les ingénieurs, en principe moins spécialisés que d'autres diplômés (licenciés, masters et docteurs), s'orientent souvent ensuite vers des spécialisations qui les éloignent de leur formation plus généraliste. Cela les touche tous depuis les agronomes* jusqu'aux informaticiens, d'autant plus que chaque catégorie se trouve elle-même sujette au fractionnement (généticiens, pédologues, électroniciens, analystes…). Enfin, dans les entreprises comme dans les institutions privées ou publiques les spécialistes sont regroupés en services ou en départements, ce qui conduit à instituer progressivement des « spécialistes de la généralité » qui seraient censés embrasser la totalité des problématiques. Le paroxysme de cette évolution est qu'on a institué la médecine généraliste comme une spécialité ! On qualifie souvent à tort les spécialistes de technocrates, alors, qu'en fait, ils n'ont pas le pouvoir de décider que détient le politique ou le patron.

C'est, parmi de nombreux exemples, une des raisons pour laquelle on ne voit qu'exceptionnellement envisagés des usages multiples de surfaces comme la construction de parkings ou d'entrepôts sous les emprises d'autoroutes urbaines, des lagunes d'épuration des eaux dans des boucles d'échangeurs, de comblements de carrières abandonnées par des décombres inertes ou des projets immobiliers, etc. C'est que de telles décisions relèveraient d'abord de la prise de conscience de la part des spécialistes que leur ouvrage peut contribuer à un usage multiple ainsi que de rencontres interdisciplinaires entre services et élus spécialisés, systématiquement organisées de manière régulière au sein de chaque institution et entre les différents acteurs du territoire*. Il faut pour cela que chacun accepte de sortir de son « pré carré », de son couloir* et, peut-être, de perdre un peu de son pouvoir au profit du bien commun.

La plupart des questions que se posent nos sociétés, et tout spécialement les questions d'environnement*, nécessitent pour être résolues d'être abordées dans leur ensemble, chaque aspect particulier étant examiné en fonction des autres aux plans tant pratique et technique que social et politique. Cela implique d'une part une culture de tous les acteurs et de toutes les parties prenantes, chacun devant être en mesure d'entendre et, si possible, de comprendre le point de vue des autres, et d'autre part une organisation du travail et de la délibération* qui permette la définition d'objectifs généraux et l'organisation de leur réalisation.

La formation, dès leur plus jeune âge, de ceux qui vont devenir des spécialistes, à savoir la plupart d'entre nous, se doit d'être associée à l'apprentissage de l'échange, du dialogue et de la pluridisciplinarité*. L'organisation des institutions, privées comme publiques, plutôt que de promouvoir une réunionite* récurrente, se doit également d'inclure à chaque niveau, les mécanismes facilitant davantage échanges, dialogue et interdisciplinarité.

Sport

Comme le tourisme* ou le camping* le sport s'exerce dans tous les milieux. Il se pratique soit dans des milieux fermés (*indoor*) comme les salles d'exercice, les stades, les piscines, les murs d'escalade, voire des pistes de ski (!) où l'énergie* n'est guère comptée, soit à l'extérieur (*outdoor*) avec quelquefois une bonne dose de références à la nature et même un maquillage en vert*. Ainsi peut-on se réjouir de ce que les gens fassent du jogging en forêt ou simplement de la randonnée, mais déplorer qu'ils érodent les pentes des collines avec leurs vélos tout-terrain ou même à cheval, pour ne pas évoquer les sports « mécaniques » comme la motocyclette ou autres quads. Un stade en plein air peut contribuer à l'artificialisation des sols*, ne serait-ce que par les constructions et les parkings* qui l'accompagnent, voire l'utilisation de pelouse synthétique, alors qu'un parcours de golf* peut s'inscrire utilement dans un schéma de coupures de combustible*, s'il utilise des eaux* issues de stations d'épuration pour son irrigation et du compost* pour les amendements de ses greens...

L'inscription d'équipements et d'activités sportives dans nos voisinages* est donc un exercice environnemental dans la politique d'aménagement* intégrant santé, vie sociale, emplois et nécessite donc le plus grand soin des écosystèmes*.

Subsidiarité

Ce mot qualifie l'état de ce qui est secondaire mais demeure quand même important pour la réalisation de ce qui est plus général. Le principe de subsidiarité consiste, dans la vie politique et sociale, à ce que la responsabilité de l'action publique soit assumée et exercée par l'entité compétente la plus proche de ceux qui sont directement concernés par cette action. C'est aussi la recherche du lieu adéquat dans une organisation pour que s'y réalise un objectif. Bien que ce mot ait l'air bruxellois, car c'est la Commission européenne qui en a développé l'usage, il recouvre une réalité bien utile en matière d'environnement*.

C'est donc ce qui convient lorsqu'on intervient sur un milieu pour évaluer la bonne échelle* à laquelle une intervention doit avoir lieu. Si on prend l'exemple de la politique Natura 2000 qui a recommandé le repérage et la préservation des habitats* remarquables et précieux, on voit combien il a été utile d'évaluer la dimension, l'échelle*, des lieux à prendre en compte et de leur préciosité relative dans leur région écologique. On a cru bon de préserver des pelouses à brachypode rameux (*Brachypodium retusum*) dans les collines méditerranéennes en tant qu'elles caractérisent un état de développement du couvert végétal, état transitoire dans son évolution vers un milieu plus riche et divers. Mais il n'était pas nécessaire d'en retenir toutes ses formations car l'application de la subsidiarité impliquait qu'un arbitrage soit effectué, non pas au plan local mais au niveau plus général des pelouses calcaires méditerranéennes. La subsidiarité devrait donc nous conduire à bien localiser les mesures environnementales à prendre dans les projets de classification des habitats : leur dimension est-elle privée, collective, locale, régionale, nationale ? Ce à quoi contribue le système Corine-biotopes, référentiel hiérarchisé européen qui propose une classification des habitats naturels et semi-naturels présents sur le sol européen.

La pratique de la subsidiarité en matière environnementale doit s'inscrire très naturellement dans la démarche démocratique de la délibération* au meilleur niveau. Par ailleurs, cela éviterait que des réactions ou des réticences de certains groupes ou de certaines personnes se manifestent alors que les territoires* qui les préoccupent ne sont pas concernés.

Sylviculteur

Le sylviculteur est, parmi les forestiers*, le cultivateur de la forêt*. On confère souvent à ce terme une signification productiviste*, comme si le seul produit de la forêt était le bois*, ce qui d'ailleurs ne serait déjà pas si mal. Il ne faut pas le confondre avec le ligniculteur qui ne cultive que des arbres. En fait le sylviculteur exerce une activité professionnelle, ou d'amateur passionné, qui s'efforce de tirer parti de la forêt qu'il ménage*, qu'il s'agisse d'une production de bois ou autre (champignons, plantes aromatiques, liège, résine, gibier, etc.), d'un soin particulier de la biodiversité*, de l'accueil de certains publics pour se détendre ou apprendre à connaître la forêt, de protéger les terrains environnants des accidents climatiques (ruissellement, inondations*, glissements de terrain, etc.) ou de la pollution* des eaux* et de l'air, de reconstituer une forêt incendiée ou, encore plus simplement, de sa propre satisfaction.

Sylviculture

C'est l'ensemble des sciences, des techniques et des pratiques, orientant l'évolution naturelle des écosystèmes* forestiers pour les guider vers les objectifs fixés dans le cadre du développement* souhaité par son propriétaire, qu'il soit public ou particulier. J'inscris cette définition dans la ligne de celle que je propose pour la forêt*, sachant que les objectifs peuvent être bien plus divers et multiples en un même lieu. Ces objectifs sont aujourd'hui plus variés que ceux autrefois assignés principalement à la production de bois*. Je ne pense pas utile d'inclure dans ces pratiques celles de la ligniculture*. Le maître mot des sylviculteurs*, comme d'ailleurs des paysans*, demeure « d'imiter la nature en hâtant son œuvre ». Le sylviculteur* peut très bien, et c'est souvent le cas, se donner des objectifs multiples et divers comme la production de bois, de miel, de champignons (dont les truffes), le soin d'un décor*, la maintenance d'une richesse en espèces, l'accueil de cheptels d'élevage*, ovins, bovins, caprins ou de la faune spontanée, que ce soit pour le plaisir de l'observer ou de la chasser, la production d'abris pour d'autres cultures, de haies, l'entretien de lisières, etc. S'il s'agit de propriétés collectives, communales ou domaniales, la sylviculture peut être davantage axée sur la restauration des sols* et la protection des territoires* voisins contre les inondations* ou l'érosion*, la protection des peuplements contre l'incendie*, la préservation des nappes aquifères, l'accueil de publics variés, scolaires ou randonneurs. Enfin, se fait jour depuis quelques temps une sylviculture ayant spécialement pour but de contenir l'évolution naturelle des peuplements en vue de la préservation de milieux de vie d'espèces nécessitant des espaces ouverts que l'activité agricole n'assure plus de nos jours. Ainsi, la sylviculture revêt maintenant des dimensions multiples que les forestiers d'autrefois n'embrassaient quelquefois que de manière implicite.

Aujourd'hui nous gagnerions tous à ce que la préoccupation et la pratique sylvicole soient mieux partagées par les parties prenantes devenues plus variées qu'autrefois et que les actes d'aménagement* et de gestion intègrent davantage les objectifs du plus grand nombre, sans privilèges ni exclusions. Le seul objectif de production de bois ne peut exclure les autres, pas plus que celui de la promenade ou de la protection du milieu ne peut exclure la production de bois ou d'autres usages.

T

Taxe sur la valeur ajoutée

La taxe sur la valeur ajoutée, ou TVA, est un impôt* indirect sur la consommation, institué en France sur la proposition de Maurice Lauré (1917-2001), par la loi du 10 avril 1954. La TVA se proposait d'éliminer les inconvénients liés aux divers impôts sur la distribution. Le principe central en est de taxer la dépense à chaque stade de la production et de la commercialisation d'un bien ou d'un service, sur la base de la valeur dépensée à chacun de ces stades. Le système revient à intégrer dans l'assiette de l'impôt la valeur des taxes qui étaient déjà prélevées aux stades précédents. Cette invention française a été rapidement adoptée par la plupart des grands pays du monde.

Dans la production agricole, la notion de valeur ajoutée s'est imposée avec la sophistication de l'acte de culture par l'irruption des intrants mécaniques, énergétiques et chimiques, alors même que l'acte du paysan* est plutôt de minimiser la « valeur enlevée » à la plante ou à l'animal par leurs concurrents et leurs prédateurs.

A l'époque où la TVA a été instituée, il était encore possible pour chacun d'entre nous et pour la plupart des produits, d'avoir à peu près conscience de chaque acte de la production d'un bien, depuis sa conception par l'ingénieur* ou l'artisan* jusqu'aux phases d'obtention des matières premières, de leur affinage, de leur usinage, de leur assemblage et de la mise à la disposition de ce bien à son utilisateur. La prolifération des objets, leur complexité technique, leur caractère international et l'automatisation, la robotisation de leur production ne nous permettent plus de relier un objet aux valeurs qui lui ont été ajoutées. De ce fait, il devient quasiment impossible d'évaluer l'impact que production et commercialisation des biens de consommation ont sur les environnements* d'où proviennent leurs éléments constitutifs.

Compte tenu de cette virtualisation il me paraît plus pertinent d'envisager de remplacer la TVA par une taxe sur l'énergie ajoutée*.

Taxe sur l'énergie ajoutée

La taxe sur la valeur ajoutée* ou TVA est un impôt* indirect sur la consommation dont le principe central est de taxer la dépense à chaque stade de la production et de la commercialisation d'un bien ou d'un service, sur la base de la valeur en travail ou en capital dépensée à chacun de ces stades.

On aurait pu, au moment où fut créée la TVA, décider de taxer l'énergie* ajoutée plutôt que la valeur ajoutée dont, entre autres, celle du travail.

Cela avait d'ailleurs été envisagé mais, à l'époque (1954) où reprenait l'activité économique de l'après-guerre, taxer l'énergie aurait, pensait-on, défavorisé l'expansion, la croissance* et la modernisation de l'industrie* comme de l'agriculture*, notamment par l'enchérissement des carburants (charbon et pétrole). On ne soupçonnait pas alors le danger des émissions de gaz à effets de serre dans l'atmosphère. Mais aujourd'hui, pourquoi ne pas revenir à cette idée et remplacer la TVA par la TEA, la taxe sur l'énergie ajoutée, qui serait calculée de la même manière, à chaque phase de la production et de la distribution des denrées, des services et du traitement de leurs déchets* ? On objectera, classiquement, qu'il est compliqué de modifier un système établi. On pourra aussi objecter que si l'on veut limiter les gaz à effet de serre il vaut mieux taxer le carbone* ajouté et donc, par ce biais, les seules sources fossiles d'énergie. Serait-il plus facile de taxer le carbone ajouté ? Soit, mais quelle que soit l'origine de l'énergie employée a-t-on toujours honnêtement fait le bilan « carbone » de l'outil fournisseur d'énergie ? A-t-on mesuré le carbone ajouté par la fabrication, le transport, l'installation d'une éolienne ou d'un panneau voltaïque et par leur destruction-recyclage, ainsi que par le réseau de livraison de l'électricité produite ? Il en va de même pour les autres énergies dites renouvelables, systèmes à hydrogène, biomasse ou même certaines sources d'hydroélectricité, comme les barrages*, nécessitant souvent de neutraliser d'immenses territoires*. Quant à l'énergie nucléaire, sa source minérale n'est pas non plus illimitée. A-t-on également intégré les coûts énergétiques de l'obtention du combustible, de la construction et de la maintenance des outils de production, du transport de leurs matériaux et de leur destruction-recyclage après usage ?

Enfin, comme d'ailleurs pour la TVA, des réductions ou des exemptions de TEA pourraient encourager les mesures d'épargne d'énergie, comme par exemple l'isolation des immeubles ou l'adoption de nouvelles pratiques de chauffage ou de réfrigération. Taxer le kWh ajouté conduirait à facturer plus facilement, y compris aux frontières, ces coûts à toutes les phases de la production, de la mise à la disposition de l'utilisateur, du recyclage ou de la destruction et, rapidement, vers une plus grande vigilance sur l'économie et l'épargne de l'énergie et des matières premières.

Terrains non bâtis

Voir Espaces non bâtis

Territoire

Voilà un mot devenu à la mode. Les personnels politiques déclarent le représenter. C'est en effet plus séduisant que le mot « terrain », qui rappelle le service militaire ou une opération chirurgicale, et dont les élus politiques abusent souvent. Un territoire est un espace approprié par un groupe humain, institutionnel ou systémique. D'un terme politique national ou provincial (la France, la Provence), il est devenu un mode local de définition-délimitation d'une portion d'espace dont la constitution n'est pas toujours très claire. C'est par exemple le cas des nouvelles circonscriptions administratives et politiques de notre Pays* que sont les régions ou les intercommunalités et dont la création semble n'avoir requis ni analyse géographique, ni débat politique. Il n'empêche que cette notion est utile lorsqu'on envisage une politique raisonnée, que ce soit en matière d'environnement* ou en bien d'autres domaines. Sauf qu'il est possible qu'un territoire délimité et choisi pour des raisons, par exemple socio-économiques, ne corresponde pas à la meilleure dimension environnementale possible, de sorte qu'une collectivité territoriale ainsi définie ne pourra pas, toute seule, pratiquer une politique environnementale pertinente. Certaines régions, probablement la plupart d'entre elles, largement délimitées pour des raisons peut-être discutables, contiennent des systèmes géo-écologiques très divers dont on retrouve les éléments dans les régions voisines, ce qui nécessiterait des mécanismes de coopération interrégionale que la loi n'encourage guère. L'exemple de la région Occitanie est à cet égard significatif car elle comprend un peu de Pyrénées, un peu du bassin de la Garonne, un peu de Massif central, un peu de Méditerranée et de vallée du Rhône ! Et que dire de l'Auvergne-Rhône-Alpes qui touche trois des cinq grands bassins fluviaux français ?

D'ailleurs, seule la politique de l'eau* est prise en charge de manière convenable à travers les agences de bassin, mais le législateur n'a pas cru devoir adopter une politique identique en matière environnementale en créant des agences régionales de la biodiversité qui ne sont donc pas inter-régionales.

Je crains que l'on doive attendre longtemps la mise en place d'ententes interrégionales dans le domaine de l'environnement, qui soient vouées à tel ou tel aspect écologique. Alors qu'en 1968 a été créée l'Entente interdépartementale en vue de la protection des forêts contre l'incendie qui regroupait les quinze départements méditerranéens, les régions de la même partie du territoire national n'ont pas constitué depuis 1982 une seule entente du même ordre pour l'environnement... Il en va de même avec les intercommunalités délimitées le plus souvent à travers des considérations politiciennes ou administratives, et sans délibération* démocratique, de sorte que les territoires qu'elles recouvrent n'intègrent pas nécessairement les dimensions des écosystèmes* locaux ou des terroirs*. Il s'en déduit qu'une politique qui n'est pas nationale ne peut être que régionale, selon une application erronée du principe de subsidiarité*, alors qu'il conviendrait de concevoir des politiques interrégionales de l'environnement. Les parcs* naturels régionaux ont, en principe été conçus pour permettre une approche holistique dans laquelle les questions environnementales et socio-économiques sont prises en compte à égalité. La DATAR* qui les a inventés les définissait comme des laboratoires de l'aménagement* fin du territoire avec le slogan « Une autre vie s'invente ici ». Les parcs naturels régionaux sont d'ailleurs définis hors des cadres politico-administratifs et leurs périmètres transgressent souvent les limites des intercommunalités, des départements voire des régions, comme par exemple le Parc des Baronnies provençales qui concerne les régions Provence-Alpes-Côte d'Azur et Auvergne-Rhône-Alpes.

Il serait souhaitable que cette approche soit généralisée dans la définition des nouveaux territoires qui devraient remplacer les nombreuses intercommunalités créées aux seules fins de correspondre aux demandes de l'État et de recevoir quelques subsides de plus. Mais il serait tout aussi indispensable que soient facilités les mécanismes de coopération permettant à ces nouvelles intercommunalités de pratiquer ensemble les actions de protection et de mise en valeur des écosystèmes qu'elles partagent.

Il me paraîtrait sage que les tenants de l'environnement : politiques, administratifs et militants* associatifs, ne se laissent pas enfermer dans les maillons de l'actuelle organisation territoriale*, pas plus d'ailleurs que dans le labyrinthe des domaines thématiques, mais s'organisent en fonction des écosystèmes locaux et régionaux qui s'imposent à tous.

Terroir

Un terroir se définit d'abord comme une région « naturelle », considérée comme homogène, à travers les ressources et productions qu'elle est susceptible d'apporter, notamment en matière agricole. Mais c'est aussi un espace géographique défini à partir d'une communauté humaine qui a construit au cours de son histoire* un ensemble de traits culturels distinctifs, de savoirs et de pratiques fondés sur un système d'interactions entre le milieu et les facteurs humains. Le terroir est censé présenter une typicité de ses produits et des modes d'occupation de l'espace qui le caractérisent et ne concerne donc pas uniquement la gastronomie. Il qualifie une approche systémique, donc environnementale, qui gagnerait à être généralisée dans les politiques d'aménagement* et de gestion des territoires*. En effet la notion de terroir enrichirait les démarches habituelles qui, après avoir traité les questions économiques, puis sociales, puis culturelles abordent enfin les dimensions environnementales avec la même attention. Une politique intercommunale pourrait souvent être avantageusement remplacée par une approche inter-terroirs.

Tourisme

Le mot tourisme désigne à la fois le fait de voyager hors de ses lieux de vie habituels et éventuellement d'y résider de façon temporaire, et un secteur économique qui comprend l'ensemble des activités liées à la satisfaction, aux déplacements et à l'hébergement, donc l'hôtellerie qu'engendre cette pratique. Ce mot récent, d'origine britannique, date du XIXe siècle mais l'histoire du tourisme est longue comme celle de l'humanité. Si on peut penser que les premiers déplacements d'*Homo sapiens*, s'ils ont été motivés par la nécessité vitale, ont pu aussi l'être par le goût de découvrir d'autres lieux. On peut aussi admettre, d'après la littérature, que les expéditions comme celles d'Alexandre le Grand vers l'Orient ou de Bonaparte en Égypte ont comporté une part de curiosité et de découverte. Dès l'Antiquité les gens aimaient se déplacer au cours des saisons, avec des lieux de villégiature à la montagne ou à la mer. Puis, plus tard, les pèlerinages religieux, les « grands tours » des fils de familles fortunées, le parcours des Compagnons du Tour de France ont précédé, chacun à sa manière, le mouvement touristique qui a connu au XXe siècle une croissance* qui va vraisemblablement se poursuivre, même si elle doit évoluer.

Les spécialistes distinguent de nombreuses formes de tourisme revêtant des dimensions économiques et environnementales très diverses, depuis le tourisme culturel jusqu'au tourisme professionnel et au consumérisme*. Cette dernière pratique a engendré, et justifié, des critiques en matière environnementale car le tourisme, outre qu'il peut déstabiliser des sociétés locales, est un facteur non négligeable de gaspillage d'énergie*, d'émission de gaz à effets de serre et de dérèglements de la diversité biologique. Mais faut-il pour autant se priver de ses côtés positifs ? « Les voyages forment la jeunesse » disait-on autrefois. Et c'est vrai car si l'on souhaite former des Hommes* qui appréhendent la géographie de notre planète, les différences et les ressemblances entre les lieux, leur nature et leurs habitants, ainsi que les enjeux environnementaux, il n'est pas mauvais qu'ils aient l'occasion de le faire au moyen de rencontres physiques. Ainsi les colonies, les séjours ou les clubs de vacances, les tours collectifs ou individuels, les voyages professionnels sont autant d'occasions de rencontrer des lieux, des gens et des milieux naturels qui peuvent aider à comprendre comment fonctionne le Monde.

Le tourisme entraîne certes un coût en énergie et en en carbone*, mais il peut aussi être considéré comme un investissement dans la formation* des gens. Il est plus instructif de visiter les pyramides de Teotihuacan (Mexique) que d'en voir un téléreportage pour appréhender les drames de la colonisation. Il sera plus facile de comprendre les questions que pose l'aridité en visitant le Sahel qu'en lisant un article aussi informé soit-il. L'expérience du programme européen Erasmus, dont les bénéficiaires ont nécessairement combiné études universitaires et découverte des lieux, a montré combien une partie trop modeste d'une génération a pu découvrir des gens différents et leurs milieux, comprendre ainsi l'intérêt de la diversité et de l'ouverture aux autres et à leurs territoires*. Ce qui ne veut pas dire qu'une semaine à la plage au milieu de l'Océan Pacifique ou une soirée passée dans un cabaret d'Ibiza soient les meilleurs moyens de s'ouvrir au Monde. Les activités humaines ne sont jamais toutes vertueuses et, parmi les comportements consuméristes, le tourisme n'est pas nécessairement le plus nocif.

D'ailleurs la vérité des coûts du transport, pour peu que l'on instaure une taxe sur les carburants et l'énergie ajoutée*, serait de nature à modifier les décisions des consommateurs de ce tourisme.

Transition

Nous contenterons nous d'une transition ou faudra-t-il une rupture, une révolution, pour passer du monde ancien, générateur de déséquilibres dangereux pour les écosystèmes* et pour les sociétés, à une situation nouvelle où notre espèce trouvera la voie d'un développement* socialement juste dans un ensemble planétaire capable de perdurer tranquillement ? Les deux éléments majeurs de ce défi sont aujourd'hui les dérèglements climatiques* et biologiques, les deux étant, bien entendu, liés et dépendant totalement des activités humaines. L'avenir dépend donc d'une mobilisation de notre espèce tout entière. Et même si les individus les plus conscients et les plus concernés se comportaient tous en colibris* cela ne réglerait en rien une question qui regarde 8 milliards d'individus. Comment ne pas s'interroger sur l'idée d'une adhésion massive et planétaire de tous nos contemporains à ces problèmes, et comment pouvons-nous nous contenter de la mobilisation, souvent sympathique mais pas toujours, de quelques-uns seulement de nos concitoyens dont on peut douter de la représentativité ? Si, en France, si peu de gens des villes*, des banlieues ou des campagnes* se montrent concernés par les changements en cours, comment faire pour que les populations des pays les plus pauvres s'investissent à leur tour et adhèrent à ce qu'ils considéreront comme l'interdiction d'accéder à un mode de vie, le nôtre, qui a précisément conduit aux dérèglements ?

« Ne vous en faites pas, tout va bien se passer » ou « nous courrons à la catastrophe* » ne me paraissent pas les meilleurs messages pour hâter la transition. Je crois plutôt que nous n'avons pas encore engagé le travail politique nécessaire si l'on cherche à éviter soit effectivement la catastrophe*, soit une révolution de type totalitaire. La science nous éclaire mais ne peut se substituer à l'action politique. L'économie politique de nos grands frères n'a pas remplacé la politique, pas plus que l'écologie politique ne saura le faire. Il nous faut vite inventer un « social-environnementalisme » comme, après tant d'erreurs, on avait inventé la social-démocratie. Nos institutions politiques, administratives, associatives et académiques y sont-elles prêtes ? Et nous-mêmes, le sommes-nous ?

Transports en commun, transports collectifs

Se déplacer, échanger, c'est vivre. Il ne faudrait pas que dans un emballement militant* on en vienne à interdire des déplacements et des transports qui favorisent les rencontres, l'échange de biens et d'amitié entre les personnes.

Il paraît cependant sage de prôner le développement de transports alternatifs aux modes de déplacements actuels des marchandises comme des individus. C'est même devenu une revendication banale de bien des associations* environnementalistes et des partis politiques. Les transports en commun s'imposent dans les zones urbaines denses, avec des performances quelquefois remarquables comme les réseaux de métro souterrains ou d'excellents niveaux de service qu'offrent parfois les transports de surface en site propre comme les tramways et les bus. Cependant, dans certaines liaisons banlieues-centres, et pire banlieues-banlieues, leur commodité se dilue au fur et à mesure qu'on s'éloigne des quartiers* denses et qu'on atteint les zones péri-urbaines puis rurales. Il en va de même pour le transport et la livraison des denrées. La question des ruptures de charge, de transbordement et de fractionnement ne sont pas encore parvenues à des solutions acceptables pour notre environnement* car elles s'opèrent le plus souvent par des camions en des lieux consommateurs d'espace et à la fin (le fameux dernier kilomètre) par des véhicules individuels.

Or les modes d'urbanisation du demi-siècle passé ont contribué puissamment à une dispersion de l'habitat*, comme des autres établissements humains (industries, commerces, bureaux, zones logistiques...) non seulement dans les banlieues mais dans de larges périphéries où les déplacements des biens et des personnes sont devenus aléatoires. On ne se déplace plus d'un centre à un autre mais d'une périphérie à d'autres. Les solutions actuellement mises en œuvre pour tenter de corriger cette évolution atteindront vite leurs limites, soit que le covoiturage ne résolve pas la diversité des questions que se posent les gens (prendre au passage sa fille au cours de danse ou de judo, passer au supermarché en rentrant), soit que les parcs de stationnement et d'échanges multimodaux en pleine nature accroissent d'autant les aires imperméabilisées. Ces contraintes font qu'il n'est plus possible aux collectivités de fournir un service de transport en commun fréquent à des gens qui sont à la fois dispersés, et de ce fait peu nombreux ou absents en de nombreuses stations, et éloignés des gares ou des arrêts. Bien des banlieues des métropoles* sont en outre desservies, même de manière interne, par des voies routières ou autoroutières dont les échangeurs ont été des diffuseurs d'habitat. On a même privilégié ce genre de dessertes en négligeant les anciens réseaux en site propre, trains et tramways, allant jusqu'à déclasser leurs voies ferrées au profit de rocades ou de pistes de promenade. Les solutions actuellement à l'œuvre conduisent à aller à la limite, quelquefois au-delà, de la faisabilité financière de réseaux de transports en commun, par exemple en ayant recours à des systèmes où des minibus répondant à la demande de certaines catégories de personnes (âgées, handicapées...). A Rabat (Maroc) on a même fait le choix délibéré des taxis à prix régulés.

Il faut admettre que le nécessaire et souhaité développement des transports en commun sera long à mettre en place et implique absolument une densification des lieux d'habitat* et de travail et donc l'arrêt de l'étalement urbain* et du mitage*.

Il est curieux de constater que bien des intercommunalités n'ont pas systématiquement adopté leur système de transports en commun et que les réseaux demeurent séparés, urbains dans les villes et ruraux, communautaires ou départementaux, dans les autres communes. Serait-ce un effet collatéral de la loi d'orientation des transports intérieurs du 30 décembre1982 ? Une solution serait que l'on corrigeât l'étalement urbain* par la densification de lieux choisis, démocratiquement bien entendu, qui progressivement deviendraient des stations (arrêts) de transport en commun, ferroviaires ou routiers. Et que les réseaux soient dessinés non pas en fonction des limites communales, communautaires ou départementales, mais en tenant compte des bassins de vie et des lieux de densité significative. Ainsi, on pourrait par exemple imaginer des lignes rapides qui traversent de part en part une communauté locale (inter-quartiers et intercommunale) ou une métropole*, permettant toutes les quatre ou cinq stations l'échange avec des lignes omnibus, comme c'est le cas dans le métro de New York. Cette solution pourrait d'ailleurs être l'occasion de remettre en cause l'actuelle organisation territoriale* de notre pays. Il semble également que l'on ait fait une grave impasse sur les impacts des nouvelles lignes de transport en site propre, comme les TGV, dont les promoteurs n'ont pas prêté grande attention à la desserte des lieux majeurs de la vie des territoires. Leurs emprises proprement dites et les désordres qu'elles créent dans les parcellaires agraires ou forestiers* ainsi que dans les réseaux hydrologiques, sont problématiques, tout comme les gares périphériques et les surfaces de parkings* en rase campagne ainsi que les zones d'activités et hôtelières créées à leur proximité. Ces incitations à plus de diffusion du bâti aux alentours devraient être plus soigneusement prises en compte dans le bilan environnemental de ces modes de transport. Bien entendu il est souhaitable de développer les transports collectifs mais il faudrait tout de même les concevoir comme étant au service des gens et de l'environnement* plutôt que pour la facilité de leur installation. Est-il normal qu'il faille presque autant de temps, et d'argent, pour atteindre sa destination finale depuis une gare de TGV en pleine campagne* que pour aller d'une gare à l'autre ?

Doit-on continuer avec autant de désinvolture à confondre aménagement* et équipement ?

Enfin, le transport aérien, cible de bien de reproches, demeure utile dans les déplacements de longue distance et permet à un plus grand nombre de découvrir d'autres mondes et d'autres gens, et ne nécessite que les infrastructures isolées des aéroports (mais quand même aussi leurs parkings qui leur procurent à peu près la moitié de leurs revenus !). Mais il se devrait, au minimum, d'intégrer dans ses coûts une taxation du carburant de même niveau que celle qui est imposée aux autres modes de transport en commun.

Travaux du sol

Tout être qui vit et s'exprime sur notre planète vit dans ou sur le sol*, comme les autres animaux terrestres, les vers de terre*, qui en modifient la texture et la profondeur de manière ininterrompue et étonnamment rapide, les oiseaux qui ne font pas que voler mais se nourrissent et quelquefois nichent à terre, jusqu'aux carriers qui en extraient d'énormes quantités pour les utiliser ailleurs. L'activité humaine se situe entre ces extrêmes, avec une dominante historique de l'agriculture*, car tout ce que nous mangeons, plantes et produits animaux, en provient. Mais on note un impact croissant des activités industrielles, de l'urbanisme*, du commerce et de ce qui en fait système, comme les transports* et les réseaux. On n'a pas encore inventé un moyen de vivre sans toucher au sol mais, jusqu'ici, on ne s'est guère préoccupé des moyens de le préserver. La question commence à s'imposer, mais ne semble pas avoir revêtu la même importance pour tous.

Les uns s'arrêtent au labour* en général sans distinguer entre deux options :

– le labour profond, largement consommateur d'énergie* et probablement condamnable lorsqu'il concerne des cultures pour lesquelles le sol ne serait plus qu'un support physique ;

– et un travail du sol plus mesuré qui aide à l'apport d'eau*, d'amendements* et à la vie même des organismes du sol en vue d'accroître sa fertilité.

D'autres questions concernent les installations plus ou moins nécessaires à la vie économique et sociale. Les terrassements occasionnés autant par la construction d'une maison que par l'édification d'une voirie, ou d'une entreprise et de leurs annexes, artificialisent les sols, sans que l'on en perçoive toujours l'importance. Le sol proprement-dit peut être éliminé ou modifié, notamment pour ce qui est des organismes qui y vivent, plantes, micro-organismes, champignons et animaux. Les mouvements de l'eau* et de l'air en surface et en profondeur sont également affectés, mais il ne faut pas pour autant occulter l'échelle* du lieu où cela se produit. L'imperméabilisation d'une cour d'école, même si elle est rarement utile et doit pouvoir être évitée, est sans doute moins dommageable que celle occasionnée par un parc à voitures de cinq niveaux souterrains dans un centre-ville. Un terrassement peut être motivé par l'installation d'un objet qu'on jugera utile à une meilleure gestion de l'environnement*, comme par exemple une éolienne ou une retenue d'eau. Comment juger de la pertinence de quelque travail du sol que ce soit, sinon par la résilience* du lieu, à savoir son aptitude à revenir, sans trop d'efforts et d'attente, à son état initial ? Il est probable qu'un sol consacré à des monocultures intensives sera quand même plus facilement récupérable que celui d'un lotissement*, d'une zone logistique ou d'un hypermarché. Il faut aussi admettre que les mécanismes naturels, spontanés, de la vie des milieux et donc des sols se déroulent dans leurs temporalités propres, et que leur résilience* se manifeste moins vite que la livraison d'un objet acquis par correspondance « comme une lettre à la poste ».

Cela nous renvoie à l'ensemble des données du développement*, de l'aménagement* et de l'écologie*où seule une délibération* politique permet le choix*. On en est encore loin.

U

Ubiquité

L'ubiquité est la capacité pour un être d'être présent en tout lieu ou en plusieurs lieux simultanément. C'est le cas de certains micro-organismes et en particulier des bactéries. Il en va de même de certaines espèces animales, fongiques ou végétales, mais il arrive fréquemment que l'on observe que telle ou telle espèce soit inféodée à un seul type de milieu ou d'écosystème*. Les animaux terrestres ou aériens sont mobiles et savent trouver des milieux nouveaux dans la « traque à l'habitat » que pratiquent de nombreuses espèces pour rester dans leur enveloppe écologique traditionnelle malgré les changements qui les chassent de leurs habitats*.

Les plantes font souvent de même, mais bien plus lentement, comme on a pu le constater lors de leurs migrations historiques qui ont succédé à la dernière glaciation ou comme on peut l'observer lors des modifications des lisières à la suite de la déprise agricole ou au retour de la végétation après un incendie*. Les plantes n'avaient pas disparu de leur milieu originel, elles s'étaient mises en attente sur place ou juste à côté.

Il faut d'ailleurs s'attendre à ce que les changements climatiques* annoncés soient l'occasion de fréquentes manifestations de l'ubiquité. On verra sans doute prospérer des plantes qui jusqu'alors survivaient prostrées et qui se trouveront favorisées par l'affaiblissement d'autres espèces.

Il me semble que cette notion d'ubiquité, qui doit être utilisée avec soin, devrait être mieux prise en compte dans nos manières de réagir à tel ou tel projet, avant de déclarer a priori qu'il porte une atteinte irrémédiable à l'environnement*.

Urbanisme

L'urbanisme désigne l'ensemble des sciences, des arts et des techniques relatifs à l'organisation et à l'aménagement* des espaces urbains. Sont impliqués dans l'urbanisme de nombreux professionnels, des élus et des particuliers qui, jour après jour, influent sur les formes de la ville*. Les espaces urbains sont eux-mêmes difficiles à définir, tant est variée la forme que prennent les agglomérations, depuis les mégapoles de plusieurs dizaines de millions d'habitants jusqu'au hameau isolé dans la campagne* en passant par les innombrables établissements périphériques dus pour une grande part à des choix* où a dominé le laisser-aller. On peut parler d'urbanisme dès lors qu'il s'agit d'agencer plusieurs habitats et lieux d'activité entre eux, même si le fait d'assurer le bien-être des Hommes* qui y vivent et de faciliter leurs rapports sociaux en préservant l'environnement* n'ait pas toujours été le projet majeur. La pensée sur l'urbanisme a été largement influencée au siècle dernier, du moins en France, par les travaux de Le Corbusier qui, à travers la Charte d'Athènes* (1933), a proposé une répartition des fonctions urbaines sur le territoire, où habiter, travailler, se divertir et se déplacer étaient radicalement séparées et où la maison était qualifiée de « machine à habiter ». En outre depuis quelques décennies, l'urbanisme a tendance à évoluer vers une juxtaposition de choix individuels, de particuliers ou d'entreprises, dictés par une bonne occasion foncière plutôt que par l'intérêt collectif, avec comme ligne dominante « là où j'habite, personne ne me gêne ». Cette attitude ne contribue guère à la cohésion sociale...

L'urbanisme est pourtant une des branches majeures de l'aménagement* des parties les plus artificialisées du territoire*. En ce sens, l'urbaniste au sens large, qu'il soit élu, architecte*, ingénieur*, géographe ou spécialiste* des sciences sociales, se doit d'abord de concevoir et de faire fonctionner le système urbain pour le bien-être de ses habitants, sans que ce système soit source de difficultés ou de nuisances pour d'autres parties du territoire*, qu'elles soient rurales, agricoles, forestières, fluviales, limniques ou marines. Dans ces domaines, il va falloir revenir sur des pratiques largement répandues qui consistaient à reporter loin de la ville ou du village tout ce qui semble désagréable : artisanat* et industrie*, eaux usées*, déchets*, voire habitat* social ! On commence à admettre que la séparation des zones et l'étalement urbain* ne sont plus supportables si l'on veut éviter la ségrégation sociale, la multiplication des déplacements et l'artificialisation de nouvelles surfaces.

Une approche environnementale sérieuse de l'urbanisme se doit donc d'assumer tous les aspects de la vie urbaine, y compris les éventuelles contraintes. Mais pour cela il faut éviter que la ville* soit considérée comme un lieu où l'on ne peut être heureux dans sa vie personnelle et familiale et d'où l'on ne rêve que de s'échapper. Cela signifie que la ville au sens large, dans les métropoles* comme dans tous les territoires, outre les services qu'elle doit procurer, doit être largement pourvue des commodités et des aménités fournies par des objets et des milieux biologiques, comme par exemple la végétation des avenues, des rues et des jardins*, les eaux* des fontaines, des bassins et des pièces d'eau. Tous ces aménagements, comme les autres outils du fonctionnement urbain (énergie*, réseaux, information...), doivent être intégrés dans la conception de l'agglomération plutôt que comme une concession à la nature. L'attention portée à juste titre aux êtres vivants dans les villes ne cache pourtant pas que l'urbanisme n'a pas encore inventé son écologie*, même si de plus en plus de scientifiques et de techniciens, biologistes, géographes, urbanistes, y travaillent et explorent la manière dont les nouveaux écosystèmes* urbains se mettent en place dans des pans entiers de l'espace où la présence humaine et l'artificialisation priment sur les mécanismes naturels.

Rude et passionnant défi !

Urgence (1)

Il y a une quarantaine d'années, le directeur des Forêts du Maroc me disait : « Lorsque j'ai fait mes études à l'École forestière, on m'a dit que j'aurais à gérer le capital naturel de mon Pays* avec l'idée que cela pourrait nous être utile un jour. En ce moment c'est le cas, car nous avons besoin de bois et je dois accepter que mes concitoyens l'utilisent : nous veillerons à ce que nos forêts* se reconstituent. ».

Il en va de même pour de nombreuses situations auxquelles nous sommes confrontés, si bien que ceux qui sont en charge de notre environnement*, élus, ingénieurs*, techniciens, praticiens, doivent être prêts à prendre des mesures de protection de leurs contemporains en cas d'accidents ou de catastrophes* qui peuvent conduire à une modification momentanée de milieux qu'ils auraient sauvegardés avec, bien entendu, l'objectif de les rendre à leur dynamique le plus tôt possible. C'est d'ailleurs ce que font certains forestiers*-pompiers lorsqu'ils allument un contre-feu à l'occasion d'un grand incendie*, pratique qui consiste à brûler par avance un peu du bois* que l'on entend sauver afin d'en épargner l'essentiel : c'est la part du feu*. On peut donc réagir dans l'urgence pour mettre un territoire* à l'abri d'une crue*, en construisant une digue à la hâte par exemple, ou en mettant des friches* en culture si l'on craint un grave déficit alimentaire à venir. Le tout est d'avoir pour objectif de rétablir les lieux après l'intervention. Si l'on prétend avoir une conduite environnementale irréprochable, lorsqu'il s'agit d'urgence humanitaire ou plus généralement de cohésion sociale, c'est le salut de nos contemporains et de nos successeurs qui doit guider l'action.

Urgence (2)

Mais il est une autre dimension de l'urgence qui est celle du changement nécessaire de nos modes de vie actuels. Que nous soyons dépensiers, insouciants et consuméristes*, ou résignés et prêts à la catastrophe* nous n'échapperons pas aux changements qui dès maintenant se manifestent. Il est apparemment trop tard pour espérer un retour à « comme avant ». En effet le « comme avant » des uns n'est pas celui des autres : la vie d'un trader londonien n'a guère à voir avec celle d'un banlieusard de Bombay. Et pourtant, même si nous prenions collectivement, au niveau planétaire, les mesures qui nous permettraient de ramener la température moyenne du globe à sa valeur d'avant la révolution industrielle, ce qui ne paraît guère possible, il nous faudrait supporter des décennies de perturbations inévitables que nous avons engendrées. L'urgence est donc d'engager les changements nécessaires dans notre manière de vivre, les riches plus que les pauvres, mais tous quand même, pour retrouver un cadre de vie, un environnement* souhaitable et, en même temps, pour mettre en œuvre des mesures d'adaptation qui n'aggravent pas la situation. Pour ne prendre que deux exemples, il n'est pas raisonnable de promouvoir une climatisation dévorant de l'énergie* plutôt que d'isoler nos lieux de vie ou de développer l'automobile* électrique avant d'avoir trouvé comment produire suffisamment d'électricité vraiment décarbonée. Les mesures nécessaires pour répondre à l'urgence des temps actuels ne peuvent s'imaginer qu'à travers un immense dialogue démocratique plutôt que par quelques contraintes que ce soit, même si elles se prétendent assorties de pédagogie*.

V

Vautour

Le Vautour fauve (*Gyps fulvus*) a été pratiquement réintroduit dans les parcs régionaux et nationaux méditerranéens français à l'initiative de la Ligue de protection des oiseaux en 1976 dans les Grands Causses. Il a depuis gagné les Pyrénées et les Alpes du Sud. Il avait été combattu et éliminé d'une au prétexte de la prédation qu'il exerçait sur les troupeaux et, plus récemment, par l'élimination systématisée des charognes pour des raisons sanitaires et prophylactiques. Ces préventions ont été progressivement levées et aujourd'hui le vautour fauve est l'objet de protection à la fois populaire et réglementaire. Comme les autres prédateurs, lorsque les vautours sont en nombre et manquent de proies ils peuvent provoquer des ennuis aux éleveurs. Sur le Larzac, alors que le vautour attend en principe le placenta d'une vache parturiente, il peut quelquefois en venir à dévorer un veau dès sa naissance en plein pâturage. Notons au passage que lorsqu'un berger déplore la mort d'une de ses brebis, il doit la porter à Rodez (Aveyron) à 60 km pour qu'elle y soit équarrie au nom du règlement sanitaire alors que le vautour, dont c'est le métier, s'en régalerait...

Dans certains parcs espagnols, comme en Pays Valencien, ils sont nourris par des entreprises d'abattage qui approvisionnent des plateformes prévues à cet effet.

Végétarisme, végétalisme, véganisme

Une tendance à manger moins de viande et de produits animaux terrestres ou aquatiques se développe parmi les plus privilégiés d'entre nous. C'est sans doute une bonne chose lorsque l'objectif est à la fois la santé du consommateur, de l'animal consommé et celle du système planétaire. Ne plus en manger du tout regarde chacun, même si cela peut éventuellement conduire à un suivi médical. Mais lorsque de telles propositions deviennent militantes et pressantes, cela me pose question.

Nous admettrons que toute personne humaine fait partie des écosystèmes* où elle vit et, de proche en proche, de l'écosystème mondial. Devrait-elle y être le seul animal à ne pas être un prédateur ou plutôt devrait-elle ne l'être qu'avec mesure puisqu'elle est dotée d'intelligence ? Admettons qu'elle peut l'être mais avec mesure. En termes environnementaux, plus la nourriture est sophistiquée, plus l'impact environnemental de sa production est élevé. Il faut à peu près dix fois plus de calories pour produire de la viande que pour produire l'herbe qui a été nécessaire à l'animal que l'on mange. Si celui-ci est nourri de viande (comme un poisson nourri de farine animale), il faut encore multiplier par dix, etc. On peut aussi manger du gibier qui, en tout état de cause, broute l'herbe naturelle ou du poisson que l'on pêche et qui se nourrit de plancton et d'autres êtres aquatiques. Il y a là une sorte de maquette de notre rapport à l'environnement* qui nous invite simplement, si nous aimons la viande ou le poisson, à en limiter la consommation et à en piloter la production de sorte à en minimiser l'empreinte énergétique et en ne troublant pas les milieux où on les récolte.

Il est en tous cas plus facile d'élever des animaux et d'en piloter la croissance* que de les chasser.

Vergers forestiers

Dans de nombreux pays*, vergers et forêts* peuvent être confondus, signes de l'aspect complexe des systèmes ruraux et agraires de par le Monde. En France, et en particulier dans la région méditerranéenne, nous pouvons rencontrer des suberaies (forêts de chênes-lièges), des truffières ou des châtaigneraies, où les arbres sont cultivés pour les produits non ligneux qu'ils procurent sans pour autant faire l'objet de soins fréquents et permanents de type arboricole.

En Espagne, au Portugal on trouve des *dehesas**, des *montados**, ou des arganeraies au Maroc, où les arbres sont en association avec des cultures annuelles, céréales ou légumineuses (fabacées) et du pâturage. C'est là une forme d'agroforesterie*. L'allure de ces peuplements est singulière et ne ressemble ni à un boisement forestier habituel, il n'y a pas de sous-bois et il n'y a souvent qu'une seule espèce d'arbre*, ni à un verger où les arbres sont alignés, taillés, souvent greffés, et cultivés à leurs pieds. Pourtant on récolte ici le liège tous les 10 à 13 ans, là les châtaignes sous l'arbre tous les ans, ou les truffes dans le sol tous les ans également.

Dans notre référence sociale et institutionnelle actuelle, ces peuplements sont considérés comme forestiers, et d'ailleurs leur culture est bien soumise à une faible pression anthropique, rejoignant la définition que je propose pour la forêt*.

Vers de terre

On peut compter en moyenne une tonne de vers de terre par hectare cultivé, et près de quatre fois plus dans une prairie normande, soit l'équivalent de trois vaches par hectare !

Ils sont difficiles à dénombrer et leur masse varie selon qu'il s'agit de forêts*, de prairies* ou de cultures. Mais leurs espèces se comptent par centaines et ils vivent, soit de manière localisée dans un niveau bien précis, soit de manière transhumante entre les différents horizons du sol*. Ils en ingèrent et digèrent les éléments et lui restituent leurs déjections en grande quantité de telle sorte que le sol se trouve totalement remanié environ tous les cinq ans.

La présence de vers de terre peut être considérée comme un des marqueurs les plus pertinents de la qualité des écosystèmes* et de leur biodiversité*.

Les travaux agricoles ou forestiers interviennent sur la vie des vers de terre, ils peuvent la modifier ou en dynamiser les mécanismes. En certains cas, des travaux spéciaux, comme dans la restauration des sols* ou l'apport d'amendements* et de substances organiques, peuvent concourir à accroître considérablement leur nombre et leur variété. Mais des pratiques violentes, comme par exemple la répétition de labours* profonds, ou des usages inconsidérés de substances chimiques, engrais* ou pesticides*, peuvent en affecter gravement la présence.

Vilains mots

Le discours sur l'environnement* n'est pas le seul à s'encombrer de mots dont on ne retient que le caractère péjoratif et vilain. Parmi ceux-ci on peut citer : chimie*, productiviste*, métropole*, bénéfice, industriel*, bétonnage*, tourisme* de masse, poissons d'élevage, HLM. La liste est largement ouverte de ces termes qui, utilisés pour contester, souvent à juste titre, telle ou telle décision ou telle ou telle pratique, le sont ensuite pour dénoncer toute une famille d'activités. Lorsqu'on évoque l'élevage* industriel, ne confondons pas les ignobles cages dans lesquelles survivent des poules pondeuses, avec les étables où les vaches laitières se rendent quasi naturellement depuis leur pâture vers les trayeuses automatiques. Lorsqu'on condamne la chimie, se soucie-t-on du téléphone, qui en est issu, au travers duquel on partage cette condamnation avec un ami ? Celui qui déplore la recherche d'un bénéfice se soucie-t-il du sien propre que lui procure son travail ? Le beau mot de coopérative*, désignant une entreprise au sein de laquelle chaque coopérateur détient une voix, à la différence des sociétés où c'est l'actionnaire qui en détient autant qu'il possède d'actions, est lui-même devenu un vilain mot généralisant à toutes ces entreprises des défauts que l'on a pu constater chez quelques-unes d'entre elles... Il est certain que nous ne sommes pas la première génération à employer de tels vilains mots de manière exagérée et emphatique* mais, alors que notre monde s'enrichit sans cesse de nouvelles connaissances, que les idées nouvelles, les bonnes comme les mauvaises, circulent à la vitesse de l'éclair, nous nous devons de privilégier, coûte que coûte, le débat et la concertation qui impliquent de la mesure et du respect pour nos partenaires et pour notre propre intelligence. Quelquefois même l'idée d'un complot rejoint cette tendance et associe au vilain mot la vilaine volonté d'un groupe de pression politique ou économique qui dirigerait dans l'ombre la pratique que l'on dénonce. Plutôt qu'une telle volonté, il s'agit généralement d'un travers du système économique que nous avons établi et qui laisse à l'entrepreneur le soin de fabriquer ce qu'il souhaite de la manière la plus rentable possible en se libérant, autant que la loi le lui permet, du plus grand nombre de contraintes. Ce travers est donc une question politique.

Il me semble que les évolutions actuelles montrent une propension accrue à stigmatiser toute pratique qui nous déplaît, comme si son auteur appartenait à un groupe condamnable : les industriels, les « écolos », les bétonneurs, les chasseurs*, les « bobos », les lobbys*, etc. Un débat politique devrait plutôt avoir lieu pour construire, cas par cas, un dialogue qui s'en tiendrait aux faits et aux personnes concernées.

Ville

Encore un mot porteur de nombreux pièges. Par définition la ville est un espace physique et humain où se concentre une population qui organise son territoire* en fonction du site et de son environnement*, de ses besoins et de ses activités propres. C'est aussi un lieu de contingences, notamment sociales, politiques, culturelles et économiques. Mais le mot « ville » est aussi un terme utilisé pour qualifier une commune, en référence implicite aux anciennes villes autonomes des temps anciens, de sorte que l'on associe à un territoire administratif une dimension politique qui n'est guère que symbolique. « La ville », sur les panneaux publicitaires permet de distinguer la commune des autres collectivités de la communauté de communes ou d'agglomération. Ainsi le mot peut aussi camoufler une sorte de prise de pouvoir d'une commune majeure sur la communauté dont elle assure d'ailleurs la présidence.

Le mot ville est aussi synonyme de contraintes et de désagréments : « Les embarras de Paris » n'ont pas été écrits hier ! D'où l'idée, qui n'est pas neuve non plus, que pour bien vivre il faut en sortir, ce que faisaient les bourgeois d'autrefois avec leurs villas en bordure de la ville et leurs résidences* d'été où ils allaient se mettre au vert. Cette pratique se démocratisant ou, tout au moins, se généralisant, a engendré le développement pavillonnaire et celui des résidences secondaires* dont il faudrait examiner les effets réels sur la dégradation constatée de l'environnement, qu'il s'agisse de la biodiversité*, de l'artificialisation des sols* et de la diffusion des gaz à effet de serre, sans oublier les dérèglements du marché foncier. N'oublions pas non plus les dimensions sociales de cette évolution selon laquelle « là où j'habite, personne ne me dérange » est devenu un des maîtres-mots de l'urbanisme* actuel, au lieu de « là où j'habite, je ne dérange personne ». Pourtant, c'est la ville et son désordre, ses aléas et ses hasards qui ont permis, et permettent toujours, la rencontre, la confrontation et... la création.

Corrigeons vigoureusement tous les défauts de la ville, qui mettent ses habitants en danger pour leur santé et leur intégrité personnelle, mais conservons-y les rencontres et les hasards qui nous rendent plus intelligents et solidaires.

Voisinage

Je préférerais ce terme (en anglais *neighbourhood*) à celui de « quartier* » qui accentue le caractère de fraction de nos territoires*. Le voisinage comprend le lieu, son contenu et ses habitants. Cela me semblerait plus conforme à une approche environnementale.

Z

Zone à défendre

Le sigle ZAD, connu jusqu'à une date récente comme désignant les « zones d'aménagement différé* », qualifie maintenant plutôt des lieux sur lesquels a été conçu, programmé et le plus souvent adopté un projet d'équipement public ou privé, contesté par des groupes d'opposants. On a connu, entre autres, les projets publics du barrage de Sivens (Tarn) ou de l'aéroport de Notre-Dame-des-Landes (Loire-Atlantique), ou privés comme les centres de loisirs et de vacances en Isère ou en Île de France. Ces projets contestés ont popularisé ce nouveau mode de manifestations malheureusement porteuses de danger. Au-delà de l'aspect dramatique qu'a revêtu la séquence de Sivens, où un jeune homme a trouvé la mort, se pose de plus en plus sérieusement la question de la prise en compte d'un besoin collectif, du niveau géographique et institutionnel auquel celui-ci doit être évalué et auquel son éventuelle réalisation doit être conçue, décidée et mise en œuvre. Dans bien des cas les projets ayant acquis le « statut » de zone à défendre avaient été conçus, délibérés, décidés de manière légale, et ce n'est qu'au début de leur mise en œuvre que l'on a commencé à entendre (écouter ?) l'opposition à leur réalisation.

Il n'est pas imaginable que les exemples comme ceux que je viens d'évoquer ne suscitent pas de sérieuses interrogations sur les manières de contester un projet dans son principe, et au nom d'une pensée politique d'ordre général, sans tenir compte des souhaits et des besoins de ceux qui devraient en bénéficier. Il n'est pas plus acceptable que les nécessaires échanges entre les parties prenantes ne soient pas organisés dès les premiers stades d'un projet, afin de débattre de son utilité ou de sa nécessité, d'en envisager les alternatives et finalement d'en délibérer en prenant en considération toutes les causes envisagées. Il ne s'agirait là que de faire les choses dans l'ordre, un ordre logique...

Zone d'aménagement différé

Les zones d'aménagement différé (ZAD), bien plus anciennes que les zones à défendre*, ont été créées par une loi du 26 juillet 1962 pour éviter que des terrains nécessaires à la réalisation d'un projet d'aménagement public soient renchéris dès qu'on l'annonce. Elles ont été conçues comme un outil en vue de la création ou de la rénovation de secteurs urbains, de la création de zones d'activité ou de la constitution des réserves foncières. Cet acronyme est maintenant estompé par celui des zones à défendre.

Zones humides

Nos régions comportent souvent des territoires* que les moines ont assainis il y a longtemps.

En Provence, l'abbaye de Silvacane tient son nom de l'assèchement des marais (*silva cannarum*, la forêt de roseaux) des bords de la Durance au XIIe siècle par les moines cisterciens. Chacun peut sans doute citer au moins un lieu de ce genre. En France on trouve de nombreux lieux nommés « Les Paluds », anciens marais asséchés, et l'histoire* depuis l'Antiquité a été marquée par l'assainissement de nombreuses régions où sévissaient le paludisme, la malaria, et où les terres manquaient aux agriculteurs. Les travaux de drainage ont continué jusqu'à notre époque où subsistent de nombreux établissements publics comme par exemple l'Association syndicale d'assainissement des marais de l'Audomarois dans le Pas-de-Calais. Il en est de même dans des pays voisins où, comme en Italie, l'assèchement des Marais Pontins a été présenté comme l'exploit du Régime fasciste, que par ailleurs on déteste... Mais partout a été fait le lien entre les marais, l'insalubrité et la maladie. La plupart des zones humides d'Europe ont toutefois été drainées depuis le début du XIXe siècle.

Progressivement on a pris en considération la richesse biologique des zones humides, au point que non seulement on s'efforce de ne plus en drainer de nouvelles, mais même d'en créer, tout en déplorant certains assainissements récents. Toutes les zones humides ne sont pas condamnées, comme l'attestent par exemple les hortillonnages d'Amiens ou ceux de Xochimilco à Mexico qui sont le résultat d'un aménagement historique de marais que l'on célèbre et visite.

Voilà donc encore un domaine où nous avons besoin de mesure et de discernement. Il nous est recommandé de ne pas laisser stagner d'eau autour de nos maisons dans d'anciens récipients ou de vieux pneumatiques pour ne pas favoriser le foisonnement des moustiques, de s'opposer aux traitements anti-moustiques massifs en Camargue et, en même temps, de créer de nouvelles zones humides !

Il faut reconnaître que l'aménagement de ces zones a été, et demeure, un des outils que les Hommes* ont utilisé pour améliorer leur insertion dans le milieu naturel et en tirer un meilleur profit. Mais il faut aussi reconnaître que la technique a conduit parfois à ce que soient assainies des terres qui n'en avaient pas forcément besoin.

Nous avons de bonnes raisons d'utiliser des zones humides de nos jours, comme par exemple la création de lagunes de dépollution de nos eaux usées* qui nous éviteraient de relâcher des eaux chargées de minéraux dans les rivières ou dans la mer. On objectera que de telles pratiques nécessitent des surfaces alors qu'on n'aura pas les mêmes réserves à l'égard d'un parking* ou d'une zone commerciale. Mais que penser de tant d'espaces consacrés à des échangeurs routiers et autres aménagements autour des voiries alors qu'ils pourraient très bien être utilisés pour créer de telles lagunes ?

D'autres plans d'eau sont cependant utiles et agréables dans des jardins publics* ou sur des parcours de golf* qu'il ne serait pas interdit d'alimenter en eaux traitées...

On ne peut donc pas statuer de façon simple sur les zones humides, comme d'ailleurs sur tout ce qui touche à notre environnement*, « Il faudrait, pour ça, un peu d'imagination » (Charles Treinet).

Zou

Un abécédaire* n'a pas de conclusion, mais le dictionnaire Robert retient de notre parler régional de Provençaux et autres gens du Sud, une sorte d'injonction qui signifie « allons-y, dépêchons-nous », comme le « *yalla* » de Sœur Emmanuelle et de ses chiffonniers du Caire.

Ce « zou » tiendra lieu de conclusion.

Entre le moment où j'ai entrepris d'écrire cet abécédaire et celui où il est publié, se sont écoulées les trois années ayant suivi l'émergence du Covid, l'invasion de l'Ukraine et, « en prime », l'évidence des effets inquiétants des dérèglements climatiques* comme de l'érosion du nombre des espèces et de la biodiversité*. Ces événements n'ont fait qu'accentuer à la fois mes agacements et la nécessité, l'urgence*, de changer nos manières de voir et d'être.

Je souhaitais montrer comment m'agacent les déclarations tardives et les prises de position hâtives sur l'environnement* qui s'inscrivent dans l'air du temps, de manière souvent partielle et hypocrite. Aujourd'hui, le bruit médiatique regorge des évidences que seuls les scientifiques et les personnes avisées qui les avaient écoutés, avaient prédites. Ils avaient déjà intégré tout ou partie des phénomènes qui aujourd'hui se manifestent brutalement, et pris conscience de leurs causes comme de leur complexité.

Les propositions, suggestions, mises en demeure s'accélèrent à la faveur des événements, la plupart allant d'ailleurs dans ce qu'on pourrait penser être le bon sens. Ici, c'est une critique du pavillon individuel. Là, c'est la remise en cause du gaspillage alimentaire, des vêtements et de l'eau*, ailleurs on conteste le trop bas prix des billets d'avions, etc.

Chaque jour on nous présente une question, une décision, un débat portant sur notre environnement* et celui du Monde. On pourrait penser que la nécessaire prise de conscience est en bonne voie si on avait la certitude que ces différents messages s'inscrivent dans un discours à la fois cohérent, dont les éléments s'agenceraient entre eux et seraient partagés par un nombre de personnes croissant et varié. Mais la prise en compte de l'environnement dans nos vies personnelles, et surtout dans la vie collective, ne peut en aucun cas être livrée à des joutes plus ou moins sérieuses, à des altercations et à des anathèmes. Les choses se passent trop souvent comme si la politique avait des règles et des pratiques où tous les coups seraient permis pour obtenir le pouvoir et enlever la décision, en se disant qu'après tout « c'est de bonne guerre »… Et dans le domaine de l'environnement*, qui nous a retenu tout au long de cet abécédaire, il en va effectivement comme à la guerre. Car les décisions engagent le futur non pas d'une nation, d'un pays* ou d'un groupe, mais de notre Monde et de tous ses habitants et ne peuvent être prises sans débats éclairés. Il nous faut donc faire place à la fois à une robuste connaissance scientifique et aux sérieuses pratiques techniques qui s'en déduisent, le tout dans un contexte de délibération* démocratique exigeant, à l'abri d'idéologies préconçues. C'est sans doute ce que permettrait un projet politique dans lequel l'essentiel serait de considérer la cohérence environnementale de chaque pratique ou de chaque posture dans la délibération et l'acceptabilité* sociale et politique de telle proposition ou de telle mesure législative ou réglementaire. Il s'assurerait que telle décision soit généralisable à tous les membres de notre société. Car s'agissant d'enjeux aussi cruciaux que le climat*, la diversité biologique et la qualité de milieux communs comme l'air, les eaux, les sols* ou les océans, il faut toujours que telle ou telle décision soit admissible et généralisable à tous les habitants de notre planète.

Voilà pourquoi je suis agacé* de constater, année après année, que la connaissance ne progresse pas assez vite, parce que nous ne nous en donnons pas les moyens et, surtout, parce que bien de nos contemporains préfèrent l'opinion* au savoir qui pourrait mettre en cause les habitudes, le confort* et les pouvoirs.

Le défi est mondial, planétaire, et cet abécédaire ne peut naturellement pas tout embrasser. A chacun de l'enrichir à sa manière, sachant qu'il ne s'agit pas de faire prévaloir ici ou là telle ou telle option ou opinion, mais de faire en sorte que le jeune* habitant d'une banlieue de Colombo (Sri Lanka) ait autant à réfléchir, à penser et à dire que le président d'une grande compagnie californienne.

La grande question qui prime sur toutes les autres est : comment allons-nous nous y prendre ?

www.ingramcontent.com/pod-product-compliance
Lightning Source LLC
LaVergne TN
LVHW050657051026
849532LV00002B/666
9791042800321